知乎
有 问 题 就 会 有 答案

大国重器

知乎 编

中国科学技术大学出版社

内容简介

2011—2021 年，我国重大科技基础设施建设水平不断提升，在重点科技前沿领域取得了一批具有世界影响力的原创成果。本书分为基础科学、前沿科技、经济助力与健康保障四篇，邀请 30 余位各领域一线科技工作者撰文，以问答形式，从科学家的视角为读者科普 50 项国之重器背后的基础科学知识，帮助读者了解其建造意义及应用前景，拉近读者与科技前沿的距离。本书以大量手绘图解为辅助，从整体和细节上全面展现重器之美，便于读者理解和欣赏。

本书还收入同步辐射光源、"中国天眼"、中国空间站、高速风洞等重大项目的发展经历及团队侧写，由亲历者讲述重器研发背后的故事，深度挖掘我国几代科学家胸怀祖国、攻关创新、勇攀世界科学高峰的事迹，弘扬科学家精神。

图书在版编目（CIP）数据

大国重器 / 知乎编 . — 合肥：中国科学技术大学出版社，2022.7 （2023.5 重印）
ISBN 978-7-312-05439-6

Ⅰ . 大… Ⅱ . 知… Ⅲ . 科技成果—中国—现代—普及读物 Ⅳ . N12-49

中国版本图书馆 CIP 数据核字（2022）第 087613 号

大国重器

DAGUO ZHONGQI

出 版 中国科学技术大学出版社
安徽省合肥市金寨路 96 号，230026
http://press.ustc.edu.cn
http://zgkxjsdxcbs.tmall.com

印 刷 北京尚唐印刷包装有限公司

发 行 中国科学技术大学出版社

开 本 787 mm × 1092 mm 1/16

印 张 24

字 数 452 千

版 次 2022 年 7 月第 1 版

印 次 2023 年 5 月第 4 次印刷

定 价 128.00 元

作者一览（按姓氏拼音排序）

陈建兵　　中交第一公路勘察设计研究院副总工程师

陈松战　　中国科学院高能物理研究所研究员

成　冰　　某上市药企新药研发执行总监

东方玖　　北京航空航天大学生物与医学工程学院博士研究生

姜　鹏　　中国科学院国家天文台研究员，"中国天眼"（FAST）总工程师

姜宗林　　中国科学院力学研究所研究员，怀柔激波风洞项目负责人

老　石　　中国科学院计算技术研究所副研究员

李明熹　　中国电力建设集团华东勘测设计研究院白鹤滩综合部主任

林　梅　　《低温物理学报》编辑

刘　戈　　中交第一公路勘察设计研究院寒区环境与工程研发中心副主任

刘明虎　　中交公路规划设计院副总工程师

孟凡超　　中国交通建设集团副总工程师，港珠澳大桥总设计师

秦　声　　某咨询企业高级工程师

任明朝　　中国交通建设集团党委工作部新闻处副处长

申旭辉　　国家自然灾害防治研究院二级研究员，"张衡一号"电磁监测卫星计划首席科学家、
　　　　　工程副总设计师

唐诗雅　　中石化安全工程研究院高级工程师

王　涛　　中国国际工程咨询有限公司正高级工程师

王　腾　　中国科学院合肥物质科学研究院副研究员

吴佩新　　《航空知识》编辑

吴元平　　中交天和机械设备制造有限公司党委工作部/企业文化部部长

肖　翔　　中山大学物理学院副教授

肖子健　　中国科学院深海科学与工程研究所硕士研究生

熊少林　　中国科学院高能物理研究所研究员，"怀柔一号"引力波暴高能电磁对应体全天监测
　　　　　器（GECAM）卫星首席科学家

徐长续　　华中科技大学航空航天学院博士研究生

姚　柳　　中交天和机械设备制造有限公司党委工作部/企业文化部副部长

尹倩青　　中国科学院高能物理研究所助理研究员

尹训松　　中国交通建设集团党委工作部主管

袁岚峰　　中国科学技术大学合肥微尺度物质科学国家研究中心副研究员

袁　强　　中国科学院紫金山天文台研究员

詹东新　　编辑、专栏作者，中国作家协会会员

张成业　　中国矿业大学（北京）地球科学与测绘工程学院副教授

张国庆　　中国科学技术大学合肥微尺度物质科学国家研究中心教授

张海鸥　　华中科技大学特聘教授，数字制造装备与技术国家重点实验室学术带头人

张沛锦　　荷兰低频阵列（LOFAR）太阳核心科学研究组 STELLAR 项目博士后

序一
攻关创新的大国重器

　　"可上九天揽月，可下五洋采冰；誓与风竞速，向海逐浪高。"这正是中国一项项大国重器的真实写照："神舟""嫦娥""蛟龙""蓝鲸"等令人目不暇接。21世纪以来，尤其是最近10年，我国在科技方面取得的重大成果无不让国人自豪、世人赞叹。

　　面对当今复杂的国际形势，科技创新成为各国战略博弈的主战场，围绕科技制高点的竞争空前激烈。自主创新是我们攀登世界科技高峰的必由之路。世界知识产权组织发布的全球创新指数显示，我国创新能力综合排名从2015年的第二十九位跃升至2021年的第十二位。越来越多的高新技术关键领域实现突破，中国拿出了自己的先进解决方案。

　　习近平总书记高度重视科学普及在创新发展中的作用，强调指出："科技创新、科学普及是实现创新发展的两翼，要把科学普及放在与科技创新同等重要的位置。没有全民科学素质普遍提高，就难以建立起宏大的高素质创新大军，难以实现科技成果快速转化。"这也是出版关于大国重器的科普读物的意义——传播背后的科学知识和创新精神，鼓舞更多的年轻读者加入国家的自主创新队伍。

　　大国之"大"，非仅指地广、人众、物丰也，更在于强大的实力；能体现实力者，在于重器。而"重器"其实有三方面的意思：一是指国家宝器，二是指核心技术，三是指栋梁之才。科普工作首要的任务是为国家培养栋梁之才，有了人才才有可能在核心技术上实现突破，拥有了技术就可以制造出国之重器；重器可以助力突破更多技术壁垒，在此过程中会产生大量人才。所以说，这一切都是相辅相成、相得益彰的，如此良性循环，从而达到可持续发展。

　　对青少年来说，在成长过程中想象力比知识更重要，在学习中提出一个好的问题比知道答案更重要。科普的意义就在于让青少年了解科技，拥有对科学的信心，对于各种科学知识保持一种强烈的好奇。当他们主动提出问题，不论是否合理，只要他们愿意想、愿意提，我想我们的科普工作就成功了一半。探索科学的道路是无止境的，而且可能是迂回的，今日之科学也许就是明日之谬误，今日之幻想也许就是明日之真理。当青少年提出了问题，并又想办法去解决它的时候，我们的科普工作就算是卓有成效了。在科普的过程中我们要给青少年传递一种什么样的精神或者说信息呢？我想，"创新"是最重要的，没有创新的精神就没有发展的结果。

中国科学技术大学是秉持着"潜心立德树人，执着攻关创新"理念的一所大学。1958 年，中国科学技术大学的成立，就是为了解决国家在"两弹一星"研究当中非常关键的基础性问题，自成立几十年来，中国科学技术大学一直鼓励、支持基础研究工作。尤其是近年来，中国科学技术大学始终坚持"四个面向"，强调、鼓励和支持基础研究工作，牢记"国家人"，心系"国家事"，肩扛"国家责"，全面提升服务国家战略需求和区域经济社会发展能力，加速形成主动开拓重大原始创新、针对性解决关键技术"卡脖子"问题的氛围。成立碳中和研究院，参与建设深空探测实验室，推动合肥先进光源建设，加快临床研究医院发展……从"墨子"升空到"嫦娥"揽月，从"天问"探火到"奋斗者"遨游万米深海，中国科学技术大学近年来主导、参与了多项"大国重器"研究，原创性科技成果不断涌现，为国家科技与经济发展作出了重要贡献。

《大国重器》是中国科学技术大学出版社和知乎图书共同推出的一本科普图书，书里就体现了上述"重器的三个方面"——宝器、技术和人才。该书精心挑选了 50 项覆盖前沿科技和国计民生的"国之重器"，以问答形式和手绘信息图为特色。写作者均是一线科学家、工程师，包括数项大科学装置的首席科学家、总工程师，他们深入浅出地解读重器的原理与应用、建设时间线、前沿科技研究进展，以及讲述背后的科学家故事，弘扬了科学家精神，以此点燃青少年追梦的火焰，让科技强国梦在他们的心中生根发芽。

我也希望青少年朋友多学一些知识，尤其是数学和物理，因为这些都是制造国之重器的必备知识，也是成就科学家梦想的基础。祝愿广大青少年执着攻关创新，为我们国家的繁荣富强铸就更多的"大国重器"！

包信和

中国科学院院士、中国科学技术大学校长

序二
我们能为实现国家科技自立做些什么？

我们这个时代的底色可以说是科技塑造的，科技的飞速发展使得日新月异、一日千里这样的词不再只是比喻，它们往往代表了我们当下对时间和空间的真实感受。人类在18世纪中期进入第一次工业革命时期，19世纪中期因电力的运用而迎来了第二次工业革命，中国缺席了这两次工业革命，在20世纪后半叶抓住了信息技术引领的第三次工业革命的机遇，终于迎头赶上。仅仅100多年前，我们这个积贫积弱的农业国面对"千年未有之变局"还在为谋求民族独立而奋斗，而如今，我国已拥有41个工业大类、207个工业中类和666个工业小类，成为全世界唯一拥有联合国产业分类中所列全部工业门类的国家，并实现了全面建成小康社会的目标。科技进步在其中的重要作用大家有目共睹。

都说"十年生聚，十年教训"，10年时间可以带来很大改变，尤其是对于生活在现代的我们。11年前的2011年，知乎成立。那一年，中国的国内生产总值（GDP）首次超越日本，成为全球第二大经济体；载人航天工程"三步走"规划迈出第二步的重要阶段，我国第一个空间实验室平台——"天宫一号"发射成功，"神舟八号"顺利与"天宫一号"完成对接。同一年，袁隆平百亩超级杂交水稻亩产破900千克。

2015年，知乎年度十大问题中出现了"你是什么时候感觉到'中国强大了'？"这样的问题。也是在这一年，诺贝尔生理学或医学奖被授予了我国中医科学院首席科学家屠呦呦，因她发现了青蒿素，从而开创了疟疾治疗新方法。那一年，中国还成功获得了2022年北京冬季奥运会的主办权。

11年后的今天，中国的GDP已经达到了GDP世界第一的美国的70%。载人航天工程"三步走"进入第三阶段：作为"天宫号"空间站落成的重要步骤，我们刚刚发射"天舟四号"，成功对接空间站"天和"核心舱；"神舟十三号"载人飞船上的3名航天员顺利返回地球，以 182 天的总任务时长刷新了中国载人航天飞行任务的纪录。国产大飞机 C919 也传来喜讯，即将交付首家用户的首架飞机首次飞行试验成功。

知乎成长的这十多年，与亿万用户一起见证了我国科学技术的高速发展。这些成就举世瞩目，也无一例外地频频登上知乎热榜，它们牵动着我们每个普通中国人的心弦。很多知乎答主都是各行各业的科技骨干，不少人亲身参与了这些成果的建设过程，更多的用户则为中国取得的每一次科技进步鼓掌加油——"长征五号"首飞成功、暗物质粒子探测卫星"悟空"号获得重大成果、"嫦娥四号"着陆月球背面，都曾成为知乎年度十大热门问题。

在 2021 年知乎举行的"向科学要答案"专题活动中，我通过视频回答了"什么是'科技自立'？我们如何实现科技自立？"，最后提出了这样一项倡议："为科学点赞同，让真正的科学知识获得传播；为科学家点赞同，让辛勤工作的科技工作者获得认可；为科学精神点赞同，向科学要答案，让每个人都能从中获得解答。"在我国走向科技自立的道路上，知乎也在尽着绵薄之力。这是知乎的初心，也是知乎创立 11 年来一直努力并投入大量精力在推动的事业。你现在看到的这本知乎版《大国重器》就是其中的一部分。

知乎图书此次策划的《大国重器》，选取了我国 2011—2021 年中 50 项具有代表性的科技成果，较全面地反映了我国在基础科学、前沿科技、经济民生、健康保障四个方面所取得的重大成就。以前，我们用地大物博来形容自己，历史悠久、人口众多是我们对"大国"的定位；而现在，我们在综合国力上重新回到世界前列，大至宏观世界的天体运行、星系演化、宇宙起源，小至微观世界的基因编辑、粒子结构、量子调控，我国都走在当今世界科技发展的最前沿，这才是我们需要担负起的"大国"责任。

本书介绍了暗物质和引力波的观测等目前的研究热点，包括我国用于探测暗物质的四川锦屏地下实验室、"悟空"号暗物质粒子探测卫星，以及用于研究引力波的"太极计划"。在深空探测方面，"天问一号"奔赴火星，"嫦娥五号"带回月壤，本书重点讲述了我国载人航天工程的最新进展。科学研究离不开大科学装置，作为目前世界上最大单口径、最灵敏的射电望远镜 500 米口径球面射电望远镜（FAST）——"中国天眼"，当然也少不了它的身影。本书还介绍了作为国际竞争热点的量子通信和量子计算，包括世界首颗量子通信科学实验卫星"墨子号"和目前性能最强的量子计算原型机"九章二号"。深入微观，探究生命的本质是另一个重要的科学前沿方向。对于基因编辑、基因测序、核磁共振仪器等反映科学最前沿的领域，本书也总结了我国科学家在这些方向上取得的最新科技成果。

除了上述科学研究及重大科学装置，本书还囊括了深刻改变人类工作与生活方式的科技应用，其中很多涉及"卡脖子"的技术突破关口。比如，大家都十分关心的超分辨光刻设备，它代表了我国在集成电路领域的发展水平；第四代核能的突破性进展，介绍了如何安全高效地利用核能源；先进制造领域的智能铸锻铣复合制造机床，引领国际复杂工艺的绿色制造；深海探测、地球探测的新手段，帮助能源开发利用和空间科学的发展；以及在此次抗击新冠病毒疫情中，我们如何通过科学助力抗疫，等等。可以说，本书可以满足读者对于我国前沿科技全方位的了解。

本书得以完成依靠的是众多一线科研工作者严谨的写作和无私的分享，他们以问答的形式介绍了每项重器的研制目的和过程。读者可以从字里行间感受到他们对于参与我国科技自主创新的自豪感，以及对未来吸引更多优秀人才投入这场艰苦而光荣的事业的殷切期盼。我们有幸邀请到"张衡一号"卫星首席科学家申旭辉、JF-22超高速风洞项目负责人姜宗林、港珠澳大桥总设计师孟凡超、智能铸锻铣绿色复合制造机床首席科学家张海鸥等，撰文科普他们带领团队一手研制的重器，还有多位参与锦屏地下实验室PandaX暗物质实验、"悟空"号数据分析、高海拔宇宙线观测站（LHAASO）实验数据物理分析的科学家讲述这些与他们朝夕相伴的重器背后的原理。你还会读到现任FAST总工程师姜鹏研究员写的科学家故事——《我与"老南"》，了解他与"FAST之父"南仁东老师之间不为人知的师徒情。

此外，本书通过绘制大量插图，帮助读者在理解制造重器的科学价值的同时，更好地欣赏重器之美；通过特别设计的"大事记"栏目，记录下科学家研制重器过程中取得的重要里程碑。

本书的出版是知乎对"我们能为实现科技自立做些什么？"这一问题做出的回答，如果能够吸引手捧本书的读者对大国重器有一个初步认识，启发年轻读者爱上科学，并以投身科学研究为理想，我们的努力就没有白费。在今后，知乎还会以图书出版的形式面向普通读者推出更多的科普作品。下一本我们可能想要试着回答"为什么本书选取的50项重大项目可以称为'重器'，它们在世界科技竞争格局中的地位究竟是什么"。期待更多的读者来知乎提出问题，也希望每个人可以在国家科技自主创新的进程中用实际行动向时代交出自己的答卷。

周源

知乎创始人，首席执行官

目录

基础科学篇

前沿科技篇

经济助力篇

健康保障篇

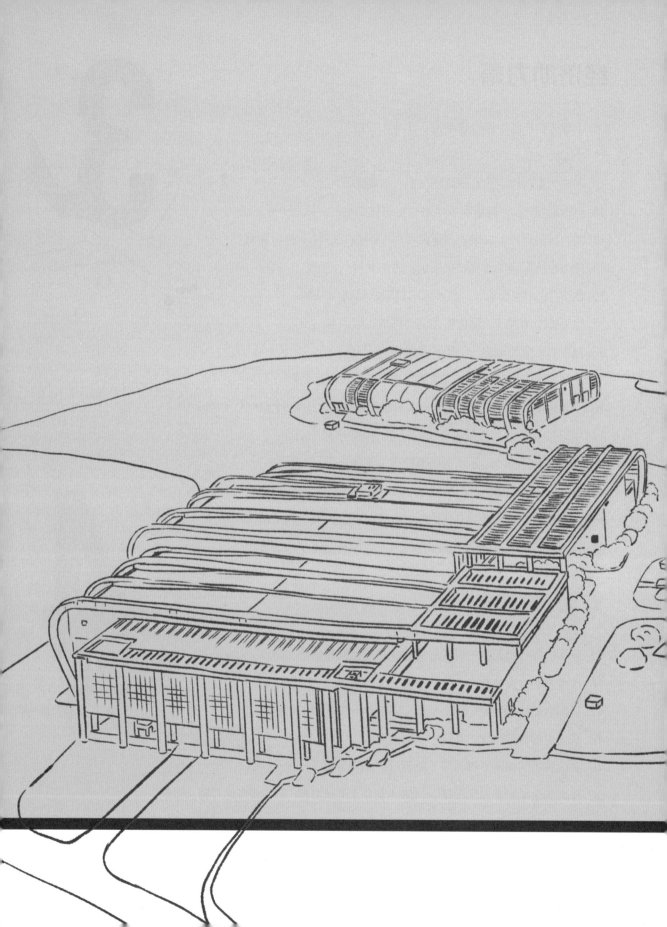

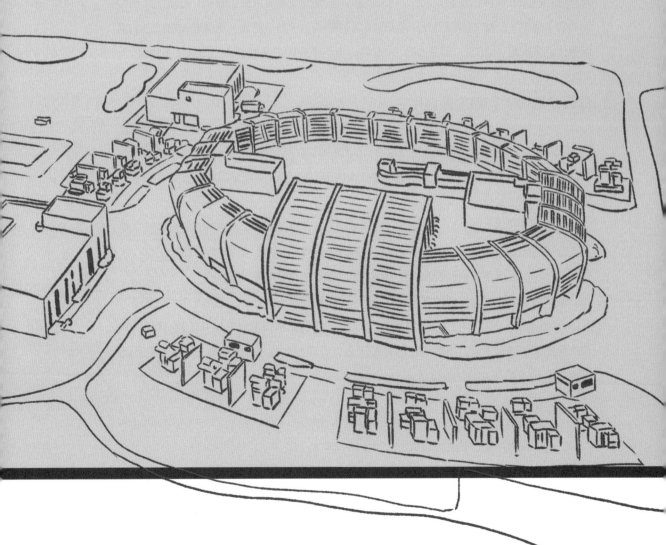

基础科学篇 1

01

测量"中国温度"：
极低温区基准级测温装置

2019 年 5 月 20 日，国际计量大会表决决定，将 7 个国际单位制中基本物理量的单位均由自然常数定义。同年，中国科学院理化技术研究所－法国国家计量院低温计量科学与技术国际联合实验室正式成立。2020 年，基准级测温装置成功研制，在新国际单位制（SI）框架下，率先实现了 5 ~ 24.5 K 温区的热力学测量基准，测量准确度比之前国际最优结果提高了 20%，测速提高了 10 倍以上，使我国在关键节点上占据了主动权。

什么是温度？如何度量温度？

我们都听过一句玩笑话："有一种冷，叫作你妈觉得你冷。"——对于温度的度量，各人有各人的标准，连科学上在相当长的时期内都没有统一的标准。为什么这么说呢？这要从温度的定义说起。

温度是一个热力学概念，它与分子平均平动动能[1]有关。温度描述的是组成物质的原子或分子的热运动的剧烈程度。分子蹦跶得越欢，温度就越高；反之，则越低。

具体来说，温度怎么计量呢？我们用水银温度计来做简单的说明。

我们生活中用得最广泛的温标叫作摄氏温标（单位符号℃），它定义一个大气压下，水的冰点温度为 0 ℃，水的沸点温度为 100 ℃。我们把水银温度计的 0 ℃和 100 ℃对应的液面高度确定下来，再将两者之间划分成 100 等份，每个等份对应 1 ℃，就认为可以度量 0 到 100 ℃之间的温度了。

1　分子平均平动动能：平动是分子作为一个整体的平移运动，是分子运动的一种方式。对于任何一个可以自由运动的分子，平动都只有 3 个自由度，所以分子的平均平动动能为 $\frac{3}{2}kT$。

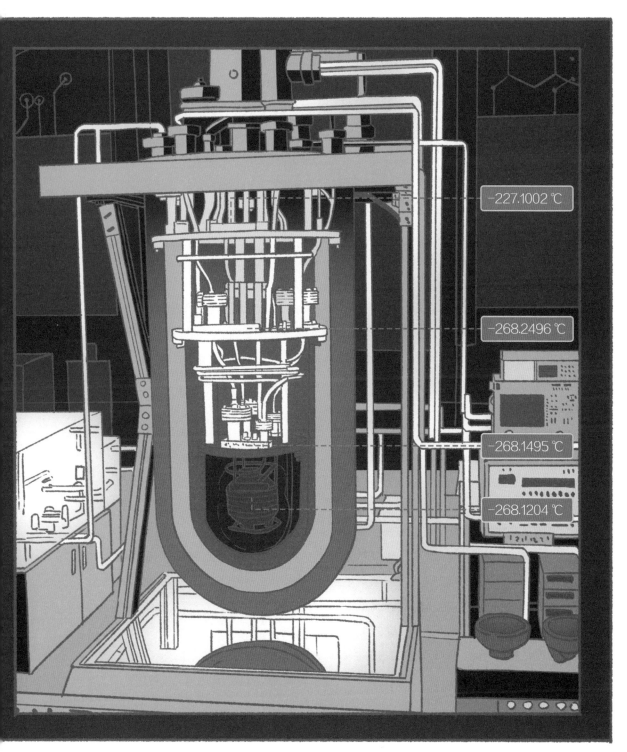

−227.1002 ℃

−268.2496 ℃

−268.1495 ℃

−268.1204 ℃

▲ 极低温区基准级测温装置

在科学领域，往往采用 SI 认可的开氏温标（由英国的开尔文勋爵[1]提出，又叫作绝对温标，符号为 K），它定义温度的起点 0 K 为绝对零度，而把水的三相（气相、液相、固相）点温度定义为 273.16 K，其他温度根据这两点相应标定。

通过这两种常用温标的定义，我们可以看出温度的度量依赖于一种物质——水。这就会引入一个问题——水的组成元素氢和氧都各自存在同位素，所以不同时间、空间的水可能由于同位素的区别而引起测量温度的偏差。这也就是前面我们说的，科学上对温度都没有绝对统一的标准。

那怎么办呢？只能重新定义温度。

基本物理单位重新定义意味着什么？

上面说的度量问题，其实不仅仅存在于温度的单位上。对于国际单位制中其他 6 个基本单位，问题也是一样的。比如，国际单位制定义的"千克"（符号为 kg），原本是科学家们用铂铱合金制作了一个叫作"千克原器"的标准物体，它的质量无限接近于 1 kg，用来度量世界上其他物体的质量。后来，尽管千克原器被严密看管，但是它的质量还是发生了极其微小的变化。

假如开脑洞：如果千克原器被不小心摔掉了一块儿，按照定义，它的质量仍然是 1 kg，宇宙中其他物质的质量从而都要发生变化。之所以存在这种尴尬的可能，是因为测量就是拿一些东西当"尺子"去度量别的物体。如果"尺子"本身可以变化，测量的结果就不够精准。

从"千克"的例子我们就可以理解，只要单位的定义基于具体的物体，就会因为这个物体本身情况的变化导致单位的定义不稳定。这种细微的不稳定对于我们买水果、买蔬菜、量体温没什么影响，甚至对于一般的工业生产也没什么影响。但是在十分精密的地方，比如电学测量、全球卫星定位系统（GPS）中对于"秒"的精确定义，或者一些和量子有关的研究等，单位标准的不确定性会带来很多障碍。

2019 年 5 月 20 日，在世界计量日这一天，国际计量大会的表决正式生效——全球 60 多个国家的科学家共同决定，7 个国际单位制中基本物理量的单位均由自然常数定义。

1　威廉·汤姆孙（William Thomson，1824—1907），即开尔文勋爵（Lord Kelvin），英国数学物理学家、工程师，热力学温标（绝对温标）的发明人，被称为热力学之父。为表彰和纪念他对热力学所作出的贡献，人们将热力学温标的单位定为开尔文。

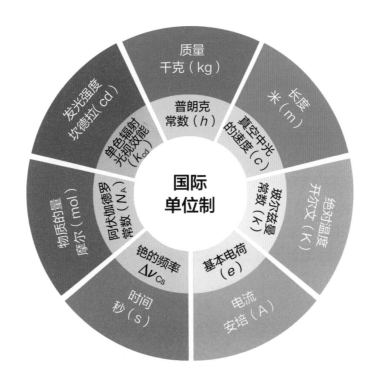

▲ 国际单位制

这是一项重大的历史变革，因为自然常数不受限于任何地区、国家，甚至在全宇宙中都是相等的。

这样的变革让基本物理量单位不再需要去跟巴黎的金属千克原器对比，也不需要考虑水是亚洲的水还是南极洲的水，每个人都可以通过基本的自然常数复现单位。

国际单位制变革对我国有什么意义？

就温度的测量而言，根据新的定义，热力学温度开尔文用玻尔兹曼常数来定义。我们知道，新的单位定义要依靠自然常数，那么自然常数的准确性就十分重要了。这是一项需要全世界各个国家通力合作才能完成的事情。每个国家测量的物理常数都将由一个叫作国际科技数据委员会（CODATA）的机构进行汇总，进而确定推荐值。

1　指频率为 540×10^{12} Hz 的单色辐射的光视效能。

在测量玻尔兹曼常数方面，中国的科学家做出了卓越的贡献。中国计量科学研究院与清华大学团队、中国科学院理化技术研究所的工程师高波联合法国国家计量院团队各自用自己的方法给出了不确定度极小的测量，并被 CODATA 收录。

新的开尔文定义对于我们国家，既是重大机遇，也是巨大挑战。为什么这么说呢？

以往，我国的温度测控领域一直有一个"卡脖子"的遗憾。根据温度测量的精度，温度计量的水平分为 3 个"档次"：应用级，精度劣于 3 mK（毫开尔文，1 mK = 0.001 K），用于工业传感器这一级别的需求；标准级，精度优于 3 mK，可以为应用级温度计校准；最高等级是基准级，精度优于 1 mK，用于前沿科学研究，也用来向下校准标准温度计。在极低温区，我国已经建立了标准级测量装置，但是基准级测量装置一直缺失，不仅无法满足一些高精度的测量需要，还在温度基准的溯源上需要向发达国家的基准级设备进行校正。

现在国际单位制迎来变革，极低温区的热力学温度测量有了全新的体系，谁能进行极小不确定度的测量，谁就能走在科学前沿，甚至突破基准级测量的难题。

在新开尔文标准下，极低温区温度如何计量？我国做了什么？

2016 年，高波与法国国家计量院的洛朗·皮特（Laurent Pitre）教授的实验室合作，分析各国主流测温装置和原理，创造性地提出了技术上更易于实施的定压气体折射率基准测温法。新方法被国际计量局温度咨询委员会官方认可，纳入了新国际单位制的"开尔文实施标准"。

但是，如果新方法不落地，不能变成实实在在的基准级测温装置，那么我国在极低温区的高准确度测温问题、温度基准受制于人的问题，还是不会得到解决。

2019 年，中 – 法低温计量科学与技术国际联合实验室正式成立，它是由中国科学院理化技术研究所和法国国家计量院共建的。以这个联合实验室为平台，2020 年，基准级测温装置成功研制，在国际上率先实现了 5 ~ 24.5 K 温区的热力学测量基准。这一布局是十分有远见的，就在 2020 年，国际计量局温度咨询委员会向全球征集温标数据。在过去的 90 多年里，这套 5 ~ 24.5 K 全球温标数据只采纳过全球 8 家权威实验室的结果。

未来，我国的科学家还将继续发力，已经安排 5 K 以下的基准级测温，一系列在极低温区下的重大测温需求将得到满足，同时我国将会建立健全自己的温度量值传递体系。

▶ 极低温温度校准检定装置

20世纪80年代初期

我国研制出两套低温温度计量标准设备和一套低温数据自动采集系统，其中 0.65 ~ 24.5561 K 低温温度计量标准获国家专项计量授权，向全国开展温度传递服务

1988

中国科学院成立了低温计量测试站，是国内最早开展极低温区温度测量与标定的机构

2018

中国科学院理化技术研究所和法国国家计量院共建了中－法低温计量科学与技术国际联合实验室

2019

国际单位制发生变革，7 个基本物理单位全部改由自然常数定义，其中热力学温度单位开尔文由玻尔兹曼常数重新定义。高波原创的新方法被国际计量局温度咨询委员会官方认可，与法、英、德、意、加等国的温度计量领域专家共同撰写了《新开尔文实施标准》技术文档

大事记

2020

我国成功建立新国际单位制下全球首套极低温区基准级测温装置

02 新一代"人造太阳": 全超导托卡马克核聚变实验装置

在合肥市西郊的科学岛上，坐落着一座大科学装置，它的名字叫作EAST（Experimental Advanced Superconducting Tokamak），全称是全超导托卡马克核聚变实验装置，也就是大家耳熟能详的"人造太阳"。它背后的科学研究事业就像一颗冉冉升起的太阳，寄托着人类对终极能源的向往。

为什么叫"人造太阳"？

EAST是我国自主研制的新一代托卡马克型受控核聚变实验装置。核聚变是指两个轻量元素的原子核聚合到一起，同时释放巨大能量的核反应。这种反应在宇宙中非常普遍，所有自发光的天体（即恒星）都是天然的聚变体。距离我们最近的恒星是太阳，在太阳内部约有百分之一的区域称为日核区，这里温度极高、压强极大，如此环境使得聚变反应持续发生。所以，太阳的光和热来自核聚变产生的能量，而EAST就是研究如何持续约束和控制核聚变反应的国之重器，也被形象地称为"人造太阳"。

为什么要研究"人造太阳"？

目前，地球上使用的能源有80%来自煤炭、石油和天然气这类化石能源。但是化石能源是不可再生的，它在可预见的将来将会消耗殆尽，人类必须尽快找到持续、稳定和清洁的新能源。

如果可以建造"人造太阳"一类装置，实现像太阳一样的连续核聚变反应，我们便可以得到持续的能量产出，人类的能源困局和环境危机便会迎刃而解，因为"人造太阳"

具有三大优势。

　　首先，原料储量巨大。相对容易实现且期望被率先实现的是氘－氚聚变反应。其中氘原料存在于海水中，地球上海洋面积辽阔，其中蕴藏了约 45 万亿吨的氘原料。一个矿泉水瓶中的海水可提取约 0.015 克的氘，后者产生的聚变能相当于 150 升汽油，能让一辆汽车从北京跑到广州。

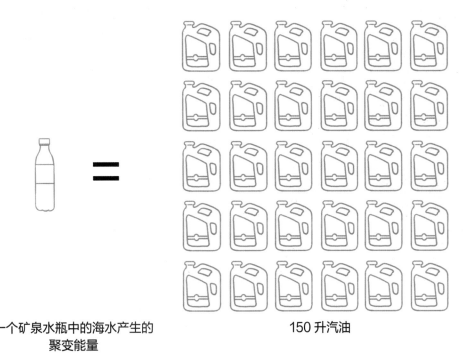

一个矿泉水瓶中的海水产生的
聚变能量

150 升汽油

▲ 核聚变能效率极高且原料储量巨大

　　其次，氘－氚聚变反应的最终产物是氦和携带大量能量的中子，不会造成任何污染，对环境是友好的。

　　最后，核聚变反应具有本征安全特性，在极端失控条件下，它会在短时间内自行终止反应，安全可靠。

如何实现可控核聚变？

　　核聚变反应为何能产生如此大的能量？ 1905 年 9 月 27 日，爱因斯坦提出了著名

▲ 全超导托卡马克核聚变实验装置（EAST）

的质能方程：$E=mc^2$，即能量等于质量乘以光速的平方。质能方程的另一种表示是：$\Delta E=\Delta mc^2$，产生的能量等于减小的质量乘以光速的平方。这预示着伴随着质量的亏损会释放出巨大的能量，由此开启了核能时代。

随着原子质量数[1]的增加，每个核子（质子和中子）的平均质量会经历先减小后增大的过程，因此核反应存在两种：重核裂变与轻核聚变。对应的核能分别为核裂变能与核聚变能。

与核裂变相比，核聚变反应的效率更高，但实现难度更大。核聚变反应需要同时满足三个条件：足够高的温度、一定的密度和一定的能量约束时间。原子核只有在极高温度（1亿摄氏度以上）下才具有足够的能量克服彼此间的库仑势垒[2]，以启动和维持核聚变反应；保持一定的密度（粒子浓度）才能提高原子核的碰撞效率，以获得足够的有效反应；高能量约束时间意味着良好的隔热性能，以保持反应物高温。

更为困难的是让上述核聚变反应可控和持续。反应物在极高温度下会完全电离，变为一团由裸露的原子核和自由电子组成的电离气体，即等离子体。倘若让这团等离子体置身于有磁场的空间，情况则会发生变化，带电的原子核与电子在垂直于磁场的方向上不再自由，受到磁场作用力的带电粒子只能沿着磁场方向做螺旋运动。因此，磁约束核聚变是实现"人造太阳"梦想的有效途径。

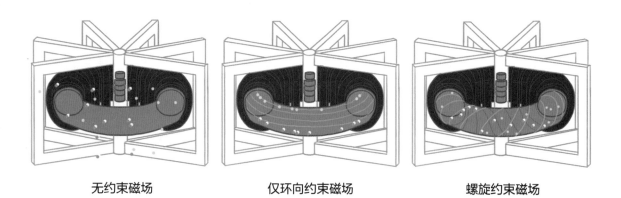

无约束磁场   仅环向约束磁场   螺旋约束磁场

▲ 托卡马克装置磁约束原理示意

---

1 原子质量数是指一个原子核中含有的质子和中子的总数。
2 库仑势垒是指两个原子核接近至可以进行核聚变所需要克服的静电能量壁垒。

20 世纪 50 年代，苏联科学家提出一种名为"托卡马克"的环形磁约束聚变装置，其显著特征是环形真空室，这里是高温等离子体发生核聚变反应的场所。在俄文中，托卡马克一词由环形、真空室、磁、线圈的前几个字母组成。环形磁约束位形有可能建造聚变反应堆。

EAST"一路向阳"的突破

2006 年 9 月 28 日，新一代"人造太阳"装置 EAST 由中国科学院等离子体物理研究所（简称"等离子体所"）建成，并首次等离子体放电成功。EAST 是世界上首台全超导托卡马克装置，其内部 30 个超导线圈在极低温条件下具有零电阻效应，因而可以产生稳态的约束磁场，使聚变堆稳态运行成为可能。

在 EAST 高 11 米、直径 8 米的主机中，集成了超高温（亿摄氏度等离子体）、超低温（-269 摄氏度超导线圈）、超高真空（大气压的百亿分之一）、超强磁场（地磁场的数万倍）、超大电流（普通插线盒的千倍以上）五大极限工况。所以 EAST 的设计建造是一项极为复杂的工程，它的成功带动了我国聚变工程技术的进步，让我们从依赖进口转为关键技术出口。

EAST 装置具有三大科学目标：1 兆安等离子体电流、1 亿摄氏度高温等离子体、1000 秒运行时间。建成于 2006 年的 EAST 装置累计等离子体放电次数超过 10 万次，先后于 2010 年运行 1 兆安等离子体电流，2021 年 5 月 28 日实现可重复的 1.2 亿摄氏度 101 秒和 1.6 亿摄氏度 20 秒等离子体运行，2021 年 12 月 30 日实现 1056 秒长脉冲高参数等离子体运行，三大科学目标已经分别独立完成。

成立于 1978 年的等离子体所，先后建成并运行了四代托卡马克装置，实现了我国聚变研究从跟跑到并跑再到领跑的跨越。我国于 2003 年正式加入国际热核聚变实验堆（ITER）计划，这是迄今为止我国参与最大的国际科技合作项目。等离子体所团队作为重要成员，承担了中国关于 ITER 份额 70% 以上的科研任务。

受控聚变研究的终极目标是建造原型聚变电站，在规划里，中国聚变工程试验堆（CFETR）是关键一步，目前等离子体所团队已联合国内相关单位完成了 CFETR 的工程设计，并稳步推进聚变堆主机关键系统综合研究设施建设。他们有一个共同的梦想，就是让聚变能的第一盏灯在中国点亮！

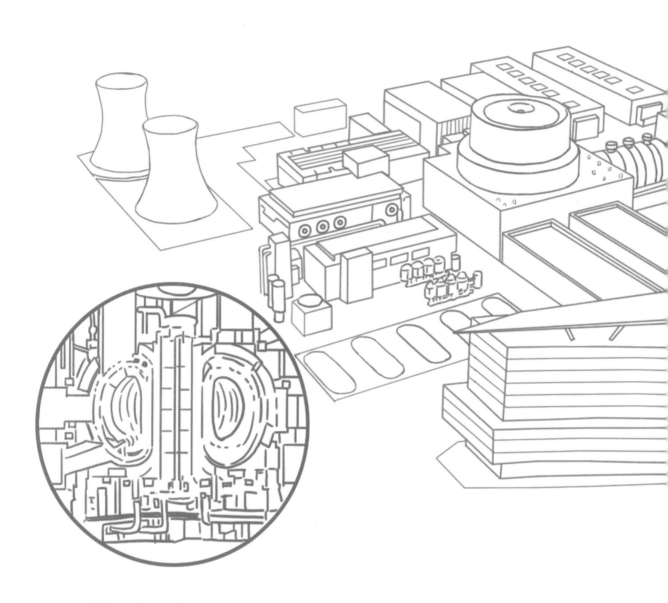

▲ 中国聚变工程试验堆（概念设计图）

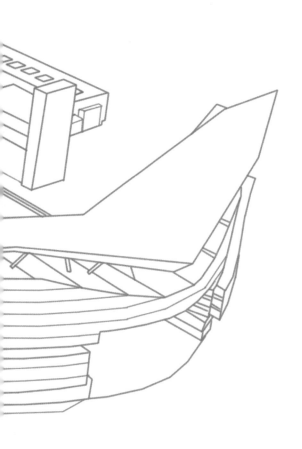

2006

9月28日

全超导托卡马克核聚变实验装置（EAST）首次成功放电

2011

11月29日

EAST 辅助加热系统项目工程开工，标志着该装置进入"第二阶段"

2017

7月3日

EAST 实现了稳定的 101.2 秒稳态长脉冲高约束等离子体运行，创造了新的世界纪录

2021

5月28日

EAST 物理实验实现了可重复的 1.2 亿摄氏度 101 秒等离子体运行和 1.6 亿摄氏度 20 秒等离子体运行

12月30日

实现 1056 秒长脉冲高参数等离子体运行，再次创造托卡马克实验装置运行的新的世界纪录

大事记

03

"超级显微镜"：中国散裂中子源

中国散裂中子源（China Spallation Neutron Source，CSNS）位于中国广东省东莞市境内，是国家"十二五"期间重点建设的十二大科学装置之一。中国散裂中子源于2018 年 8 月 23 日通过验收，填补了国内脉冲中子应用领域的空白，使得我国成为世界上第四个拥有脉冲式散裂中子源的国家。

什么是中子？什么是中子源？

早在 1919 年，欧内斯特·卢瑟福（Ernest Rutherford）[1] 研究 α 粒子散射的时候就思考过，既然原子中有带正电的质子，还有带负电的电子，而且原子核的质量比质子质量和电子质量大不少，很可能原子核内部还有不带电的粒子。1920 年，他在公开演讲中表达了这种想法，很多科学家开始用撞击的方法寻找这种不带电的粒子。不久后，卢瑟福的学生查德威克（Chadwick）在前人工作的基础上用实验证实了中子的存在，他也因此获得了 1935 年的诺贝尔物理学奖。中子的发现，对于物理学，尤其是核物理学来说具有划时代的意义，针对原子核的研究和应用迎来了飞跃式的发展。

中子也是一种微观粒子，它和光子一样，都具有波粒二象性，所以光的某些性质可以用在中子这里。光之所以可以帮助我们看到东西，就是因为光和物质相互作用之后反射到我们眼睛里，被大脑分析、形成图像。中子也一样，中子的粒子性让它和物质碰撞之后产生弹射、散射；中子的波动性可以让它在碰到其他物质的时候，产生反射、折射、

---

1 欧内斯特·卢瑟福（1871—1937），英国物理学家，世界著名的原子核物理学家。学术界公认他为继法拉第之后最伟大的实验物理学家。

干涉、衍射这些现象。我们把中子想象成中学时候做物理题常常会用到的小球就可以理解了，小球和其他物体碰撞后，改变运动方向和速度，但是不管怎么变，系统动量是守恒的。所以，知道了小球初始的速度、位置等信息，也知道碰撞之后小球和被撞物体的运动状态，我们就可以计算出被撞物体在碰撞之前的状态。

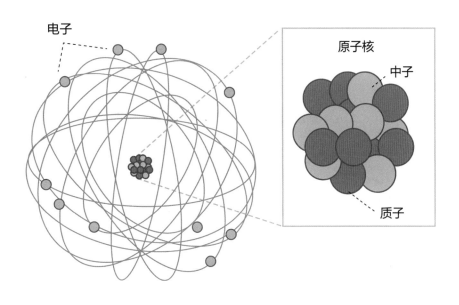

▲ 卢瑟福原子模型

这样理解，我们就大致能想象中子的作用了：中子束向被测样品打过去，部分中子与样品的原子核发生碰撞，然后四散开来。我们分析中子的轨迹、中子碰撞前后的能量和动量变化，就可以倒推出被测物质的结构信息。中子数越多，发生碰撞的中子就越多，可供分析的数据就越多，对物质结构的推测就越精确和详细。

至于物质的结构信息有多重要，只需要看看女士手上的钻戒和学生手中的铅笔（它们都是碳单质，性质却是云泥之别），就大致能体会结构的重要性了。

1994 年，诺贝尔物理学奖颁发给了加拿大科学家伯特伦·布罗克豪斯（Bertram Brockhouse）和美国科学家克利福德·沙尔（Clifford Shull），奖励他们在中子散射技术方面做出的杰出贡献。既然中子束是一个利器，我们就需要一个产生中子束的装置，这个装置就是中子源，它是人类观测物质的一台"超级显微镜"。

强流质子直线加速器

靶站

▲ 中国散裂中子源

快循环同步加速器

什么是散裂中子源？它是如何工作的？

产生中子束有两种方法。一种比较暴躁，就是造一个核反应堆，利用铀 235 通过核裂变反应产生中子，但它的安全性、对于环境的友好性，都不是那么让人放心。于是科学家决定大力发展第二种方法——温柔型的散裂中子源。

散裂中子源是怎么工作的呢？它是把质子当作"炮弹"，将质子加速到一定的能量（16亿电子伏特 [1]，速度相当于光速的 90%），然后用高能的质子束去轰击重金属靶，靶的原子核被撞击，释放出质子和中子，产生的中子被"收集"之后，就可以用来开展各种实验。其中，高能质子打到重原子核上，中子和质子被轰击出来，就叫作散裂过程。一般来说，每个质子与原子核一次碰撞能打出 20 ～ 30 个中子。

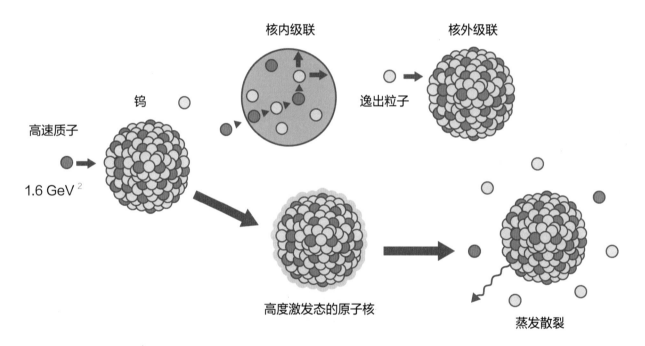

▲ 散裂核反应过程示意

---

1 电子伏特，符号为 eV，是能量的单位。代表一个电子（所带电量为 1.6×10^{-19} 库仑的负电荷）经过 1 伏特的电位差加速后所获得的动能。人眼所能接收到最敏感的可见光能量仅约 2 电子伏特。
2 1 GeV=10 亿电子伏特。1.6 GeV 即 16 亿电子伏特。

这种方法的好处在于可控，不需要设备运转的时候，只要切断电源，让质子不再被电场加速，后续的过程就都会停下来。只要一停机，整个装置就不会产生任何放射性污染，是可控且安全的产生中子的方式。

散裂中子源是一整套巨大的装置。我国的散裂中子源包括用来加速质子的强流质子直线加速器和快循环同步加速器、质子要去撞击的靶站，以及利用中子束开展各种实验研究的各类约 20 个中子谱仪等设施和科学实验测试系统，此外还包括相应的辅助设施和土建工程等。整个装置大约有 40 个足球场那么大。

我国的散裂中子源建设情况如何？

散裂中子源这样的庞然大物，集合了各种高精尖技术。世界上具备足够的综合国力、能承担这种巨无霸重器的国家屈指可数。在我国之前，只有英国、美国、日本三个国家拥有这样的重器，我国的科学家如果想利用它们开展研究，都不得不向国外申请实验时长、再费时费力地跑去国外做实验。

美、日、欧等发达国家和经济体投入如此巨力建设散裂中子源，就是看中了它在基础研究和高新技术上的巨大作用，它带动的相关技术和产业升级还将有望产生新的经济增长点。

随着我国综合实力的增强，专家们开始提议建设散裂中子源。2005 年 7 月，国务院科技教育领导小组原则上批准散裂中子源项目。很快，预研工作启动。中国科学院将项目选定在东莞大朗镇水平村。在中国散裂中子源项目园区，主装置位于南区地下 13 ~ 18 米。

中国散裂中子源是国家"十一五"期间立项、"十二五"期间重点建设的重大科技基础设施，总投资约 23 亿元，由中国科学院和广东省人民政府共同建设，中国科学院高能物理研究所为项目法人，中国科学院物理研究所参建。

项目从 2011 年 10 月开工奠基算起，到 2017 年 8 月质子打靶获得第一束中子，经过长达 6 年的建设，终于让我国告别没有散裂中子源的历史。2018 年 8 月，中国散裂中子源正式通过国家验收，9 月对用户开放。

现在，项目一期建设的通用粉末衍射仪、小角散射仪、多功能反射仪和中子性能测量室都已经开放，为用户提供机时，后续还规划了 17 个各类中子束道的谱仪，将用于满足不同的研究工作需要。

散裂中子源可以帮助我们干些什么？

建设散裂中子源，不夸张地说，物理、化学、材料、生物、医学、机械加工、地球科学、电子通信，几乎你能想象得到的科学和技术领域都可以从中受益。中国散裂中子源本质上是一个平台，最终是要为国内外这些领域的研究人员提供服务的。

我们随便举几个例子。不论日常用品还是高新技术产品，甚至药品，往往都由一些晶体材料构成，而晶体材料的功能与其结构密不可分。研究这些晶体中原子是如何排列的，以及在不同条件下原子排列方式将会发生怎样的变化，将会让我们对于这些材料的认识更加深入。

对于生物学家来说，物质结构往往决定了其功能。比如获取阿尔兹海默症患者脑部的蛋白质精准结构，对于此类药物研发至关重要。这是因为科学家需要知道，设计什么样的药物才能与这些蛋白质结合，进而对其产生作用。中子束流就可以为破解蛋白质结构提供帮助。

在工程方面，中子散射技术可以用来无损地检测发动机、机翼、桥梁、管道等场景下的安全隐患，它可以通过探测原子之间距离的变化，计算出部件被破坏或磨损的程度，为工程师提供精确参考。

上面说的这些只是直接的对于科学或技术本身的作用。中国散裂中子源带来的聚拢和溢出效应更是不可估量。依托大科学装置，建设前沿的科学研发中心和产业化平台，是世界科技发达国家的通行做法。散裂中子源可以支撑的研究领域非常多，它将吸引相关研究人员和团队聚集于此，带动相关学科发展，促进相关产业转型升级。中国散裂中子源落户东莞的 10 年，在大科学装置的带动下，一大批高校、科研机构和高科技企业汇聚于此，产生了巨大的社会和经济效益。

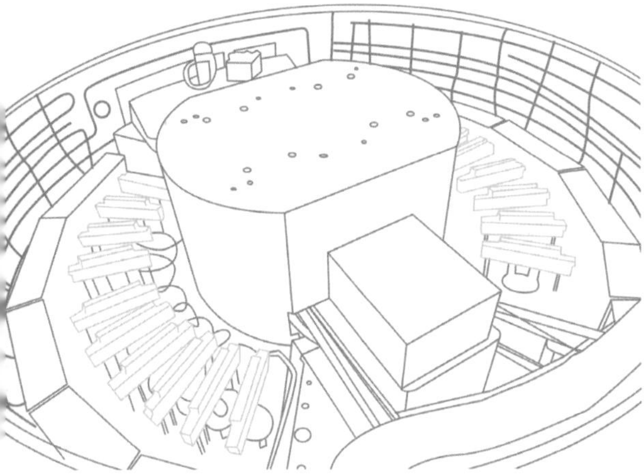

▲ 中国散裂中子源靶站

2011

10 月 20 日

中国散裂中子源由中国科学院和广东省政府开始共同建设

2014

10 月 15 日

该项目的第一台设备——负氢离子源在东莞下隧道安装，标志着这一项目正式进入设备安装阶段

2017

8 月 28 日

中国散裂中子源首次打靶成功，获得中子束流，标志着中国散裂中子源主体工程顺利完工，进入试运行阶段

2018

3 月

中国散裂中子源工程建成完工

9 月底

中国散裂中子源面向国内外用户开放使用

大事记

04 探测微观世界的眼睛：高能同步辐射光源

在北京怀柔科技城，从空中俯瞰，有一个大大的像放大镜一样的建筑，它就是高能同步辐射光源（High Energy Photon Source，HEPS）。该设施由中国科学院高能物理研究所承担建设，预计将于 2025 年 12 月底建成。建成之后，高能同步辐射光源将是我国第一个四代同步辐射光源，世界上亮度最高的第四代同步辐射光源之一，我国在硬 X 射线波段的同步辐射技术将进入世界前列。

什么是同步辐射光源？

同步辐射光源是一种人造光源。它的作用不是用来照明的，它是我们眼睛的延伸，用来观察未知的微观世界，进而对基础研究和高新技术研发起到助力作用。

我们都用过电磁炉，电磁炉的构造就是一圈圈的线圈，电流在里面一圈圈地跑，产生热量。同步辐射光源就像一个超大型的电磁炉。根据电磁场理论，当带电粒子以接近光速的高速在某种力量（比如磁场）下发生转弯，就会沿运动切线方向释放出电磁波。之所以取名叫"同步辐射"，是因为人类第一次观测到这种电磁波是在电子同步加速器上。

起初，同步辐射光对于电子同步加速器来说是一项劣势。因为电子一拐弯就往外释放电磁波，能量也就被带走了，电子的能量想进一步提高就遇到了瓶颈。但是，后来人们利用了这一点，从高能电子加速器上引出同步辐射光，等于让高能电子加速器多了一个副产品。这就是第一代同步辐射光源。

同步辐射光有一些非常厉害的特质：它是一种广谱的光源，覆盖了远红外到 X 射线波段；它的亮度很高，是常规光源的上亿倍；它准直性很好，几乎是平行光；它在时间上是脉冲结构；它是偏振光，线偏振、圆偏振、椭圆偏振都可以实现。

高能同步辐射光源有什么优势？它的建设历程是怎样的？

三代光源蓬勃发展了 20 多年，需要解决的科学问题越来越微观，科学界对于同步辐射光源又有了新的期待。

提到这个新的期待，最重要的，就是要突破所谓的衍射极限。

什么叫作衍射极限呢？对光源来说，亮度是一个重要指标，此外相干性也十分关键。平常我们开两盏灯，这两束光不满足这个条件，所以不会产生明显的明暗干涉条纹，对于我们日常照明没有影响，但是，一些需要超高灵敏、超高时间和空间分辨率的测量，对光源亮度和相干度提出了极高的要求。一般来说，可以通过降低光源水平和垂直方向的发射度来提高亮度、增加横向相干性。但是，当发射度减少到波长的 $\frac{1}{4\pi}$ 时，再继续减小发射度就没有作用了，这就是所谓的衍射极限。而能达到这个衍射极限的同步辐射光源就是第四代同步辐射光源。

第四代光源的设计、建造、施工是极其不容易的，比如，假设我们需要波长为 0.1 纳米的硬 X 射线，根据衍射极限的计算，第四代同步辐射的发射度应该小到 8 皮米弧度左右，对真空室直径、电子束流稳定性的要求都应该比原来苛刻得多，整个装置不能有短板，必须让很多先进技术互相匹配。2016 年建成的瑞典 MAXIV 光源，把发射度降到了 320 皮米弧度，还是没有达到衍射极限。目前，美国、欧洲等主流国家和经济体不约而同地进行第四代光源的建设或改造。

必须明确的是，同步辐射光源本质是进行科学研究的工具，所以不能盲目为了上马而上马，要有明确的科学任务和目标才去建设。对光源来说，不同波段对应不同的观测对象。比如，高能光源对应的硬 X 射线侧重观测物质的原子结构及其演变，而中低能区的真空紫外－软 X 射线更擅长观测与物质功能关联的电子结构。在规划布局的时候，科研人员必须考虑这些需求，充分发挥各个能区的优势。

值得高兴的是，在高能第四代光源领域，我国交出了傲人的答卷，它就是国家重大科技基础设施建设"十三五"规划确定建设的十个重大科技基础设施之一——高能同步辐射光源。

我国在第四代光源领域有怎样的部署？

高能同步辐射光源形似放大镜的设计灵感源于先进光源的寓意——观测微观世界。

增强器

▲ 高能同步辐射光源

长光束线站

直线加速器

储存环实验大厅

综合实验楼

用户服务楼

高能同步辐射光源由中国科学院高能物理研究所承担建设，预计将于 2025 年 12 月底建成。

建成之后，高能同步辐射光源将是我国第一个四代同步辐射光源，可提供 30 万电子伏特高能量、高亮度、高相干性等特点的 X 射线，将是世界上亮度最高的第四代同步辐射光源之一，我国在硬 X 射线波段的同步辐射技术将进入世界前列。

在中低能区，我国也有相应的部署。目前，合肥光源正在积极研究低能区第四代同步辐射光源——合肥先进光源，目前已经展开了预研工作，预计于 2027 年建成。到时候，我国将实现高中低能区先进光源全覆盖。

高能同步辐射光源究竟可以在哪些方面大展神威？我们首先来看看它的功能好到什么程度。它的空间分辨率达到纳米级别，也就是说，可以看清楚纳米级别的颗粒；它还具有兆电子伏特[1]（MeV）量级的能量分辨能力、皮秒量级的时间分辨能力，可以高频率的探测动态变化过程；高能 X 射线的穿透能力很强，对大尺度、高密度的样品成像具有自己的独特优势。

高能同步辐射光源由加速器、光束线站及辅助设施等组成，首批的 14 个光束线和实验站已经各司其职，向不同需求的用户提供机时。比如，高通量生物大分子微晶衍射实验法，可以解析 1 微米量级蛋白质晶体的结构，解释重要蛋白的功能，推动新药发明；在新材料的探测和研发上，高能同步辐射光源可以提供多维度、实时、原位的表征平台，解析工程材料的结构、观察其演化的全周期全过程，为材料的设计、调控提供信息。

这样一说，就很明白了，高能同步辐射光源可以说是为国家的科研需求和技术革命量身打造的利器。它可以让我们看世界的眼光更加精细，不仅能大而化之地看看平均的、稳态的、整体的效果，还能看到动态的、变化的、局域的效果。对于很多领域来说，这意味着革命。

此外，高能同步辐射光源还有其引领和带动作用，它会和科学城内其他设施和平台有机结合，形成集群，作为一个整体的综合平台，助力国家科技发展。

1　1 兆电子伏特 = 1000000 电子伏特。

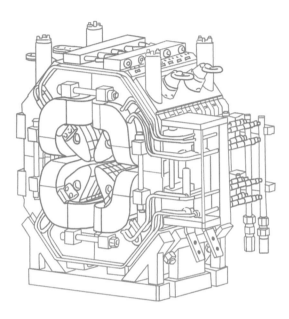

▲ 高能同步辐射光源的加速器构件，国内首次研制成功的超高梯度（80 T/m）四极铁

2016

4 月

高能同步辐射光源（HEPS）项目的预制研究和关键技术攻关项目——高能同步辐射光源验证装置正式启动。HEPS-TF 是中国国家重大科技基础设施"十二五"建设项目

2019

1 月 31 日

高能同步辐射光源验证装置通过工程验收

6 月 29 日

高能同步辐射光源装置在北京怀柔科学城启动建设，拟于 2025 年底验收并投入运行

2021

6 月 28 日

高能同步辐射光源正式进入设备安装阶段

我国同步辐射光源的建设历程

半个多世纪以来，科学家看到了同步辐射光的巨大前景，世界各国都在积极筹备部署同步辐射光源的建设。大体上，国际上同步辐射光的发展分为三个阶段：第一个阶段在 20 世纪 60 ~ 70 年代，同步辐射光作为高能电子加速器的副产品；到了 20 世纪 80 年代，同步辐射光源独立出来；进入 20 世纪 90 年代之后，同步辐射光源不断刷新亮度，其他各项性能也越来越惊人，同步辐射光源成为世界上数量最多的重大科技基础设施。

我国的同步辐射光源建设也大致经历了这样的过程。早在 20 世纪 70 年代，我国就开始谋求和规划高能物理的发展。李政道先生建议从正负电子对撞机（BEPC）着手，同时应当将同步辐射研究考虑进去。当时，李政道和美籍华裔科学家袁家骝与吴健雄夫妇一起写信给中国科学院高能物理研究所所长张文裕，提出了自己的建议。后来又利用其他机会积极建议，推动此事。尤其是在 1981 年，李政道得到了邓小平同志的接见，他明确提出了要建设正负电子对撞机的态度。北京同步辐射装置（BSRF）就是在这种因素的推动下，作为正负电子对撞机的副产品，载入了我国的科技史册。1991 年底，北京同步辐射装置正式对外开放。虽然北京同步辐射装置属于第一代同步辐射设备，但是正负电子对撞机在同步辐射专用模式运行时，其性能可以达到或接近当时世界上正在运行的第二代同步辐射光源的水平。

李政道的构想中，"这是个一箭双雕的方案"。这样安排既符合科学研究的需要，也符合中国的国情。但是，这种"寄生"模式难以满足越来越多的用户需求，同步辐射必须摆脱附属身份，成为专用光源，对储存环的电子聚焦结构进行优化，减小发射度，提高光源亮度。这就是第二代同步辐射光源的任务。

1978 年十一届三中全会召开，科学的春天展开画卷。这样的背景下，我国的第二代光源也被提上了议事日程。自从 1981 年英国首个第二代同步辐射光源 SRS 开门迎客，其他国家陆续或着手建设第二代光源，或将原有的第一代光源改造成为第二代光源。

这一次，机遇被位于安徽合肥的中国科学技术大学的专家们敏锐地捕捉到了。

1981 年 11 月，中国科学技术大学正式向上级主管单位——中国科学院上报了《关于申请批准电子同步辐射实验室计划任务书的请示报告》。

1983 年 4 月 8 日，我国正式批准中国科学技术大学在合肥筹建国家同步辐射实验室（NSRL），也就是要建造合肥光源。国家同步辐射实验室也成为我国第一个批准建设的国家实验室。

经过多年艰苦的工程建设和自主研发，1991 年 12 月，合肥光源经过专家鉴定，主要性能达到国际上同类装置水平，通过国家验收，正式对用户开放。很快，原有的 5 个光束线和实验站变得供不应求，2012 年，合肥光源启动升级改造，光源亮度和其他性能进一步提高，十多条光束线和实验站各具特色，为不同领域的用户提供服务。

随着国际上同步辐射技术的发展，第三代光源展现出第二代光源无可比拟的优势。第三代光源的发射度大约只有 10 纳米弧度，比第二代光源小了一个数量级；而且，第三代光源的辐射源相对于第二代光源的有着根本性的升级，所以亮度可以提升三个数量级。

1993 年，丁大钊、方守贤、冼鼎昌三位院士向国家建议，应该着手建设第三代同步辐射光源。第二年，中国科学院和上海市决定合作建造第三代光源，也就是后来的上海同步辐射光源（SSRF）。这件事再一次得到了李政道先生的大力支持，他从人才、技术、国际合作等方面提供很多帮助，促成第三代光源的建设。1995 年，北京的中国科学院高能物理研究所和上海原子核研究所（现为中国科学院上海应用物理研究所）的科学专家和技术骨干组成团队，着手进行可行性研究。1997 年 6 月，国家科技领导小组批准开展上海同步辐射装置预制研究，国家计划委员会于 1998 年 3 月正式立项。

上海光源由国家、中国科学院和上海市人民政府共同投资建设，于 2004 年 12 月 25 日开工建设，于 2009 年 4 月 29 日竣工，5 月 6 日正式对用户开放。上海同步辐射光源是中国第一台中能第三代同步辐射光源，总体性能位居国际先进水平，我国一举步入同步辐射先进国家之列。

上海光源的二期工程于 2016 年开始，预计到 2022 年完成之时，将有 34 条光束线和 52 个实验站为用户服务。

05

突破"水窗"：
上海软 X 射线自由电子激光装置

上海软 X 射线自由电子激光装置（Soft X-ray Free-Electron Laser, SXFEL）位于上海张江高科技园区，是正在建设的光子科学大装置集群的一个重要部分。X 射线自由电子激光作为一种前沿的研究工具，在探测超小结构、捕获超快过程、理解复杂体三方面尤为突出。该装置实现"水窗"波段[1]全覆盖，标志着我国在软 X 射线自由电子激光处于领先地位。

X 射线自由电子激光装置是什么？

X 射线是光的一种，和我们平时已知的可见光有很多相似之处。你可以把各种波长的光理解为各种型号的探针，X 射线波长短（0.001 ~ 10 纳米），可以看清更细微的东西。比如，原子的直径大小正好就在这个波长范围，我们可以将 X 射线作为探针，探测物质内部的原子是怎么排列的。各种 X 射线本质上都是一种工具，它就像人类的眼睛，扩展了我们的生理极限。

自由电子激光（Free Electron Laser，FEL）是一种怎样的激光？它和传统激光有什么异同呢？

传统上，同步辐射方法走的是典型的技术路线，它有点像我们中学物理学过的"带电粒子回旋加速器"，带电粒子一圈圈地高速运动，在切线方向就会释放电磁波。利用这种方法，我们可以得到各种不同波段的电磁波，频率覆盖非常宽广。

---

1 "水窗"波段是指波长在 2.3 ~ 4.4 纳米范围的软 X 射线波段。在此波段内，水不吸收 X 射线，对 X 射线相对透明。但是碳元素等构成生物细胞的重要元素，仍会与 X 射线相互作用，因而水窗波段的 X 射线可用于活体生物细胞的显微成像等，具有重要的科学意义和应用价值。

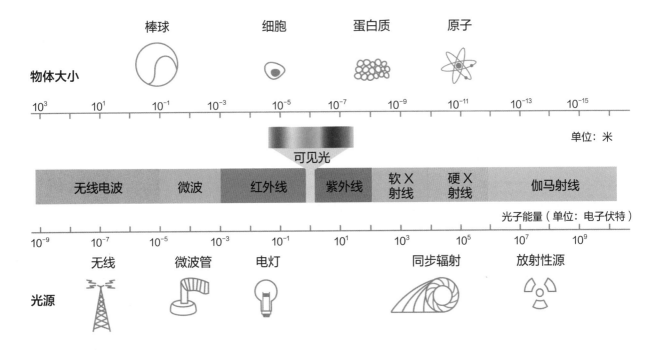

▲ 电磁波的波谱与性质

　　但是，这种方法有一个无能为力的地方，那就是同步辐射光没有相干性。什么叫相干性呢？特定的两列波，如果频率相同，相位差恒定，振动方向一致，就会发生干涉现象。光波的相干性也类似，只不过，平时我们开两盏灯，两个光源发出的光并不满足这样的条件，我们就看不到明显的干涉条纹罢了。而激光就可以满足相干性这个要求。

　　激光，全称"Light Amplification by Stimulated Emission of Radiation"，中文叫"受激辐射光放大"。原子中的电子存在很多能级，就像很多台阶，台阶越高，能量越大。如果有电子待在高台阶上，这时候用一个特定的光子去激发它，它会跳到低能级上，同时辐射出一个和入射光子步调完全一致的光子。就像克隆出来的兄弟一样，两者具有相干性。这样的过程不断重复，就会源源不断克隆出很多相干光子。

　　所以，如果能将 X 光和激光的优点相结合，造出 X 射线波段的激光，就会具备高亮度、高相干性、超短脉冲等特点，那将会大大拓展 X 射线的应用场景。自由电子激光，就是为实现这一目标、让 X 射线变得更强大的技术路线。

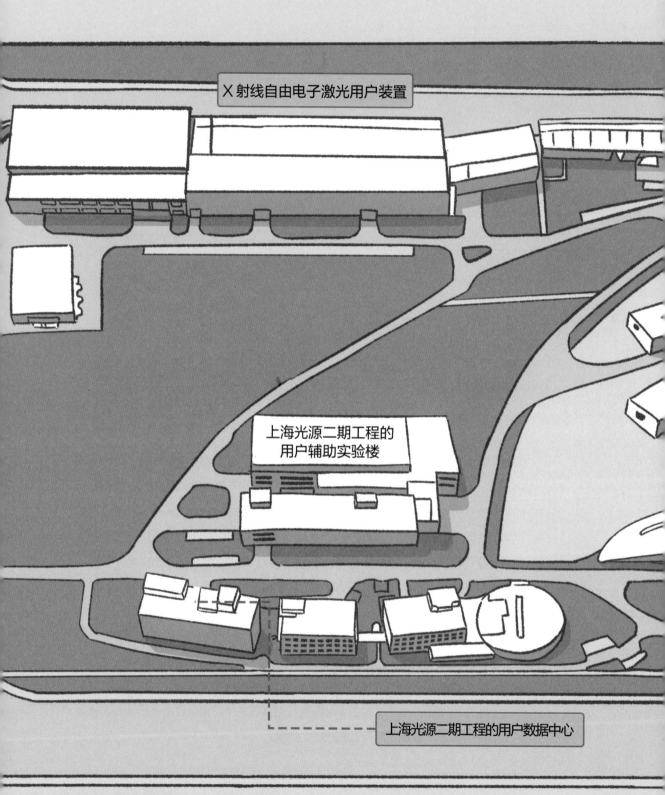

X 射线自由电子激光用户装置

上海光源二期工程的
用户辅助实验楼

上海光源二期工程的用户数据中心

▲ 上海软 X 射线自由电子激光装置

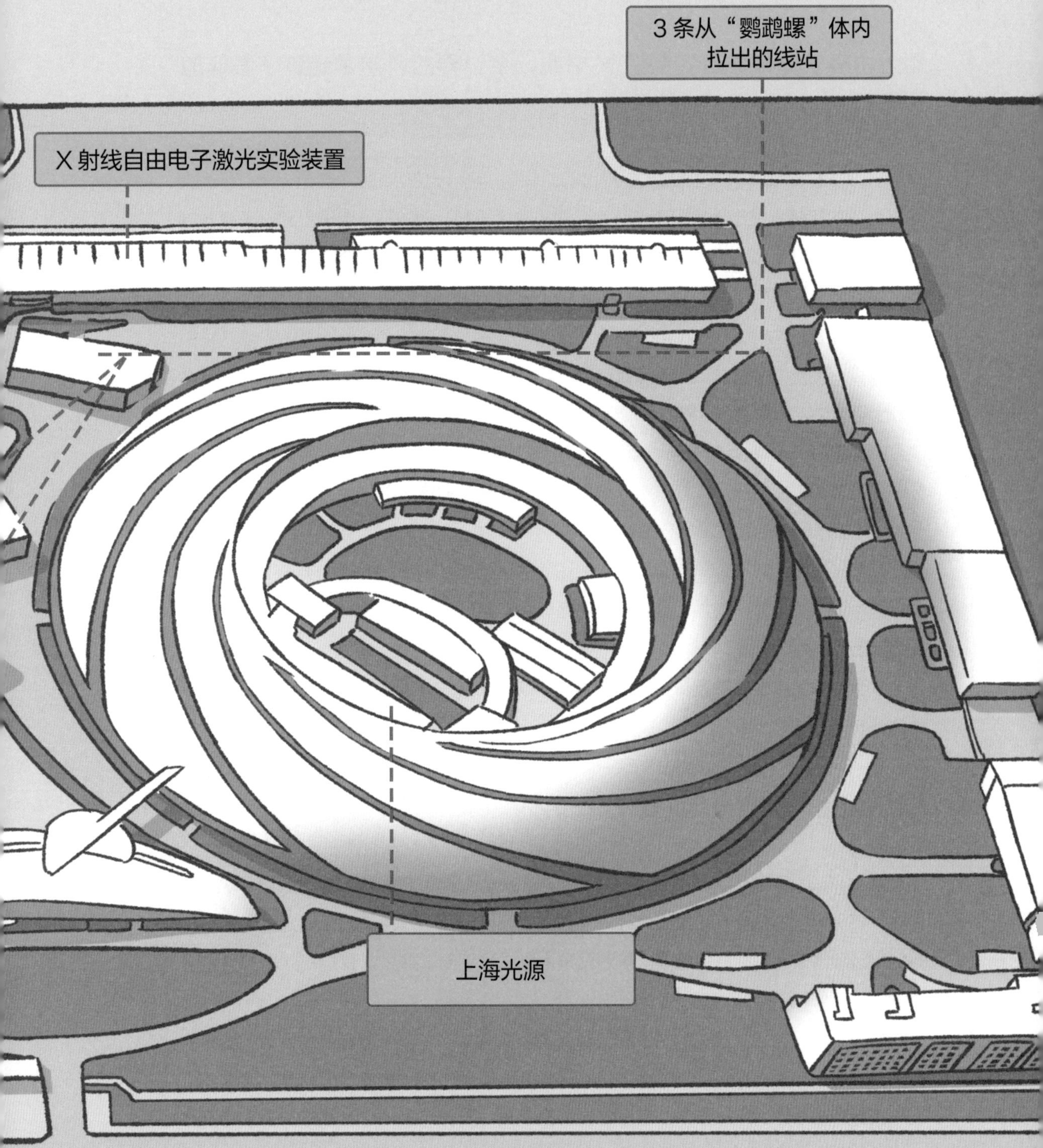

X 射线自由电子激光实验装置

3 条从"鹦鹉螺"体内拉出的线站

上海光源

用自由电子激光的方式制造 X 射线，全世界的科学家经过了怎样的探索？

自由电子激光的理论设想是国外提出的。1971 年，一位叫约翰·麦迪（John M. J. Madey）的年轻人提出了不同于传统激光的光放大机制。他发现，电子受到光子激发放出一个光子的"克隆兄弟"的过程，不一定局限在原子中，电子完全可以挣脱原子的束缚，获得自由。在周期性磁场中，摇摆运动的高能电子束与光之间也可以发生相互作用，进而受激输出、放大相干光。

理论上可行，但技术上如何将自由电子激光推进到 X 射线所在的短波段，人们进行了几十年的尝试和探索，世界范围内有不同的技术路线，每条路线都有各自的困难。

既然这是一个持续的光放大过程，那么，初始电子束的噪声就会对结果产生很大的影响。为了抑制初始噪声，可以引入一种叫作"种子"的传统激光，"种子"和电子束一起进入波荡器，相互激发，产生输出光。

想要得到像 X 射线这样的短波长激光，那就需要相应的短波长的"种子"。这样的"种子"甚至可以不从外部输入，直接可以在电子束的微聚束中挑出高次谐波的成分，进行放大输出。

接着，为了得到更短波长，各种放大机制被研究出来。我们中国的团队也交出了傲人的答卷。

中国在自由电子激光方面成就如何？

自从 2006 年德国建成世界首台软 X 射线自由电子激光装置 FLASH，美国、欧盟、日本、韩国等世界主要发达国家或经济体都在如火如荼地进行自由电子激光科学实验装置的建设和部署，各种新的原理、机制和技术路线也不断被探索。我国在这场竞争中没有缺席。

世界上主流的放大机制包括级联型高次谐波放大机制和回声谐波放大机制。所谓级联型高次谐波放大机制，就是把高次谐波放大方法首尾相接，做成多级串联，这样，前面一级的输出光作为下一级的"种子"，每级让输出波长缩短一点，最终得到我们要的 X 光波。在这条技术路线上，中国团队做出了成绩：2009 年，上海的中国科学院应用物理研究所建成了我国首个高增益自由电子激光综合研究平台——上海深紫外自由电子激光装置 SDUV-FEL，成功进行了两级级联的原理验证试验，利用 1200 纳米的种子光，输出了第一级 600 纳米、第二级 300 纳米的全相干辐射。

另一条技术路径——回声谐波放大机制是利用某种特殊结构的电子束和激光相互作用后的一种类似回声的效应，得到几十次甚至上百次的超高次谐波辐射。这一路径 2009 年一经提出，世界上很多科学家就投入其中，一些原理验证性实验展开。我国的 SDUV-FEL 是最早实现回声谐波机制的实验室之一。2012 年，国际期刊《自然·光子学》刊登了一篇封面文章，报道了我国的 SDUV-FEL 首次在国际上实现 3 次谐波的回声型谐波放大，体现了国际学术界对于回声谐波放大机制前景的肯定。

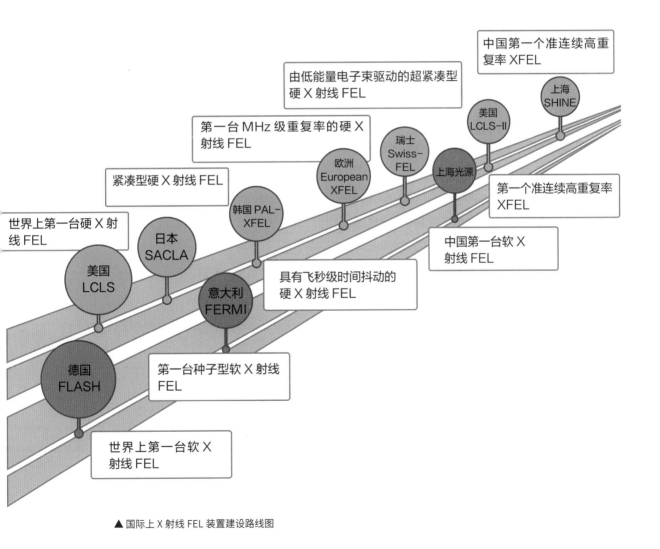

▲ 国际上 X 射线 FEL 装置建设路线图

以上海的软 X 射线 FEL 装置（SXFEL）为代表的我国 X 射线自由电子激光目前进展如何？

上海软 X 射线 FEL 装置（SXFEL）位于上海张江科学城的上海光源园区，聚焦于外种子型 X 射线自由电子激光的研究。该装置的研制分为试验装置（SXFEL-TF）和用户装置（SXFEL-UF）两个阶段，2020 年 11 月，SXFEL 试验装置通过国家验收，各项性能指标全部达到或优于验收指标。2021 年 5 月，上海软 X 射线自由电子激光装置建设取得突破性进展，实现了 2.0 纳米波长自由电子激光放大出光，这意味着该团队继 5.6 纳米、3.5 纳米、2.4 纳米自由电子激光放大出光之后，实现了"水窗"波段全覆盖，上海软 X 射线自由电子激光装置成为世界上最早实现"水窗"波段全覆盖的软 X 射线自由电子激光装置。

"水窗"的突破之所以重要，是因为水对这个波段的软 X 射线是透明的，但其他构成生命的重要元素，例如碳和氧等仍会与它发生相互作用，借由这个性质，"水窗"波段的 X 射线可用于活体生物细胞显微成像等，具有极其重要的科学应用价值。活细胞结构与功能成像等线站工程建成后，将和软 X 射线自由电子激光用户装置共同构成有机衔接，为用户供光。

除了上海软 X 射线自由电子激光装置，大连的极紫外相干光源（DCLS）以及正在建设中的高重复频率硬 X 射线自由电子激光（SHINE），在波长范围、亮度、相干性等方面也都各具特色。它们是人类发明的利器，大大拓展了我们的观测手段，帮助物理、化学、能源、材料、生命科学等多个领域的科学家们探索世界、格物致知、求真求实。

2009

5 月 6 日

上海同步辐射光源（简称"上海光源"）
正式对国内用户开放试运行

2014

12 月 30 日

上海 X 射线自由电子激光试验装置在
中国科学院上海应用物理研究所张江
园区开工奠基

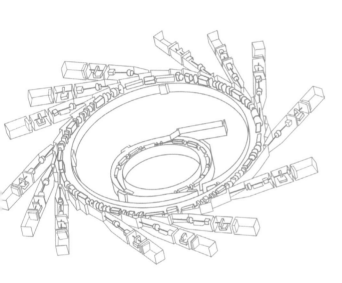

▲上海光源内部构成

2020

11 月 4 日

上海软 X 射线自由电子激光装置通过
国家验收

2021

5 月 14 日

上海软 X 射线自由电子激光装置调试
工作取得重大突破，实现了"水窗"
波段全覆盖

大事记

2022

3 月 30 日

上海软 X 射线自由电子激光用户装置
完成并通过了自由电子激光谐波驱动
自种子（HLSS）先进运行模式的工
艺测试

06

照亮微观世界的闪光灯：
大连极紫外相干光源

2011 年，我国科学家团队提出要建设基于新一代极紫外高增益自由电子激光综合实验装置的计划，也就是大连光源。大连光源于 2016 年 9 月首次出光，于 2017 年 7 月正式投入运行，对外开放。大连光源的建成运行，意味着我国在自由电子激光领域填补了世界空白，确立了我国在极紫外光源方面先进水平的国际地位。

什么是极紫外光？它有什么用处？

按照波长（频率）来区分的话，光在光谱上有一个很宽的范围。除了我们肉眼可以识别的可见光，还有比可见光频率低、波长长的红外、微波，也有比可见光频率高、波长短的紫外、X 射线、伽马射线。种种不同的光，我们怎么给它们找到用武之地呢？这就要说到原子、分子和光之间的各种"互动"了。

原子由原子核和外层电子组成。原子核集中在很小的一块区域，外面大块的地方都是电子的活动范围。电子根据能量不同，处于分立的一个个"台阶"上。台阶高的，电子能量就高；反之，能量就低。这些台阶就叫作能级。电子在一定的物理规律的作用下，可以在不同的能级之间跳来跳去，学术上叫作跃迁；电子甚至可能直接跳出原子核的束缚，逃出去，学术上叫作电离。

极紫外（EUV）波段光波长为 10 ~ 121 纳米，对应的光子能量为 10.25 ~ 124 电子伏特，这样的能量可以让电子被激发到很高的能级，甚至干脆被电离。

极紫外波段的激光电离效率高且具有物种选择性，可以实现中间体的高灵敏度识别和电离探测，让我们从微观层面上了解化学反应过程中电子是怎么转移的，能量是怎么转化的。说得形象一点，就是给原子、分子的化学反应"拍照片"，甚至更进一步，"拍电影"。

　　化学键的生成和断裂往往就在飞秒（10^{-15} 秒）和皮秒（10^{-12} 秒）的量级，所以用来拍照的光源必须是超快的。如果有超亮超快的极紫外光，我们的科研目标就可以实现。

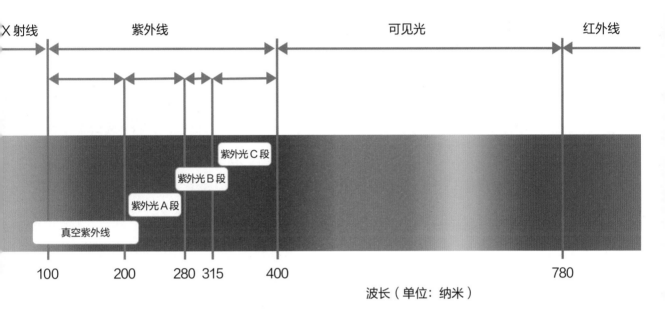

▲ 电磁波谱紫外光区域

得到我们需要的极紫外光有多难？

　　极紫外光虽好，得来却不易。

　　激光像一个高效的克隆机器，电子处在高能级上，如果有匹配的光子打过来，电子会受到激发向下跃迁，释放出一个跟入射光子一样的光子。这样的过程如果一直发生，就像在不断克隆出大量一样的光子。

　　常规的激光由于其中的放大介质的限制，很难推进到短波长，比如 X 射线、真空紫外。所以，如果想利用激光的种种好处，就得打破常规。

　　20 世纪 70 年代，科学家发现，通过电子克隆大量光子，未必一定要通过束缚态的

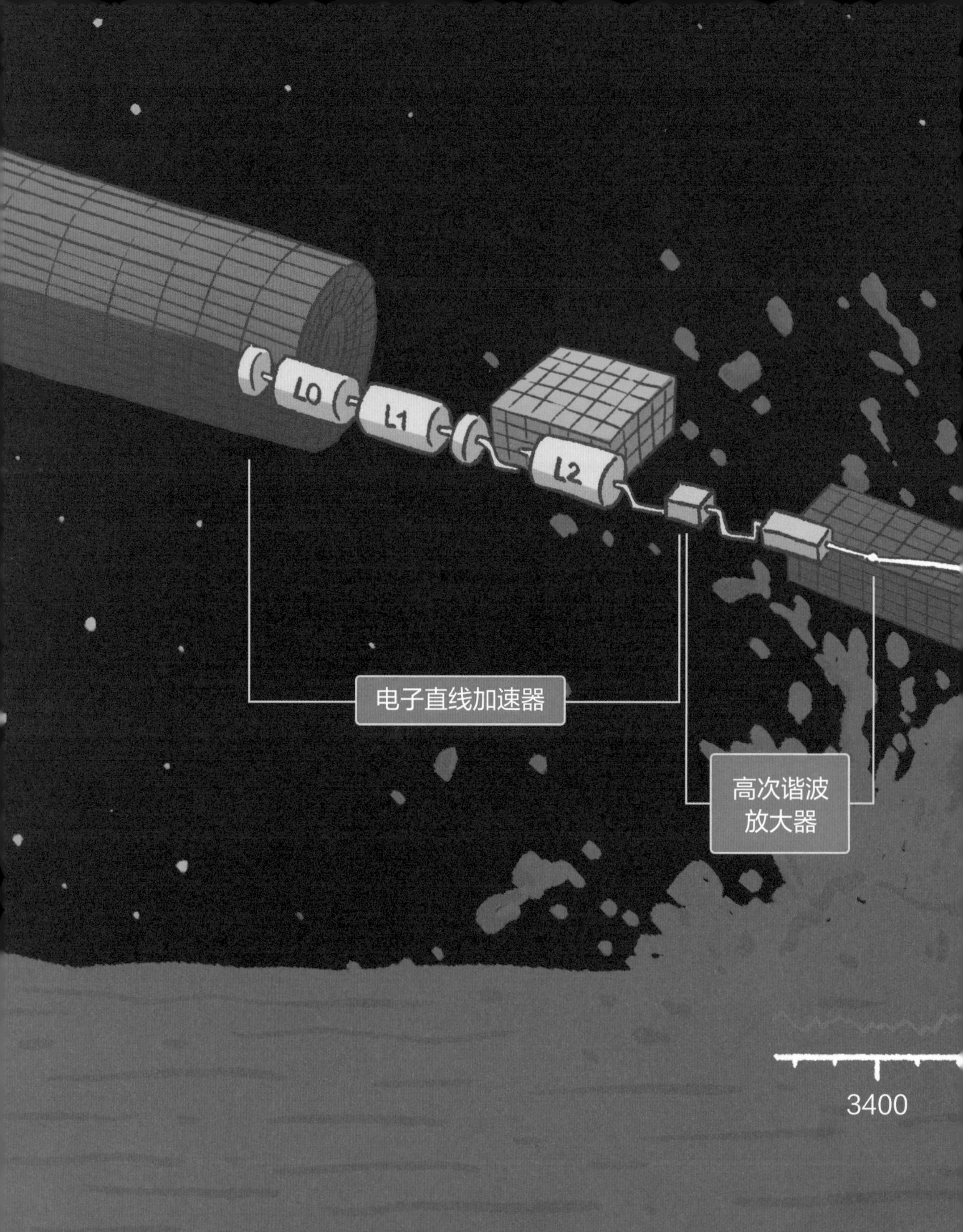

LO

L1

L2

电子直线加速器

高次谐波
放大器

3400

▲ 运用大连相干光源探寻水的结构

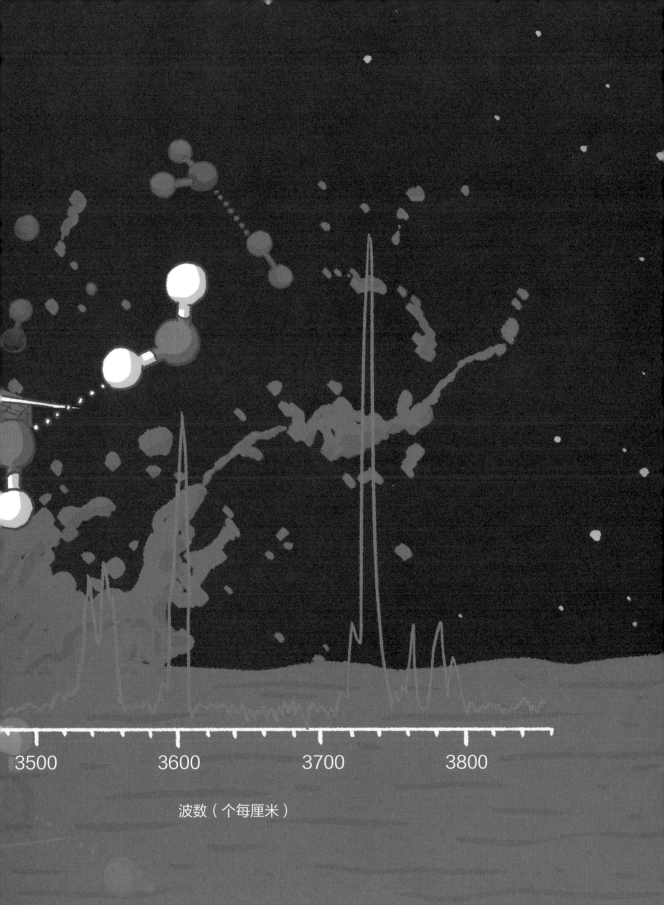

波数（个每厘米）

原子。理论上,电子摆脱原子的束缚,在自由空间中也可以产生激光,这就是自由电子激光。产生自由电子激光的具体过程比较复杂,你只需要大致想象:电子经过磁铁发生偏转,会释放出电磁波,如果我们选择合适的磁铁阵列(学名叫波荡器)和电子束参数,让电子发出的同步辐射电磁波正好匹配,在波长上造成波峰叠加波峰、波谷叠加波谷的效果,就会得到所谓相干叠加的辐射。根据自放大自发辐射(Self Amplified Spontaneous Emission,SASE)高增益自由电子激光原理,电子产生的同步辐射电磁波会自己调教自己,让电子束产生微小尺度的密度集中,也就是微聚束;电子的微聚束又会让相干叠加的辐射更显著,进一步加强电子聚集。经过这样的正反馈过程,自由电子激光的相干辐射会迅速放大至饱和。

自由电子激光的输出波长可以通过调节电子能量和波荡器参数实现,它产生的激光脉冲是高亮度、可调谐、全相干的,而且脉冲时间很短,在飞秒和皮秒的量级,正好适合给原子和分子反应"拍照片"。

大连光源的性能有多强大?

在极紫外光自由电子激光领域,中国成就傲人。在大连极紫外相干光源建成之前,世界上还没有一台处于这个波段的自由电子激光装置。2011 年,杨学明、赵振堂、王东等科学家团队提出要建设基于新一代极紫外高增益自由电子激光综合实验装置的计划,也就是大连光源。

大连光源由中国科学院大连化学物理研究所和上海应用物理研究所联合研制。除了 SASE 模式,大连光源还选择了一种叫作高增益高次谐波产生(High Gain Harmonic Generation,HGHG)的模式。HGHG 的方案引入了一种"种子"激光,"种子"可以对脉冲电子束进行一种能量上的调制,然后运用其他方法,将其中的高次谐波部分挑出来,再进行相干辐射和放大。HGHG 模式下,激光的时间、空间相干性及稳定性等指标明显好于 SASE 模式。

2016 年 9 月,大连光源首次出光。紧接着,当年 11 月和次年 1 月,SASE 模式和 HGHG 模式分别实现。大连光源于 2018 年 7 月正式投入运行,对外开放。

建成后的大连光源单个脉冲长度为皮秒或百飞秒量级,每个激光脉冲包含超过 100 万亿(10^{14})个光子,波长可在整个极紫外区域完全连续可调,具有完全的相干性。论单脉冲亮度,这是世界上最亮的极紫外光源。

2019 年，升级后的大连光源不仅可以服务更多的用户，在偏振的选择、脉冲时间、亮度、光子产生频率等方面，也变得越来越强大。

大连光源可以用来做什么？

大连光源被媒体叫作"照亮微观世界的超快超亮 EUV 闪光灯"，它可以准确捕捉到分子、原子等微观粒子在化学反应中的动态影像。例如我们想深入研究燃烧过程，就可以用极紫外自由电子激光光源，它的高亮度可以灵敏地探测到中间产物浓度和种类的微小变化。又如，大气雾霾是个令人头痛的问题。在雾霾的形成过程中，气溶胶颗粒的大小、密度、质量、化学组成成分不断变化，大连光源可以更加准确地探测气溶胶成核过程，帮助我们揭示雾霾的本质。

此外，在研究催化过程的机理、团簇的结构、生物分子的结构和动力学等物理、化学、生物领域的重要课题时，大连光源都有可能提供必要的支持。甚至在宇宙中的化学反应研究、芯片光刻的研究等领域，它也有其独特的优势。

大连光源建成运行，不仅意味着我国在自由电子激光领域填补了世界空白，确立了我国在极紫外光源方面先进水平的国际地位。更重要的是，该设施会帮助我国及世界其他国家的科学家，在原子、分子水平上开展重大科学问题的研究，促进这些研究显著提升。

大事记

2016 —— **2017** —— **2018** —— **2019** ——

9 月 24 日

大连光源的主体安装工程全部完成，实现首次出光

1 月 15 日

大连光源成功实现 HGHG 饱和出光，成为世界上最亮且波长完全可调的极紫外自由电子激光光源

6 月 22 日

大连光源开始第一个用户实验

7 月 2 日

大连光源项目顺利通过专家组现场验收

8 月

大连光源正式纳入中国科学院重大科技基础设施平台管理

07

"火眼金睛"的暗物质粒子探测卫星:"悟空"号

2015 年 12 月 17 日清晨,酒泉卫星发射中心,长征二号丁运载火箭腾空而起,将我国第一颗用于空间高能粒子探测的卫星——暗物质粒子探测卫星"悟空"号送入离地面 500 千米的太阳同步轨道。经过近 3 个月的在轨测试,2016 年 3 月,"悟空"号卫星正式交付中国科学院紫金山天文台,开启了其探索宇宙的历程。"悟空"号探测器覆盖能段宽、能量测量准、粒子鉴别强,是名副其实的"火眼金睛"。截至 2022 年初,"悟空"号卫星已平稳在轨运行超过 6 年时间,积累了超过 110 亿个高能宇宙线事例。目前卫星各探测器指标正常、运行稳定,预计还可以顺利运行数年时间。

"悟空"号的探测对象是什么?

现代物理学建立起的标准模型包括以广义相对论描述的引力理论和以规范场论描述的粒子物理标准模型。然而,大量的天文学和宇宙学观测发现,宇宙中广泛存在无法用上述标准模型描述的现象,即所谓的"暗物质"和"暗能量"问题。如果"暗物质"确实是某种物质,那么检验这一假说最直接的办法就是在实验室中探测到它们。

关于"暗物质"问题,最自然的一种理论模型认为,宇宙中存在一类相互作用微弱、质量较重的新粒子,简称为弱作用重粒子(Weakly Interacting Massive Particles,WIMP)。根据 WIMP 模型,暗物质粒子之间可以以非常小的概率发生湮灭[1],暗物质粒子也可能非常慢地发生衰变[2],湮灭或衰变可以产生普通的粒子,如正负电子、正反质子、伽马光子、中微子等,这些粒子通常具有很高的能量,和背景宇宙线粒子一起在宇宙空

---

[1] 湮灭是指正反粒子碰撞后消失并产生其他粒子的过程,如一对正负电子湮灭变成一对光子。

[2] 衰变是指不稳定粒子经过一定时间后转变成其他粒子的过程,如中子衰变成质子、电子和反电子中微子。

间中传播，并有机会被探测器记录到。本质上，"悟空"号卫星是一个高能粒子探测器，通过探测这些宇宙线粒子来间接地探测 WIMP 暗物质。

研究人员预期暗物质产生的信号会很微弱，因此和背景宇宙线区分就显得非常重要。人们会努力去寻找不同于常规天体物理过程的具有独特特征的信号，例如宇宙线或伽马射线能谱上出现的奇怪的"峰""拐""掉"等。

"悟空"号怎么探测暗物质？

"悟空"号探测器在设计的时候就瞄准了要做世界上最好的探测器这一目标。它选择的突破口是高能量分辨率，采用当时世界上最长的锗酸铋（$Bi_4Ge_3O_{12}$，简称 BGO）晶体构成一个量能器[1]。"悟空"号的 BGO 量能器是世界上同类探测器中最厚的，从而实现对正负电子和伽马射线观测达到约 1% 的能量分辨率。"悟空"号探测器的能量分

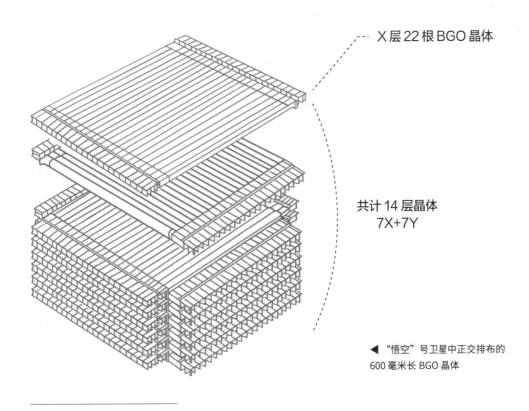

X 层 22 根 BGO 晶体

共计 14 层晶体
7X+7Y

◀ "悟空"号卫星中正交排布的 600 毫米长 BGO 晶体

---

1 量能器，测量粒子能量的探测器。

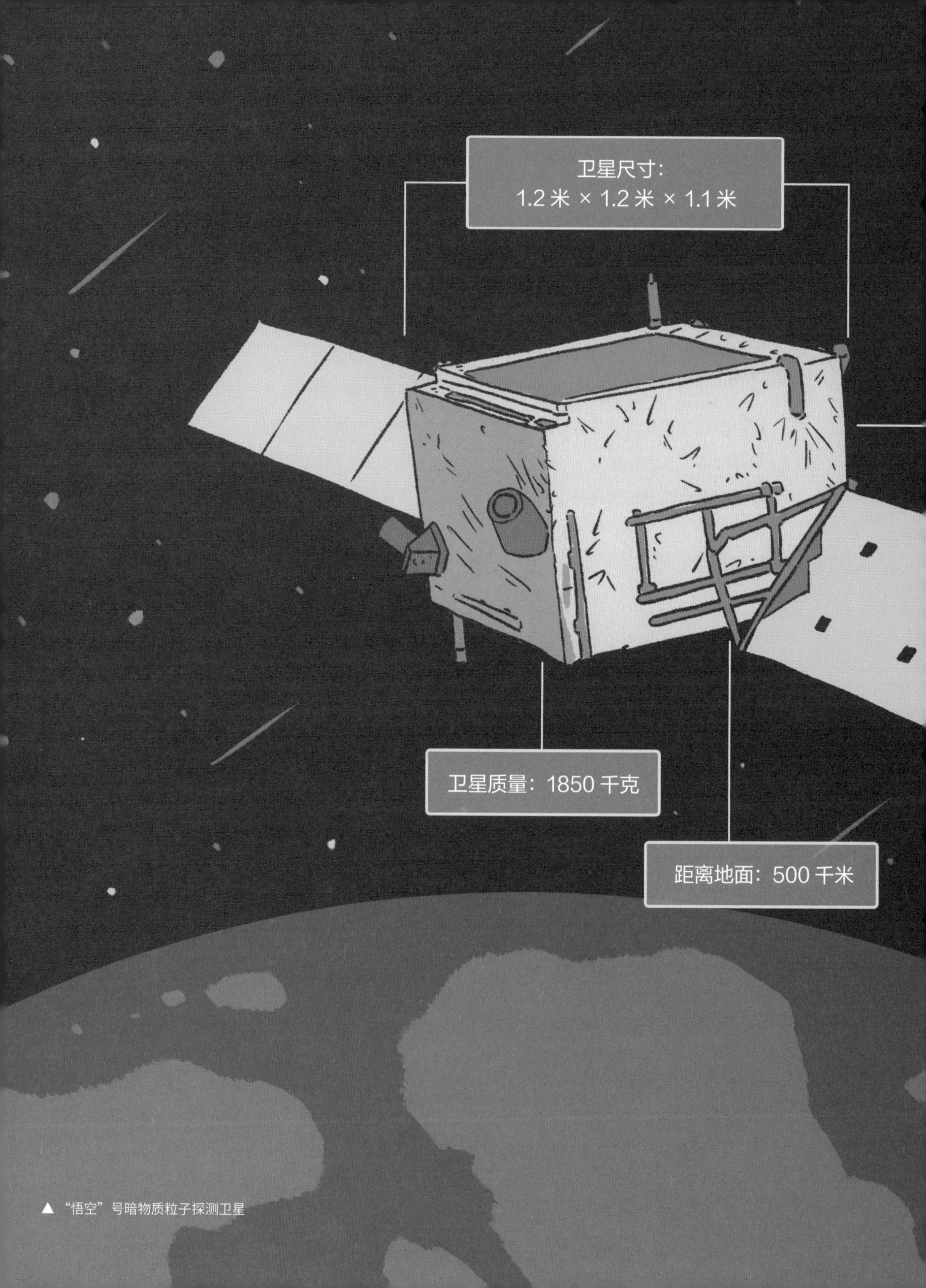

卫星尺寸：
1.2 米 × 1.2 米 × 1.1 米

卫星质量：1850 千克

距离地面：500 千米

▲ "悟空"号暗物质粒子探测卫星

有效载荷质量: 1410 千克

辨率是现有在轨空间高能粒子探测器中最高的，优于美国的费米卫星大约 5 倍，优于日本的电子量能器实验约 2 倍。

宇宙线粒子多种多样，它们的流量也千差万别，准确鉴别出不同的粒子并分别对其进行精确测量是这类实验的主要挑战。"悟空"号通过最顶部的塑料闪烁体探测器可以测量粒子的绝对电荷，对于带不同电荷的原子核以及不带电的伽马射线等主要的粒子种类，它均可以有效地区分。电子和质子的区分则主要靠 BGO 量能器来实现。"悟空"号的厚量能器设计在电子－质子鉴别这一关键指标上起到了非常重要的作用。在探测器的底部还放置了一个中子探测器，可以进一步改进电子－质子区分的能力，这让它的电子－质子区分能力在同类探测器中达到了最好的水平。为了测量粒子的方向，"悟空"号在塑料闪烁体探测器和 BGO 量能器之间还设计了一个硅微条径迹探测器。

通过塑料闪烁体探测器、硅微条径迹探测器、BGO 量能器和中子探测器，"悟空"号可以精确测量入射宇宙线粒子的电荷、方向、能量、种类等物理量，基于这些数据，研究人员可以开展包括暗物质探测在内的各种科学研究。除了暗物质粒子间接探测，"悟空"号的观测数据还可以用于研究宇宙线的起源和传播等物理问题，以及伽马射线相关的天体物理问题。

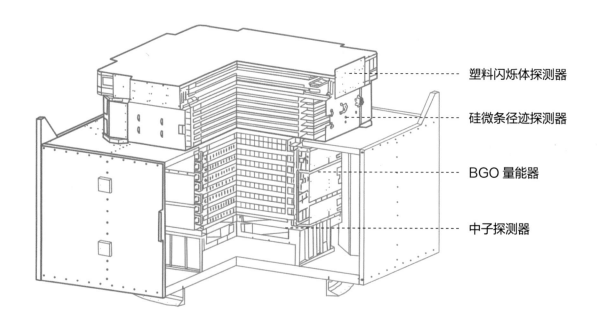

塑料闪烁体探测器

硅微条径迹探测器

BGO 量能器

中子探测器

▲ "悟空"号探测器剖面图

"悟空"号取得了什么成果？

"悟空"号卫星是我国第一颗空间天文卫星，以"悟空"号为代表的系列空间卫星（还包括"墨子号""慧眼""实践十号"等）拉开了中国大规模进行空间科学探索的帷幕。

经过一年半时间的运行，"悟空"号卫星获得的首个科学成果——宽能段正负电子能谱的精确测量于 2017 年 12 月正式发表。"悟空"号首次在空间将正负电子能谱直接测量至约 5 TeV[1] 的能量，能谱结果在能量分辨率、能谱精度和能段覆盖等方面均优于其他空间探测实验结果；它第一次以高置信度揭示出宇宙线正负电子能谱在约 0.9 TeV 处存在明显的拐折，为理解宇宙线正负电子的起源和传播提供了重要信息；它的正负电子能谱还可以严格限制甚至排除某些暗物质模型。"悟空"号的科研成果论文发表后，著名天体物理学家、普林斯顿大学教授、美国科学院及美国艺术与科学院院士戴维·斯珀格尔（David Spergel）教授在《科学》杂志的社论中评论称："中国正在为天体物理和空间科学做出重要贡献。""悟空"号的科研成果也入选了 2018 年度中国科学十大进展。

2019 年 9 月，"悟空"号合作组发表了对宽能段宇宙线质子能谱的测量结果；2021 年 5 月，发表了对宇宙线氦核能谱的精确测量结果。相比于以前的直接测量结果，"悟空"号在 TeV 以上的能段测量精度显著提高，并首次以高置信度揭示出质子和氦核能谱在约 15 ~ 35 TeV 能量处新的拐折结构。质子和氦核非常相似的能谱结构也意味着它们具有共同的起源。该测量结果是宇宙线直接探测领域的重要进展，其质子能谱成果入选 2019 年度中国十大天文科技进展。

"悟空"号在未来还能做什么？

"悟空"号的数据分析工作还在进行中。下一步科研团队将利用其数据精确测量系列宇宙线元素的能谱，揭示能谱结构的规律以及其背后的物理机制，加深对宇宙线起源和传播的理解；通过积累更多的观测提高对正负电子能谱的测量精度，特别是研究正负电子能谱是否存在特殊结构；以及发挥"悟空"号能量分辨率高的优势，以高灵敏度搜寻单能量伽马射线线谱。其中，正负电子能谱和伽马射线线谱被认为是暗物质探测的优

---

[1] 1 TeV=1 万亿电子伏特。

选目标，有望带来暗物质研究的突破。

　　"悟空"号卫星彰显了我国科学家在物理设计、结构设计、电子学、材料技术、通信技术、测控技术等多方面的综合实力，是我国迈向空间科学强国过程的重要节点。

　　"悟空"号的成功研制、发射和运行，实现了我国空间天文卫星零的突破，积累了从事空间科学和技术探索的经验，掌握并发展了空间高能粒子探测技术。"悟空"号团队提出了下一代旗舰型空间高能卫星计划——甚大面积伽马射线天文台（Very Large Area gamma-ray Space Telescope, VLAST）。VLAST 将继承"悟空"号优越的能量分辨率，显著拓宽探测能段和增大探测面积，综合性能将比目前的费米卫星提高约 10 倍，预计将可以极大地提高暗物质间接探测的灵敏度和伽马射线全天监测能力，将引领 2030 年之后的国际空间高能天文发展。

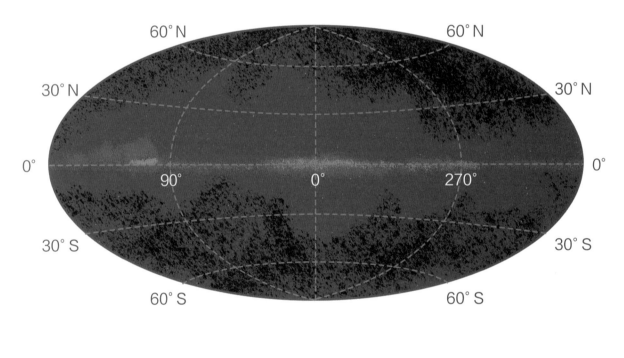

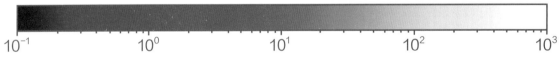

（单位：TeV）

▲ "悟空"号卫星观测到的伽马射线天图

2011

12 月

"悟空"号暗物质粒子探测卫星正式
立项启动，成为中国战略性先导科技
专项空间科学的首批四颗科学实验卫
星之一

2013

4 月

"悟空"号暗物质粒子探测卫星工程
由方案研制转入初样研制阶段，标志
着卫星全面进入工程化阶段

2015

12 月 17 日

我国在酒泉卫星发射中心用长征二号
丁运载火箭成功将暗物质粒子探测卫
星"悟空"号发射升空，卫星顺利进
入预定转移轨道

2016

3 月

"悟空"号暗物质粒子探测卫星正式
交付科学应用系统，即中国科学院紫
金山天文台使用

2021

9 月 7 日

国家空间科学数据中心与中国科学院
紫金山天文台联合公开发布"悟空"
号暗物质粒子探测卫星首批伽马光子
科学数据

开启"超高能伽马天文学"时代：
高海拔宇宙线观测站

高海拔宇宙线观测站（LHAASO，昵称"拉索"）项目是以宇宙线观测研究为核心的国家重大科技基础设施，于 2015 年 12 月获得国家发改委批准立项，位于四川省稻城县海子山，占地面积达 1.36 平方千米，海拔 4410 米。LHAASO 项目于 2017 年开始建设，全部探测装置于 2021 年 7 月全部建成。它是世界上海拔最高、规模最大、灵敏度最强的甚高能和超高能宇宙线与伽马射线探测装置，具有大视场和全天候的工作特点，可以长期监测整个北天区天体的伽马射线辐射情况。

观测宇宙线的工作原理是什么？

宇宙线是来自宇宙深空的高能量粒子，最高能量达 10^{20} eV（是现今最大人工加速器所产生粒子能量的千万倍），粒子数目随能量升高而快速下降。在 10^{11} eV，每平方米每秒有一个宇宙线粒子，在这个能量附近可以将探测器放在卫星、空间站或高空气球上，在大气层顶部对宇宙线进行直接探测。随着能量升高，流强快速下降，如在 10^{15} eV 能量每平方米每年才有一个宇宙线粒子，对于这么稀少的宇宙线，需要在地面用更大的探测器，如 LHAASO 这样的探测装置进行间接探测。

宇宙线和伽马射线在进入大气层之后，和空气核碰撞，产生次级粒子，次级粒子进一步产生下一级粒子，并如此发展下去，我们称其为广延大气簇射（EAS）。次级粒子中最多的是高能伽马射线，其次是高能电子和正电子，然后是缪子，次级粒子的数目和原初宇宙线能量相关，如一个 10^{15} eV 原初宇宙线的次级粒子可以达百万量级，分布范围达数百米。LHAASO 就是通过测量广延大气簇射中的次级粒子对原初宇宙线进行探测的。

LHAASO 采用 4 种探测装置，可以全方位、多变量地测量宇宙线。它包含 5195

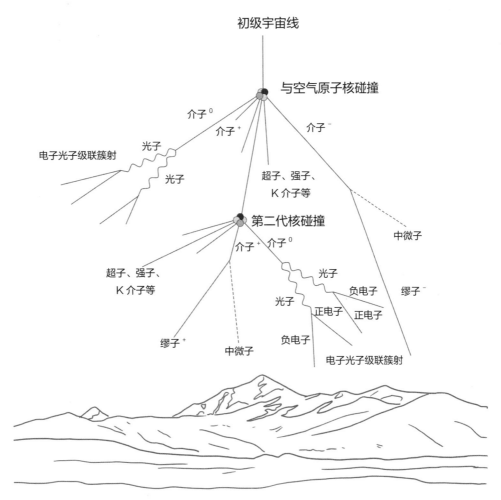

初级宇宙线

与空气原子核碰撞

介子⁰

介子⁺

介子⁻

光子

电子光子级联簇射

光子

超子、强子、
K 介子等

第二代核碰撞

中微子

超子、强子、
K 介子等

介子⁺ 介子⁰

光子

缪子⁻

光子

负电子

正电子

正电子

缪子⁺

中微子

负电子

电子光子级联簇射

▲ 广延大气簇射的强子级联示意

个电磁粒子探测器，主要探测簇射中的高能伽马射线和正负电子；以及 1188 个埋在地下的缪子探测器，主要探测簇射中的高能缪子。这两种探测器组成 1 平方千米的地面簇射粒子阵列（KM2A）。LHAASO 中心是 7.8 万平方米水切伦科夫探测器（WCDA），主要探测簇射中的高能粒子在水中产生的切伦科夫光子。它还包含 18 台广角切伦科夫望远镜（WFCTA），可探测簇射中的高能粒子在空气中产生的切伦科夫光子。

高海拔宇宙线观测站有哪些科学研究目标和制胜法宝？

高海拔宇宙线观测站的核心科学研究目标是探索高能宇宙线起源以及相关的宇宙演

水切伦科夫探测器阵列（WCDA）

广角切伦科夫望远镜阵列（WFCTA）

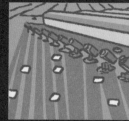

地面簇射粒子阵列（KM2A）

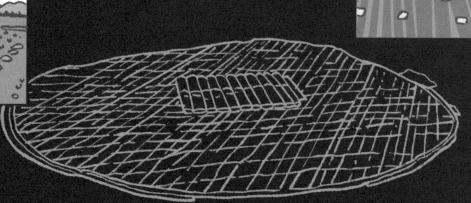

化和高能天体活动，并寻找暗物质；广泛搜索宇宙中尤其是银河系内部的伽马射线源，精确测量它们从低于 1 TeV 到超过 1 PeV 的宽广能量范围内的能谱；测量更高能量宇宙线的分成分流强随能量的变化规律，揭示宇宙线加速和传播的规律，探索新物理前沿。

LHAASO 项目的核心就是在超高能区实现了前所未有的灵敏度，并长期占据国际领先地位，要实现这点，它有两个制胜法宝。

第一个法宝就是巨大的探测面积，LHAASO 的探测面积为 1.36 平方千米，比国际同类装置大很多，是羊八井 ASγ 阵列的 20 倍，是美国高海拔水切伦科夫伽马射线天文台（HAWC）阵列的 60 倍。其巨大的探测面积是保障超高能伽马射线探测的先决必要条件。

第二个法宝是火眼金睛的伽马射线与宇宙线鉴别能力。宇宙线数量是伽马射线数目的数万倍以上，LHAASO 安装的 1188 个 36 平方米的地下缪子探测器，专门用于挑选伽马光子，缪子探测器在 1 平方千米的阵列覆盖比例达到了 4%，使得 LHAASO 具有万里挑一的火眼金睛。

广角切伦科夫望远镜

—————————
1 1 PeV = 1000 万亿电子伏特。

▲ 高海拔宇宙线观测站

4410 米

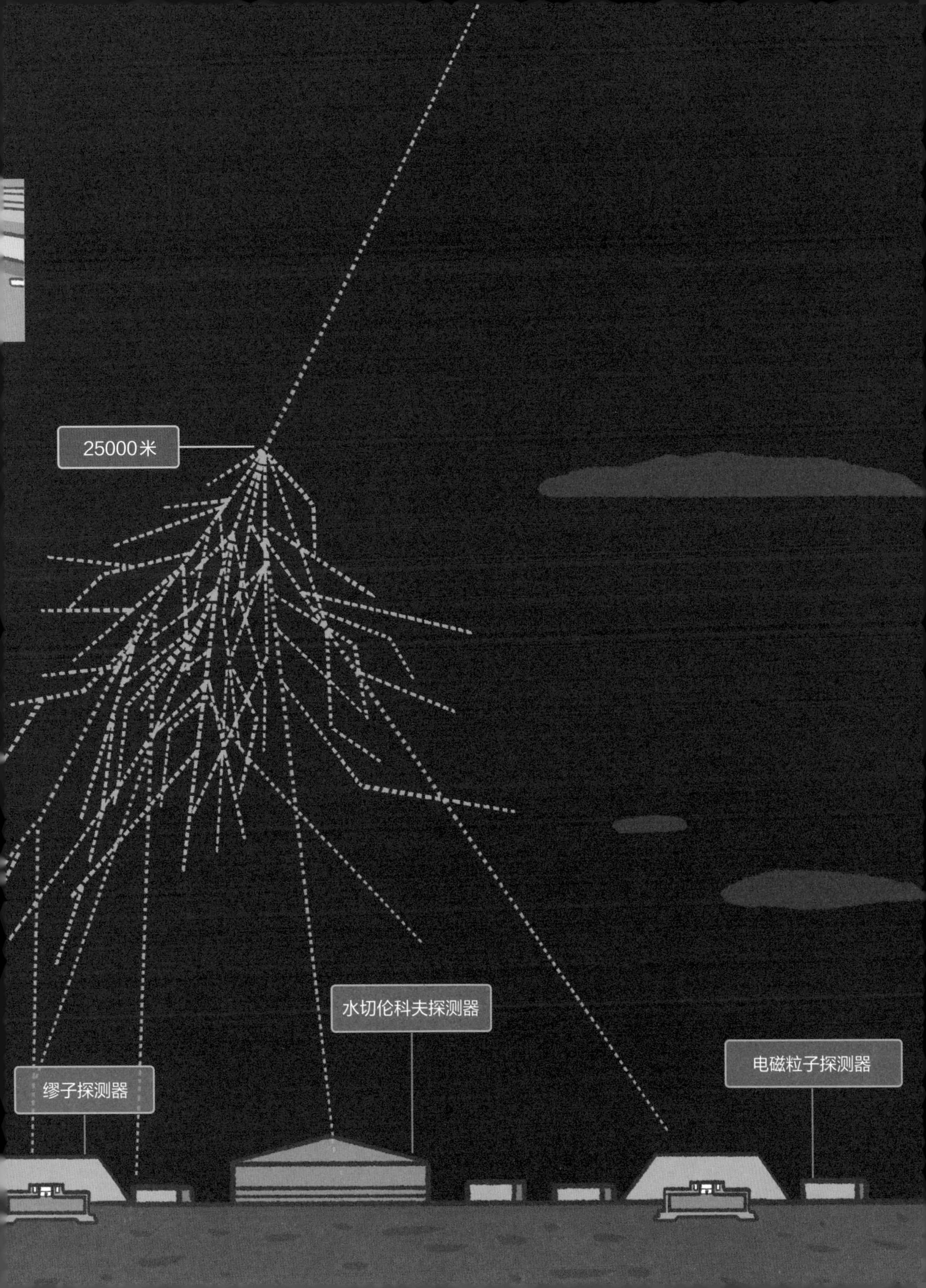

25000米

缪子探测器

水切伦科夫探测器

电磁粒子探测器

我国高山宇宙线研究历程是怎样的？

中国的高山宇宙线探测始于新中国成立初期，从 20 世纪 50 年代开始，科学家就开始在云南落雪山建造高山云雾室和乳胶室，建立了我国的第一个宇宙线站点；在 20 世纪 70 年代开始了广延大气簇射阵列研究；在 1989 年与日本合作，在西藏羊八井开始建设第一代宇宙线阵列 ASγ 实验；在 2000 年与意大利合作在羊八井建设了第二代宇宙线阵列 ARGO-YBJ 实验。经过羊八井观测站 20 多年的经验积累，如今，LHAASO 实现了以中国为主的第三代大型宇宙线观测实验，是中国高山宇宙线研究人员历经四代人 60 年持续努力的结果。

其实在 LHAASO 项目 2009 年刚提出的阶段，不少业内人士，特别是老一代科学家有不少担忧。他们一是觉得项目迈的步子有点大，因为 LHAASO 的灵敏度相对于上代实验提升了近 100 倍，所以他们担心灵敏度这一核心指标能否实现；二是探测器规模比较大，需要在高海拔地区进行大量基础建设，担心工程能否按期完成；三是在超高能区能否看到伽马射线在科学上具有不确定性。

2021 年，在一次国际学术会议上，国际著名的马普核物理研究所、都柏林高等研究所的费利克斯·阿哈罗尼安（Felix Aharonian）教授评价 LHAASO 是一个"未来的探测器"，因为 LHAASO 在超高能区的灵敏度是国际同类装置的 10 倍以上，同时也远远高于下一代大型切伦科夫望远镜阵列 CTA（由欧洲、日本和美国联合建设，计划于 2027 年建成）。LHAASO 地处高寒、缺氧的海拔 4410 米处，建设条件异常艰苦，团队形成了攻坚克难的海子山精神。2021 年 7 月，LHAASO 按期建成，不少国外专家都惊叹于中国的建设速度。

高海拔宇宙线观测站的建成取得了什么科学成就？

LHAASO 取得的第一个突破性进展于 2021 年 5 月 17 日发表在《自然》上，即发现了 12 个高显著的稳定超高能伽马射线源，光子能谱一直延伸到 1 PeV 附近未见明显截断，从而确认了银河系内首批 PeV 粒子宇宙加速器[1]，并揭示 PeV 粒子宇宙加速器在银河系内可能普遍存在。这些发现开启了超高能伽马天文观测时代，为破解宇宙线起源

---

1 粒子宇宙加速器指能把带电粒子加速到很高能量的天体称为宇宙加速器。

这个世纪之谜指明了方向。这次成果还包括记录到迄今人类观测到的最高能量光子，其能量达 1.42 PeV。该光子来自天鹅座恒星形成区，该区具有复杂的强激波环境，是理想的宇宙线加速场所，有望成为解开"世纪之谜"的突破口。

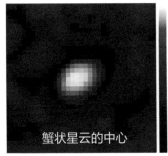

蟹状星云的中心

▲ 登载在《科学》上的 LHAASO 观测到的蟹状星云图片　　▲ 蟹状星云（来源：NASA）

LHAASO 取得的第二个重要科学成果于 2021 年 7 月 9 日发表在《科学》上，它测量了高能天文学标准烛光（即测量其他天体辐射强度的标尺）蟹状星云的最高能量端能谱，不但确认了此范围内其他实验几十年的观测结果，还将标准烛光的测量上限由 0.3 PeV 拓展至 1.1 PeV。此次观测最高能量光子达 1.1 PeV，提供了蟹状星云能加速电子至 2.3 PeV 的直接观测证据，这比人类在地球上建造的最大的电子加速器 LEP（欧洲核子研究中心的 LHC 前身）产生的电子束的能量高 2 万倍左右，挑战了高能天体物理中电子加速的"标准模型"。

这些成果基于 LHAASO 部分阵列约 1 年的观测数据取得，随着 2021 年 7 月全阵列的运行，预期未来将取得更多突破性进展。

大事记

2015　**2017**　**2019**　**2021**

12 月 31 日

LHAASO 获得国家发改委批准立项

6 月 22 日

LHAASO 的主体工程在海拔 4410 米的海子山正式开工建设。整体工程计划于 2021 年全部建成

4 月 26 日

LHAASO 科学观测启动仪式在四川成都举行，首批四分之一规模探测器正式投入

5 月 17 日

LHAASO 宣布发现首批"拍电子伏加速器"和迄今最高能量光子，开启"超高能伽马天文学"时代

7 月 19 日

LHAASO 全部探测装置完成建设并投入科学观测

09

世界上最深的实验室：
锦屏地下实验室

中国锦屏地下实验室位于四川省凉山彝族自治州，距离西昌市约 100 千米。发源于青海省的雅砻江在这里被巨大的锦屏山阻挡，形成了一个"几"字形的大河湾，两边的水位落差很大，水能资源充沛。中国雅砻江流域水电开发有限公司在锦屏山的两侧各修建了一个水电站，并且开挖了贯穿锦屏山的长达 17.5 千米的隧道，隧道到锦屏山顶的垂直距离达到 2400 米，非常适合建设地下实验室。2010 年，由清华大学和中国雅砻江流域水电开发有限公司共同建设的锦屏实验室一期工程正式投入使用。随后，由清华大学牵头的"盘古"计划高纯锗暗物质实验（CDEX）和由上海交通大学牵头的"熊猫"计划液氙暗物质实验（PandaX）先后进驻锦屏实验室，开展暗物质探测等研究工作。2016 年，在锦屏实验室二期建设的基础上，"极深地下极低辐射本底前沿物理实验设施"被列入"十三五"国家重大科技基础设施规划。目前这个项目正在建设中，预计于 2024 年正式投入使用。

锦屏实验室的特点是什么？

锦屏实验室的最大特点就是"深"，它是目前世界上最深的地下实验室，可以直接开车进入，相比另一类在矿井中建设的地下实验室更为方便。实验室的地下空间将达到 30 万立方米，水、电、通风等配套设施完备，地上部分相应的工作和生活设施也很齐全，是国际上综合条件最好的地下实验室，为我国开展暗物质、无中微子双贝塔衰变、核天体物理、中微子等实验研究提供了得天独厚的环境。这些研究将帮助我们回答什么是暗物质，中微子是不是自身的反粒子，恒星内关键的核反应过程是如何发生的等重大基础科学问题，对我们理解物质的起源和宇宙的演化起到极大的推动作用。此外，锦屏实验

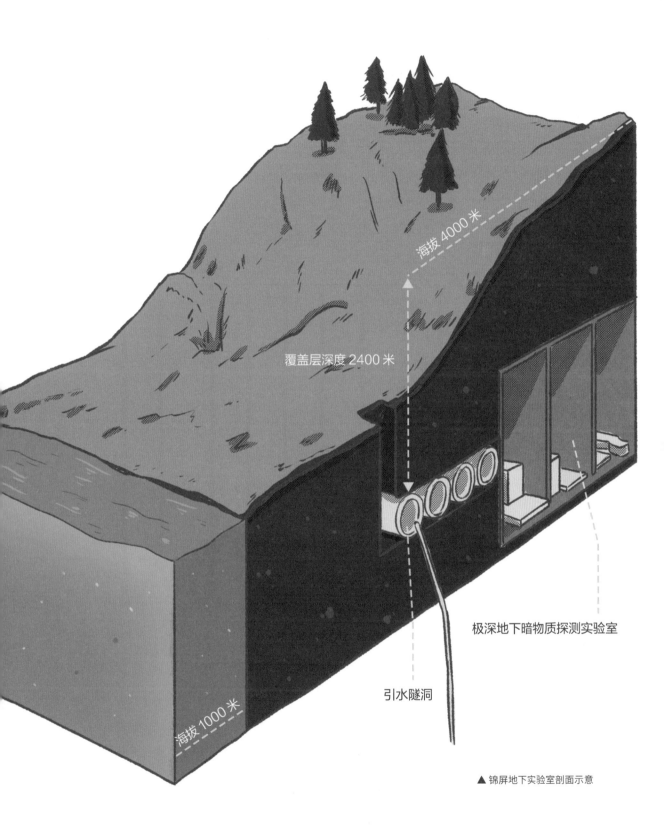

海拔 4000 米

覆盖层深度 2400 米

极深地下暗物质探测实验室

引水隧洞

海拔 1000 米

▲ 锦屏地下实验室剖面示意

室也为岩石力学、放射生物学等领域的研究提供了良好条件。

我们的地球表面时时刻刻受到宇宙射线的照射，在海平面高度上平均每平方米面积每秒会接收到100多个宇宙射线粒子，这些粒子对人体的辐射是很小的，但是它们对于像暗物质直接探测等实验来说却是巨大的干扰。宇宙射线的穿透能力很强，利用地球自身的岩石来遮挡它们是最经济有效的方法。正因如此，我们选择在岩石覆盖很深的矿井或隧道中建造实验室，屏蔽掉绝大部分宇宙射线的干扰，"安静"地开展实验研究。锦屏实验室得益于2400米的岩石覆盖，可以把宇宙射线的干扰降低到地面水平的千万分之一到亿分之一，是目前世界上宇宙射线干扰最小的地下实验室。

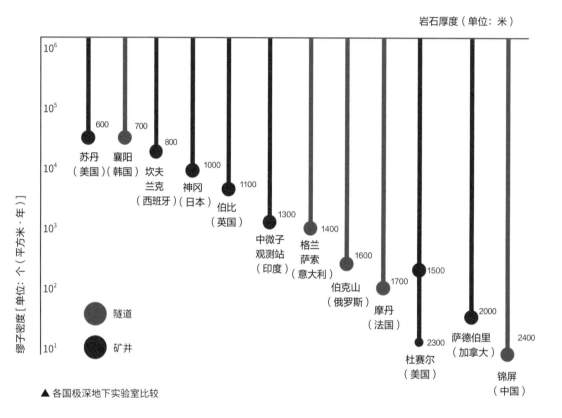

▲ 各国极深地下实验室比较

目前有哪些研究在锦屏实验室开展？

前面提到的"盘古"计划和"熊猫"计划，都是主要针对暗物质直接探测的实验项目。暗物质是一类不发光也不吸收光的物质，占宇宙中全部物质总质量的85%，但又不属于我们目前已知的任何一种物质。暗物质尚未被直接探测到，目前我们对它的了解都来自于天文学和宇宙学的观测研究。以"星系旋转曲线"举例。星系里面的恒星都围绕着星系中心旋转（类似于地球绕太阳的公转），通过观测星系中可见天体的质量分布，万有引力定律的计算告诉我们，靠近星系外围的恒星运动速度应该比靠近星系中心的恒星慢。然而科研人员对大量星系的观测结果都表明，两者的速度差别远小于预期。这就暗示着星系中存在大量不可见的物质，即暗物质。

除了直接探测暗物质，"盘古"计划和"熊猫"计划也在搜寻另外一个尚未被探测到的稀有物理过程：无中微子双贝塔衰变。原子核可以有 3 种基本的衰变模式，即阿尔法衰变、贝塔衰变和伽马衰变，其中贝塔衰变会放出一个电子和一个中微子。两次贝塔衰变，即双贝塔衰变，同时放出两个电子和两个中微子。宇宙中存在正物质和反物质，两者可以湮灭，从而将质量转化为能量。如果中微子是自身的反粒子，双贝塔衰变过程放出的两个中微子就有可能互相湮灭，产生这种无中微子双贝塔衰变的新模式。

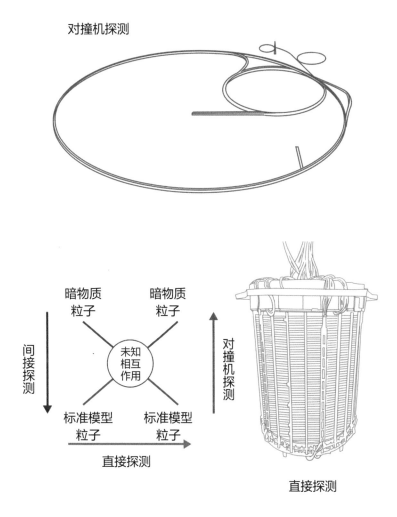

对撞机探测

直接探测

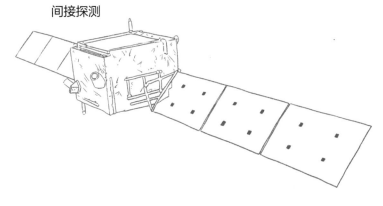

间接探测

▲ 暗物质的 3 种探测方法

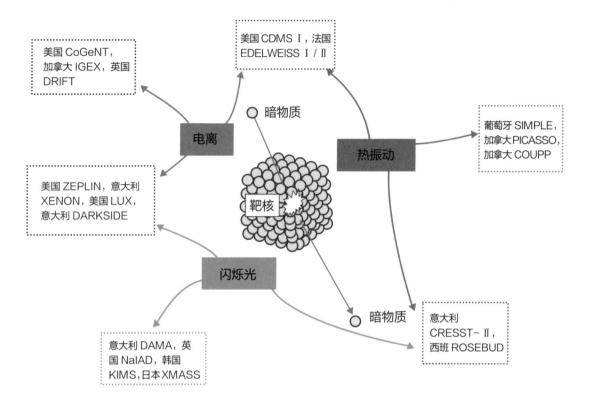

美国 CoGeNT，
加拿大 IGEX，英国
DRIFT

美国 CDMS I，法国
EDELWEISS I / II

暗物质

电离

靶核

热振动

葡萄牙 SIMPLE，
加拿大 PICASSO，
加拿大 COUPP

美国 ZEPLIN，意大利
XENON，美国 LUX，
意大利 DARKSIDE

闪烁光

暗物质

意大利
CRESST- II，
西班 ROSEBUD

意大利 DAMA，英
国 NaIAD，韩国
KIMS，日本 XMASS

▲ 暗物质直接探测的方法及世界上的主要实验项目

在"盘古"计划和"熊猫"计划之后，第三个正式进驻锦屏实验室的研究项目是由中国原子能科学研究院牵头的锦屏深地核天体物理实验（JUNA）。核天体物理是一门结合了核物理与天体物理的交叉学科，实验上利用小型粒子加速器来模拟和研究宇宙中恒星内部的核反应过程。

锦屏实验室取得了什么成就？

锦屏实验室一期的建成标志着我国已经拥有了世界一流的地下实验室，能够自主开展暗物质直接探测等前沿基础研究。"盘古"计划已经建成并运行了 10 千克级高纯锗探测器，正在规划和建设百千克级至吨级的实验。"熊猫"计划已经先后建成并运行了 100 千克级和半吨级的液氙探测器，目前第三代实验已经升级到 4 吨级。作为我国首批暗物质直接探测实验项目，"盘古"计划和"熊猫"计划采用不同的实验方案和技术手段，实现了优势互补，在过去的 10 年内都取得了一系列世界领先的研究成果，某种程度上已经成为锦屏实验室的"名片"。

2021 年，锦屏实验室里的 3 个实验项目都取得了重要的新成果。"盘古"计划在新的框架下分析了实验数据，再次在低质量暗物质区间得到了世界领先的实验结果。"熊猫"计划最新的 4 吨液氙探测器已经率先进驻尚未完工的锦屏实验室二期 B2 厅，并且成功完成了试运行，试运行数据再次刷新了世界上重质量暗物质区间的最佳探测上限。锦屏深地核天体物理实验发布了首批 4 个核天体物理关键反应的研究成果，测量灵敏度和统计精度等方面都优于国际同类装置水平，为理解宇宙的元素起源和恒星演化提供了重要数据。

目前已经在锦屏实验室开展的项目都属于基础研究领域，其研究成果本身可能并没有明确的应用方向，但是实验项目所发展的各种技术，例如放射性检测、高纯材料制备、气体精馏与提纯、强流高压加速器制造等，都有相应的应用价值。

大事记

2010

12 月

清华大学实验组的暗物质探测器进入锦屏极深地下暗物质实验室，并启动中国暗物质实验的探测工作

2011

上海交通大学等研究团队进入该实验室，通过粒子和天体物理氙探测器展开对暗物质的探测研究

2014

8 月 1 日

清华大学与雅砻江流域水电开发有限公司签署共同建设锦屏地下实验室二期的合作协议；二期建设完成后，实验室总容积将从 4000 立方米扩容至 12 万立方米

2019

7 月 20 日

实验室二期的"极深地下极低辐射本底前沿物理实验设施"启动建设

10

遨游太空，探索极端宇宙："慧眼"卫星

　　仰望星空，宇宙常常给人以平静、祥和的视觉感受，但在人眼可见的范围之外，宇宙还隐藏着狂暴、极端的一面。从宇宙诞生之初的大爆炸到恒星死亡后留下的致密残骸（如高速自转的中子星，扭曲时空、吞噬物质的黑洞），以及太空深处的"绚丽焰火"（各种剧烈爆发现象，如伽马射线暴）——宇宙的极端场景无处不在。然而，正是这样的极端宇宙为检验基本物理规律提供了地球实验室难以企及的极端物理环境，黑洞、中子星等极端天体就是这样的天然实验室，其附近或内部存在着极端的引力场、磁场等，且往往辐射出强烈的 X 射线和伽马射线。

　　"慧眼"硬 X 射线调制望远镜（HXMT）卫星是中国自主研制的第一颗 X 射线天文卫星，也是一个中等规模的空间天文台，其针对高能（20 ~ 250 keV）、中能（5 ~ 30 keV）和低能（1 ~ 15 keV）X 射线分别配置了三组望远镜，可以观测能量范围宽达 1 ~ 250 keV（千电子伏特）的 X 射线和 0.2 ~ 3 MeV（兆电子伏特）的伽马射线，并以之为探针，探索极端宇宙的奥秘。

"慧眼"为何要遨游太空？

　　"慧眼"之所以要遨游太空，是因为来自宇宙天体的 X 射线（也包括更高能量的伽马射线）几乎无法穿透大气层到达地面，只有通过高空气球、探空火箭、卫星或其他航天器搭载 X 射线望远镜和探测器进入高空或太空才能对其进行观测。这也是为何 X 射线天文学兴起于 20 世纪 60 年代——彼时，人类才刚刚开始迈向太空时代。1962 年，里卡尔多·贾科尼（Riccardo Giacconi）等人利用火箭搭载探测器发现了第一个太阳系外 X 射线天体 Sco X-1——天蝎座方向、距地球约 9000 光年的 X 射线双星。这种双星

系统由一颗致密天体（中子星或黑洞）和一颗正常恒星（伴星）相互绕转而成。以中子星X射线双星为例，其致密天体是一颗质量和太阳差不多的中子星，但半径只有一两万米，它强大的引力作用可将伴星的物质吸引过来。当伴星物质落向中子星或黑洞时，物质的引力势能就会转化为高能辐射（包括X射线和伽马射线等）；这种方式释放能量的效率甚至能比核聚变高10倍以上。此后，贾科尼又成功推动了一系列X射线天文卫星的研制和运行，打开了观测宇宙的新窗口。他也因此被誉为"X射线天文学之父"，并于2002年获得诺贝尔物理学奖。

2017年6月15日，我国首颗X射线天文卫星HXMT在酒泉卫星发射中心由长征四号乙运载火箭发射升空，并被命名为"慧眼"——既寄托了"慧眼如炬洞穿极端宇宙奥秘"的愿景，也是为了纪念我国高能天体物理学奠基人之一何泽慧院士。20世纪90年代初，中国科学院高能物理研究所的李惕碚院士和吴枚研究员创立了直接解调方法，克服了硬X射线成像的技术难题，并在此基础上于1993年提出了"慧眼"的最初概念。这一设想得到了何泽慧院士的大力支持，经过二十多年的努力，"慧眼"团队克服了国外禁运和技术封锁等重重难关，自主发展了一批关键技术，部分技术指标达到国际先进或领先水平，实现了我国X射线天文卫星零的突破。

"慧眼"如何看到X射线？

X射线跟人眼可见的光或手机接收的无线电没有本质区别，也是电磁波（辐射），只不过其能量比较高（0.1 ~ 100 keV；可见光能量为1.8 ~ 3.1 eV），或者说波长比较短（0.01 ~ 10 nm；可见光波长为400 ~ 700 nm），所以观测它的手段也比较特别。通常，观测装置主要由望远镜和探测器组成：前者搜集来自天体的辐射并将其聚焦成像；后者将这些辐射转换成可测量的信号，并从中提取天体的信息，如图像（光子数目随方位的变化）、光变（光子数目随时间的变化）、能谱（光子数目随能量的变化）等。然而，X射线（尤其是能量大于10 keV的硬X射线）很难被传统的反射式望远镜聚焦，它们会直接穿透镜面。那么，"慧眼"是如何看到X射线的呢？

首先，不同能量的辐射需要不同的探测技术，因此"慧眼"采用了三种不同的探测器（对应三组望远镜）来观测不同能量范围的X射线。其次，探测器的前方配备了精心设计的准直器，一方面限制"慧眼"的视场（即观测装置看到的天空范围），降低本底噪声；另一方面提供观测调制——所谓的"调制"，是指在转动卫星的观测指向时，天体将处

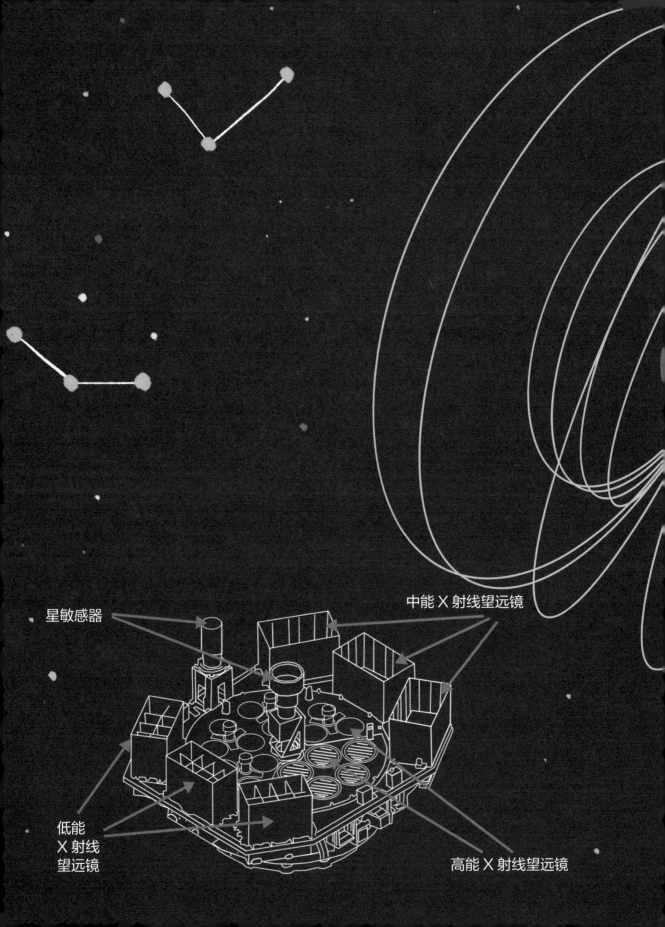

星敏感器

中能 X 射线望远镜

低能
X 射线
望远镜

高能 X 射线望远镜

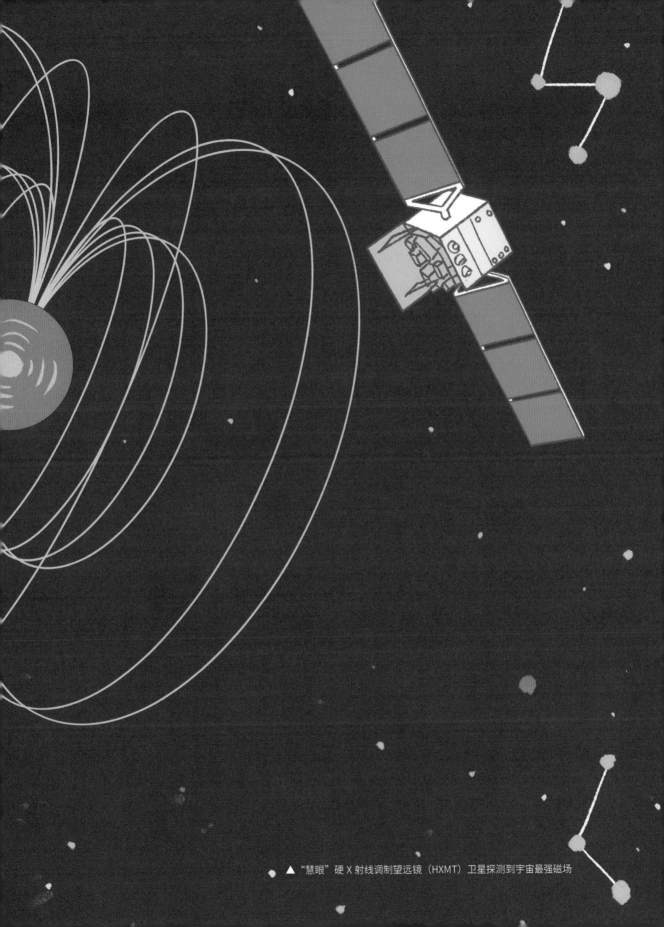

▲ "慧眼"硬 X 射线调制望远镜（HXMT）卫星探测到宇宙最强磁场

于准直器视场内的不同区域甚至退出视场，既而使探测器接收到的天体光子数目发生明显变化，进而反推得知天体在天空中的方位——该设计被称为准直型望远镜。尽管"慧眼"使用的准直型望远镜无法聚焦成像，但利用我国科学家发明的直接解调方法，它可以借助准直器的调制效应计算观测天区的图像，并精确测量天体的方位。

得益于配备的三组性能优异的望远镜，"慧眼"在测量天体的光变和能谱方面独具优势。它能在很宽的能量范围内获取天体的高精度 X 射线光变，进而描绘天体活动的全景——越靠近黑洞、中子星等天体，物质的温度越高（高达数百万摄氏度），其发射的 X 射线能量也越高；因此，观测的能量范围越宽，科学家对天体活动的了解就越全面、越深入。

"慧眼"如何开展观测研究？

"慧眼"功能强大，兼具扫描、定点和伽马射线全天监测三种观测模式。

扫描观测能够进行"巡天遥看"，即大范围或小范围地扫视一片片天空，寻找发射 X 射线的天体并绘制一定天空范围的图像，测量天体的方位。

定点观测可以做到"目不转睛"，即注视某个特定方向上的天体并获得它们的 X 射线光变和能谱等信息。

伽马射线监测则是"眼观六路"，可以突破准直器的视场限制，对来自几乎全部天空的伽马射线天体进行测量，特别适合探测那些神出鬼没的高能爆发天体和脉冲星。

"慧眼"凭借这些丰富的观测手段，开启了黑洞和中子星 X 射线双星的 X 射线快速光变和能谱研究的新窗口，拓展了我们对黑洞附近的强引力场、中子星表面的强磁场、中子星内部的超高密度等极端物理环境下的物理规律，以及伽马射线暴、磁星爆发和快速射电暴等宇宙中剧烈爆发现象的认识。

"慧眼"取得了哪些成就？

"慧眼"向全世界天文学家征集观测目标并公开发布观测数据，已成为国际上重要的天体物理研究平台，取得了丰硕的科学成果，下面举例来说明。

快速射电暴是一种持续仅几毫秒、起源和产生机制都成谜的射电暴发现象；而磁星是表面磁场超强的中子星，活跃期间会产生强烈的 X 射线暴发。2020 年 4 月 28 日，"慧眼"

对银河系内处于活跃期的一颗磁星（编号 SGR J1935+2154）进行定点观测时，发现首个跟快速射电暴相关联的 X 射线暴发，并首先认证其中的两个脉冲信号是快速射电暴的 X 射线对应体，破解了快速射电暴的起源之谜，为 2020 年国际十大科学突破之一"快速射电暴来自于磁星"做出重大贡献。

"慧眼"在一个 X 射线双星中发现了迄今观测到的距黑洞最近的相对论喷流（即以接近光速的速度从黑洞附近向外运动的物质流）。旋转的黑洞拖曳着被其强大引力所扭曲的时空，带动喷流与之共舞，在 X 射线光变中产生了一种被称为低频准周期振荡（QPO）的调制信号。这也是迄今发现的能量最高的低频 QPO，该成果被评为我国 2020 年度十大天文科技进展之一。

"慧眼"还参与了首个双中子星并合引力波事件（GW170817）的联合观测；此外，"慧眼"直接测量到迄今宇宙最强磁场（高达 8 亿特斯拉），还成功开展了有望使星际旅行不再迷航的脉冲星导航实验。

"慧眼"的成功研制和运行带动了我国 X 射线天文学的全面发展，使该领域成为我国空间科学发展的优势领域。"慧眼"的继任者——我国发起并领导的增强型 X 射线时变与偏振空间天文台（eXTP）也得到了二十余个国家的响应和支持，将成为国际上旗舰级的 X 射线空间天文台，其对黑洞、中子星的综合探测能力较现有的 X 射线天文卫星具有数量级的提升，有望发现更多极端宇宙的奥秘。

大事记

1993 — **2011** — **2017** — **2018** — **2021** —

| | 3 月 | 6 月 15 日 | 1 月 30 日 | 6 月 15 日 |

提出建造和发射硬 X 射线调制望远镜（HXMT）卫星

HXMT 卫星正式立项，开始工程研制

HXMT 卫星在酒泉卫星发射中心成功发射，并被命名为"慧眼"

"慧眼"卫星圆满完成在轨测试任务，正式投入使用

"慧眼"卫星达到 4 年设计寿命，圆满完成卫星工程目标，获得丰富科学产出，将延寿运行 2 年

11

迈出中国空间引力波探测的第一步："太极一号"卫星

2019 年 8 月 31 日 7 时 41 分，由中国科学院微小卫星创新研究院研制的微重力技术实验卫星"太极一号"从酒泉卫星发射中心通过快舟一号甲运载火箭，以"一箭双星"方式发射升空。2020 年 1 月 8 日，"太极一号"在轨交付仪式在北京举行，总结确认卫星圆满完成了 4 个月的在轨测试实验任务，测试结果表明，卫星功能和性能指标优于研制总要求，这为我国在 2030 年前后开展空间引力波探测奠定了基础。截至 2021 年 7 月 20 日，"太极一号"卫星已顺利完成预设的全部在轨实验任务。

"太极一号"任务的顺利实施，完成了我国空间引力波探测实验技术验证的首个目标，为我国空间引力波探测率先取得突破打下了基础，对助力我国基础科学取得重大突破和提升我国空间科学的国际影响力具有重要意义。

我们为什么要研制"太极一号"卫星呢？

先来让我们认识一下引力波。引力波是宇宙大爆炸、黑洞并合等天体物理过程中，物质和能量剧烈运动和变化所产生的时空弯曲特性的波动，即时空的 "涟漪"。爱因斯坦于一个世纪前基于广义相对论预言了引力波的存在。引力波是近年来科学研究热点之一，似乎全球科学家都对它情有独钟。引力波提供了有别于电磁波的一个全新的观测宇宙的重要窗口，成为人类探索和认知宇宙的一种新途径和工具。20 世纪 80 年代末 90 年代初，不少国家启动了这一领域的研究。国外已有十来个地面引力波探测计划，因为技术很难，花费很大，只有少部分能坚持下来。2016 年，美国 LIGO 地面引力波探测实验组正式宣布人类历史上第一次在地面直接观测到了宇宙中双黑洞并合产生的引力波信号，开启了迈向引力波天文学的新纪元。

▲ 引力波

　　不同频率引力波反映了宇宙的不同时期和不同天体的物理过程。有别于地基探测，在空间能够探测到中低频段的引力波信号，能够发现天体质量更大、距离更遥远的引力波波源，揭示更为丰富的天体物理过程。由于引力波信号极其微弱，实施空间引力波探测挑战巨大，需要突破目前人类精密测量和控制技术的极限。

太极卫星有什么发展规划与应用前景？

　　"太极一号"微重力技术实验卫星是中国科学院科学（二期）战略性先导科技专项首发星，搭载了包括高精度超稳激光干涉仪、引力参考传感器、超高精度无拖曳控制、微牛级推进器、超稳超静卫星平台等，其目的是在轨实验验证空间微重力条件下超高精度控制和测量技术的可靠性，为以后研制真正的空间引力波探测装置积累经验。中国科学院从 2008 年开始前瞻论证我国空间引力波探测的可行性，经过多年科学前沿研究，提出了我国空间引力波探测"太极计划"，确定了单星、双星、三星"三步走"的发展战略和路线图，以实现 2032 年左右发射太极三星，率先取得空间引力波探测突破的目标。

　　作为"太极计划"奠基性的第一步，2018 年 8 月在中国科学院空间科学（二期）战略性先导科技专项中立项实施"太极计划"单星工程任务。

　　根据项目计划，将于 2023 年后发射"太极二号"双星，对绝大部分关键技术进行较高指标在轨搭载验证；2032 年左右发射"太极三号"，探测各种引力波天体，认识引力宇宙。

　　空间引力波探测卫星中的引力参考传感技术、超稳超静星平台技术等，也是未来全

▲ "太极一号"卫星

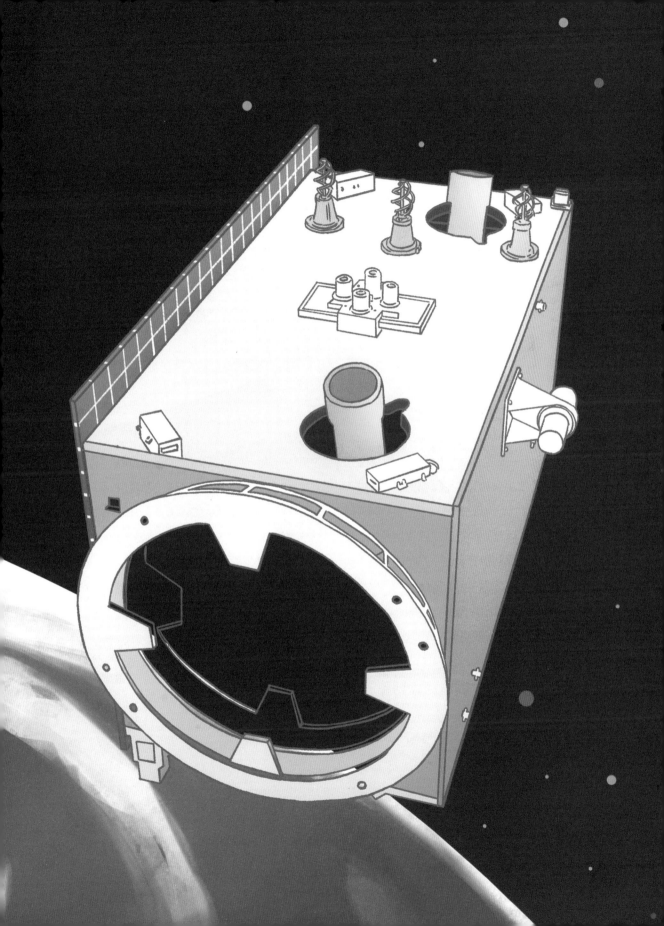

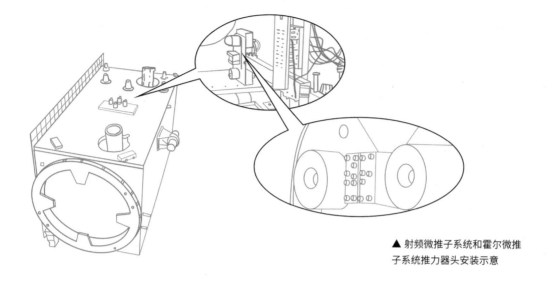

▲ 射频微推子系统和霍尔微推
子系统推力器头安装示意

球气候及重力环境研究等重大与前沿空间科学研究和工程应用领域的关键技术。

卫星怎样在空间测量引力波呢？

引力波经过时会引起自由悬浮的两个检验质量之间的光程[1]变化，卫星上的重要载荷激光干涉仪就用来测量这个微弱的变化，并反演引力波信号。但是除了光程变化微弱这一问题以外，太空中受太阳光压、太阳风等因素干扰，检验质量会产生位移噪声，淹没引力波信号。因此，检验质量需要避免与卫星的直接接触，被保护在卫星中心。为了防止卫星扰动碰撞到检验质量，卫星还安装了微推进器，用于产生稳定的微推力，抵消卫星外界扰动，被称为"无拖曳技术"。这就是引力波探测卫星对激光干涉仪提出高精度高稳度要求，以及采用微推进器的原因。"太极一号"的激光干涉仪测量精度可以高达百皮米[2]量级，微推进器推力调节可达亚微牛量级。

我国还有什么引力波探测计划呢？

我国目前的引力波探测项目，除了太极计划以外，还有天琴计划。

1　光程，可理解为在相同时间内光线在真空中传播的距离。
2　皮米，长度单位，1 皮米相当于 1 米的一万亿分之一。1 皮米 $=10^{-12}$ 米，1000 皮米 = 1 纳米。

天琴计划是由中山大学负责开展的一项卫星工程，其目标是在 2035 年前后，在约 10 万千米高的地球轨道上部署 3 颗卫星，构成边长约为 17 万千米的等边三角形编队，建成空间引力波天文台。它们像在太空中架了一把竖琴，宇宙中的引力波传来，就会拨动琴弦。

这两个计划具有不同特点。太极计划围绕太阳轨道，能探测到更大质量的黑洞双星发出的更低频率的引力波信号；天琴计划靠近地球，有助于开展中等质量黑洞研究，以及联合地面探测实验开展多波段引力波研究。它们的研究将在探测精度和频段上形成互补。

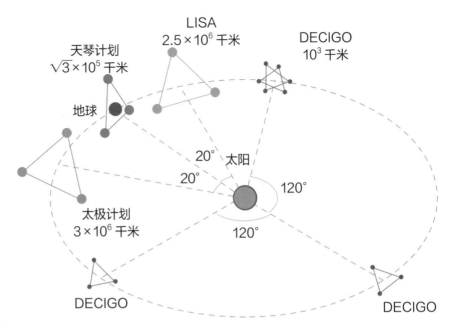

LISA：美、欧合作的激光干涉空间天线
DECIGO：日本分赫兹干涉引力波天文台

▲ 国际引力波探测计划比较

大事记

12 观测宇宙的超级利器："中国天眼"

500 米口径球面射电望远镜（Five-hundred-meter Aperture Spherical radio Telescope，简称 FAST）是国家"十一五"重大科技基础设施建设项目，被誉为"中国天眼"。该设备坐落于贵州省平塘县大窝凼洼地，我国科学家采用原创的设计思路，利用贵州天然喀斯特洼地作为望远镜台址，突破了传统射电望远镜的百米建设极限，建成了世界最大、最灵敏的单口径射电望远镜，来实现大天区、高灵敏度的天文观测，开创了建造巨型射电望远镜的新模式。

"中国天眼"是人类探索宇宙的利器，它为人类科学发现提供了前所未有的机遇。它能帮助科学家开展脉冲星搜索、脉冲星计时、快速射电暴探测、谱线成图以及甚长基线干涉（VLBI）联测等方面的研究，帮助全球科学家探索更深层次的宇宙奥秘。

"天眼"的工作原理是什么？

提到望远镜，大家都不会感到陌生。望远镜口径越大，收集电磁波的能力就越强，也就能看到更远、更微弱的信号，帮助人们更加清晰丰富地认识宇宙。望远镜的每一次发展、突破，都促进了天文学的重大发现和人类对宇宙认识的飞跃，并推动了人类文明的进程。

FAST 是中国科学家巧用贵州天然喀斯特洼地的巨大天坑，架起的一口观测宇宙的超级"大锅"。"大锅"口径为 500 米，面积约为 30 个足球场大小，由近万根钢索编制的索网结构和铺设在索网之上的 4450 个反射面单元构成，通过 2225 个促动器控制索网节点，使其位移以完成由球面到抛物面的主动变形。观测过程中通过实时调整形态，在观测方向形成 300 米口径瞬时抛物面以汇聚电磁波，来自宇宙中遥远天体发射的无线电信号经过"大锅"汇聚后，反射到悬吊在高空 140 米处的馈源舱内的接收设备里，经过光纤传送到地面的控制室中进行数据处理。随着天体的不断运动，"大锅"的面形和空中馈源舱的位置也不在断地调整。

　　FAST 的建设、调试及运行涉及天文、力学、结构、测量、控制、材料、电子学等多个专业领域，具有多学科交叉的特点。

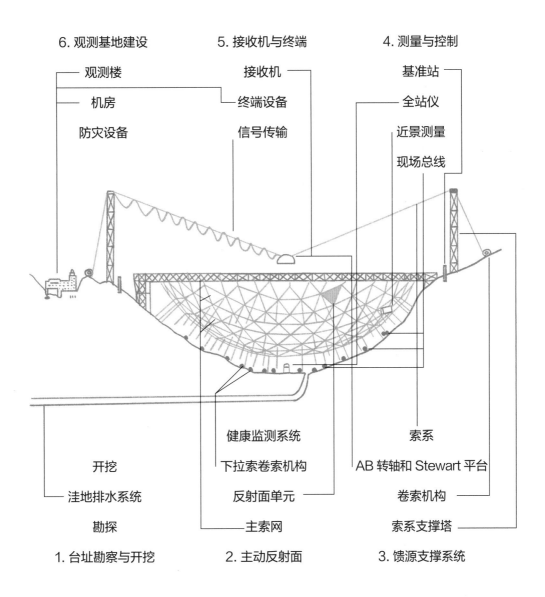

▲ FAST 剖面结构图

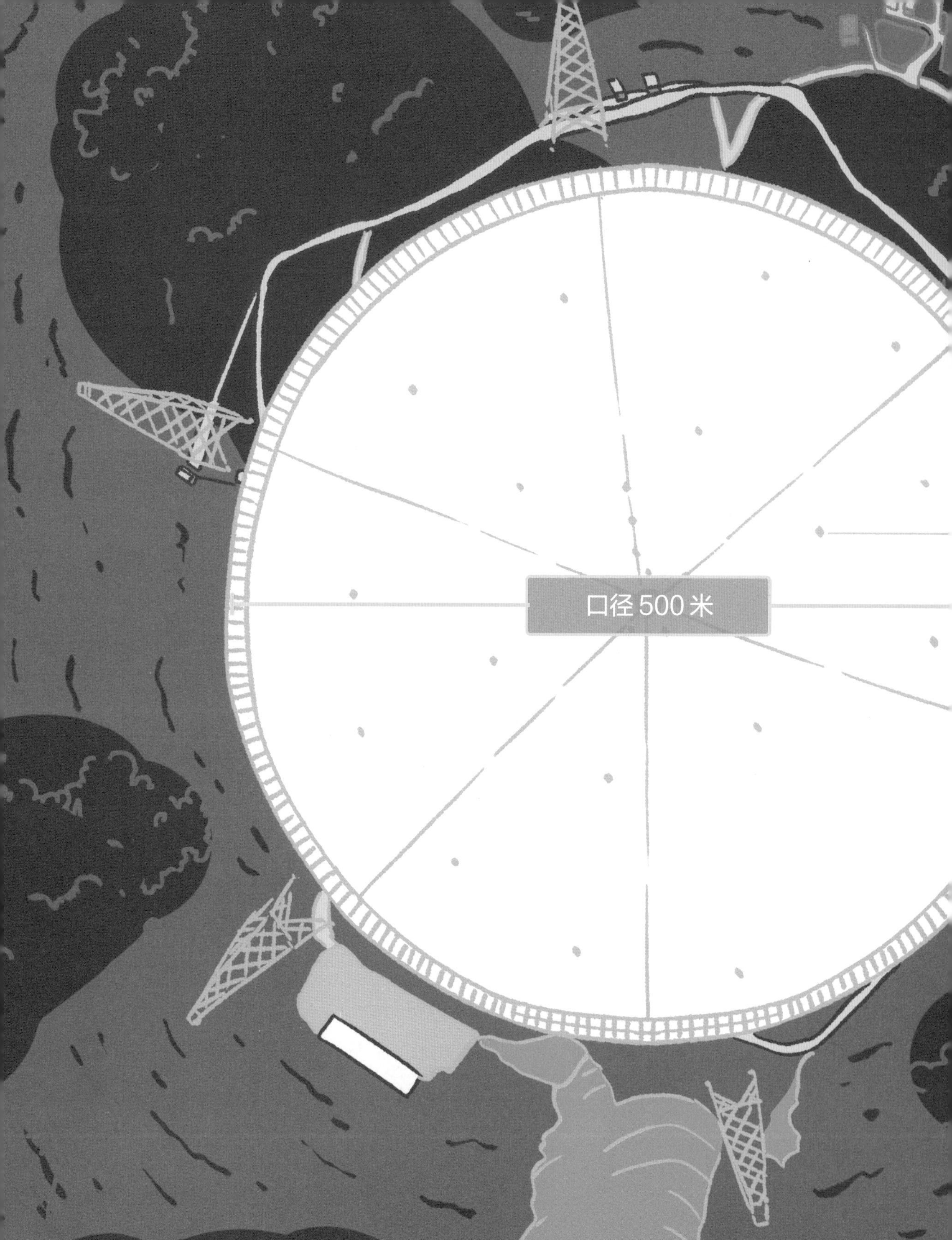

口径 500 米

▲ 500 米口径球面射电望远镜（FAST）

6 座馈源支撑塔

每个索网节点连接 6 个反射面单元
节点由一根柔性钢索连到促动器上

共有 2225 个促动器

24 个测量基墩

主动反射面

面积约 25 万平方米

约 30 个足球场大小

反射面包含反射
面单元 4450 块，
分成三角形反射面单
元和边缘四边形反射面
单元，其中三角形反射面
单元 4300 个，一共有 187
种非等边三角形（按左右对称
的镜面算一种），边长约 11 米，
每块由 100 个小块三角形组成。边
缘四边形反射面单元 150 个

"天眼"目前取得了哪些成就？

自 2011 年起 FAST 正式启动建设，FAST 团队前后四代科研工作者前赴后继地投入这个项目中，立足自主创新，对从超高疲劳性能钢索的研制，到大尺度、高精度结构的装配技术，到复杂运动结构的安全评估系统，再到望远镜建成后的调试等关键技术开展了坚持不懈的研究，攻克了一个又一个技术难题，解决了 FAST 的建设和调试过程中的一个又一个关键技术瓶颈，多项技术达到国际领先水平。

2020 年 1 月，FAST 通过国家验收，并正式对国内天文学家开放。望远镜运维工作有序开展，运行效率和质量不断提高，年度观测时长超过 5000 小时，科学数据获取量逐年稳步增长。2021 年 3 月，正式面向全球开放，实现了对国际开放的使命。

2021 年，科学家们依托 FAST 取得了一批重要科研成果。

FAST 中性氢谱线测量星际磁场取得重大进展。科研人员利用 FAST 首次获得原恒星核包层中的高置信度的塞曼效应测量结果。发现星际介质从冷中性气体到原恒星核具有连贯性的磁场结构，异于标准模型预测，为解决恒星形成三大经典问题之一的"磁通量问题"提供了重要的观测证据。该成果论文于 2022 年 1 月 6 日在国际学术期刊《自然》以封面文章形式正式发表。

FAST 获得迄今最大快速射电暴爆发事件样本，首次揭示快速射电暴的完整能谱及其双峰结构。快速射电暴（FRB）是宇宙中最明亮射电爆发现象，起源未知，是天文学最新热点。FAST 对快速射电暴 FRB 121102 进行观测，在约 50 天内探测到 1652 次爆发事件，超过此前本领域所有文章发表的爆发事件总量，首次揭示了快速射电暴的完整能谱及其双峰结构，成果论文于 2021 年 10 月 14 日在《自然》发表。

脉冲星搜索为什么是"天眼"最重要的成就之一？

脉冲星被认为是"死亡之星"，是恒星在超新星阶段爆发后的产物。超新星爆发之后，就只剩下了一个"核"，直径仅有几十千米大小。脉冲星的密度非常大，一颗方糖大小的脉冲星质量将达上亿吨。它的旋转速度很快，有的甚至可以达到 714 圈每秒。在旋转过程中，它的磁场会使它形成强烈的电波向外界辐射，脉冲星就像是宇宙中的灯塔，源源不断地向外界发射电磁波，这种电磁波是间歇性的，而且有着很强的规律性。正是由于其强烈的规律性，脉冲星被认为是宇宙中最精确的时钟。发现脉冲星是国际大型射电望远镜观测的主要科学目标之一。截至目前，FAST 发现脉冲星约 500 颗，4 篇论文在《自然》上发表，1 篇在《自然 · 天文》上发表，3 篇入选美国文学会亮点研究成果，成为自其运行以来世界上发现脉冲星效率最高的设备。

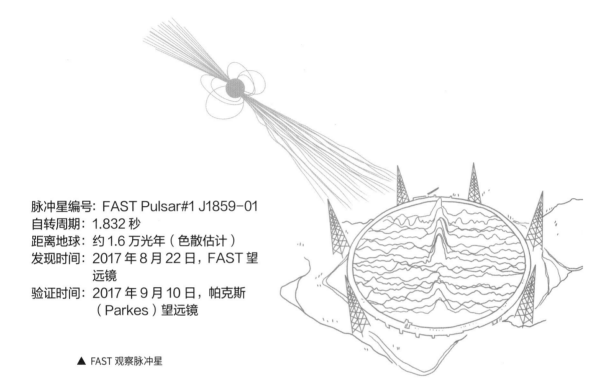

脉冲星编号：FAST Pulsar#1 J1859−01
自转周期：1.832 秒
距离地球：约 1.6 万光年（色散估计）
发现时间：2017 年 8 月 22 日，FAST 望
　　　　　远镜
验证时间：2017 年 9 月 10 日，帕克斯
　　　　　（Parkes）望远镜

▲ FAST 观察脉冲星

　　FAST 发现毫秒脉冲星的效率非常高，开展大样本高精度毫秒脉冲星和脉冲双星搜寻的研究，可以增加中国脉冲星测时阵 CPTA 候选体，提高探测引力波灵敏度，检验广义相对论、建立脉冲星时间标准，研究双星系统的形成与演化、辐射束结构、轨道运动学等。

　　FAST 的高灵敏度和优异偏振响应为高精度脉冲星测时提供基础。中国脉冲星测时阵列合作团队利用 FAST 开展了高精度脉冲星测时观测。对超过 20 颗毫秒脉冲星实现了优于 100 纳秒的精度，相比于国际脉冲星测时阵列数据，精度提高了 5 ~ 50 倍，FAST 将打开纳赫兹引力波天文学窗口，开展纳赫兹引力波的直接探测研究。

　　后续对这些脉冲星的测时观测可以探测来自遥远星系的低频引力波，还可用于建立脉冲星时间和空间基准，其中一些脉冲星将会成为检验引力理论的绝佳利器。

FAST 的建设和运行过程中产生大量具有我国自主知识产权的专利技术，部分技术成果已推广应用到国内外多项工程，产生了较大的社会效益和经济效益。FAST 的建设，体现了我国自主创新能力，得到了国际同行的高度认可与大力支持，实现了我国大科学工程由跟踪模仿到集成创新的跨越。

未来"天眼"的应用前景是怎样的？

"中国天眼"是国家重大科技基础设施，是观天巨目、国之重器，对优化我国科技基础设施布局、推动高水平科学研究、加快创新驱动发展，实现科学前沿重大原创突破、提升人类认知自然能力等具有重要意义。

FAST 作为一个多学科基础研究平台，有能力将中性氢观测延伸至宇宙边缘，观测暗物质和暗能量，探索宇宙的起源与演化；能用一年时间发现数千颗脉冲星，研究极端状态下的物质结构与物理规律；有希望发现奇异星和夸克星物质；发现中子星－黑洞双星，无须依赖模型精确测定黑洞质量；通过精确测定脉冲星到达时间来检测引力波；作为最大的台站加入国际甚长基线网，为天体超精细结构成像；还可能发现高红移的巨脉泽星系，实现银河系外第一个甲醇超脉泽的观测突破；用于搜寻识别可能的星际通信信号，寻找地外文明；等等。

FAST 在国家重大需求方面有重要应用价值。它可将我国空间测控能力由月球延伸至太阳系外缘，将深空通信数据下行速率提高几十倍；使脉冲星到达时间测量精度由目前的 120 纳秒提高至 30 纳秒，成为国际上最精确的脉冲星计时阵，为自主导航这一前瞻性研究制作脉冲星钟；进行高分辨率微波巡视，以 1 赫兹的分辨率诊断识别微弱的空间信号；可作为国家重大科学工程"东半球空间环境地基综合检测子午链（子午工程）"的非相干散射雷达接收系统，提供高分辨率和观测效率；跟踪探测日冕物质抛射事件，服务于空间天气预报。

FAST 的研究涉及了众多高科技领域，如天线制造、高精度定位与测量、高品质无线电接收机、传感器网络及智能信息处理、超宽带信息传输、海量数据存储与处理等。FAST 关键技术成果可应用于诸多相关领域，如大尺度结构工程、千米范围高精度动态测量、大型工业机器人研制以及多波束雷达装置等。FAST 的建设经验将对我国制造技术向信息化、极限化和绿色化的方向发展产生影响。

有了 FAST，边远闭塞的黔南喀斯特山区变成了世人瞩目的国际天文学术中心。以

FAST 为主体的天文科普基地将推进我国西部乃至全国的科普工作，教育青少年、向公众宣传科学知识，为科教兴国的长远战略目标服务。

基于超高灵敏度的明显优势，FAST 已成为中低频射电天文领域的观天利器，未来将在快速射电暴起源与物理机制、中性氢宇宙研究、脉冲星搜寻与物理研究、脉冲星测时与低频引力波探测等世界前沿科学方向产生人类对宇宙新认知的科学成果。

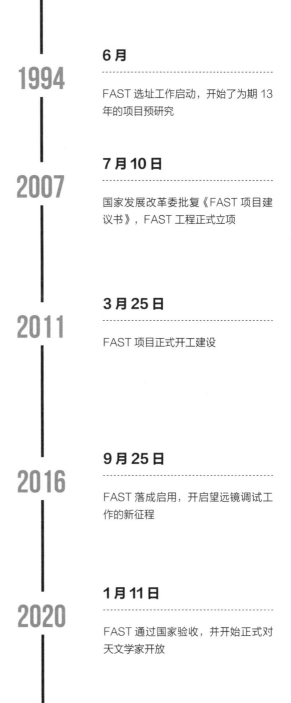

大事记

1994

6 月

FAST 选址工作启动，开始了为期 13 年的项目预研究

2007

7 月 10 日

国家发展改革委批复《FAST 项目建议书》，FAST 工程正式立项

2011

3 月 25 日

FAST 项目正式开工建设

2016

9 月 25 日

FAST 落成启用，开启望远镜调试工作的新征程

2020

1 月 11 日

FAST 通过国家验收，并开始正式对天文学家开放

我与"老南"

感官安宁，万籁无声。美丽的宇宙太空以它的神秘和绚丽，召唤我们踏过平庸，进入它无垠的广袤。

——南仁东

多少次提笔又放下，内心深处的痛始终不想触及。我们背后叫他"老南"，他给我们发邮件、微信也是这样自称，感觉这样叫起来也确实轻松随意。

2021年9月16日的早上，我打开微信，知道"老南"永远地走了，虽然有些心理准备，可仍然不知所措，我的脑海里过电影一般回忆起与"老南"的人生交集。

时间回到他出国的前几日，大约是2017年5月15日，我只是大概记得，因为他是5月18日去的美国，我打电话向他汇报工作，其实只是想和他说点什么。我知道他要出国了，却是从别人嘴里得知的，他不和我说，估计是怕影响我的工作，因为我正在负责他视为生命的FAST的调试工作。

我们之间有着天然的默契，他不说的事情，一般我也不会多问，一直如此，但这次却例外。电话接通，我大致汇报了工作，然后突然问他："老爷子，听说你要去美国？"他用低沉的声音说："是的。"我们沉默了片刻，他问："你有时间来吗？"我当时的回答让我至今自责："这边事儿太多了，我可能去不了了。"

其实我真没有料到他会这样问我，因为他从来不会这样做，我的回答虽是实际情况，却不经思索。平日里，我们的对话大多如此，直来直去。只是这一次，我真的错了，每每想到这件事，我的内心都难以平复。后来，调试取得了一些进展，在他离开前多少给了他些安慰，至今我还这样安慰自己：也许我当时回去了，他就看不到望远镜能跟踪了。这样想心里会好受一些，但我知道那只是自己欺骗自己。

有人问我，"老南"为什么出国，是出去看病吗？其实，明白这件事儿的人只有少数几个。他刚得病的时候，就和我说过："如果有一天我真的不行了，我就躲得远远的，不让你们看见我。"但我当时只觉得是个玩笑，却不想真的成为事实，一想到这件事儿，我就更加难过，难过于没有在他出国前见上他一面……

如果时间往前推移到 2009 年，那年我博士刚毕业，可能和大多数同事一样，初次见他是在面试的时候。他问了很多问题，其实不难，范围却很宽。后来，我大体能感觉到，他应该更多地是在考查我们的直觉和悟性。我想，肯定和他做的其他事情一样，看似漫不经心，但实质上每一个问题都是他精心准备的。

其实面试的时候，我并不知道他是谁，只是感觉到他有强大的气场，一看就是"头儿"，甚至有点像"土匪头儿"。我至今仍记得他面试我说过的一句话，他拿着我的简历看了看说："就你这简历，在中科院系统其他研究所也不太好找工作吧？"我得承认他说的是事实，我本科、硕士的学校不算好，专业也偏向工程应用。但我当时仍然觉得他有些失礼，就反驳了他几句，现在想想，也是我和他之间一个有趣的小插曲。

其实，真正深度的交往，始于 FAST 经历的一场近乎灾难的挑战，即索网的疲劳问题。这也是我的人生与南老师密切交集的开始。当时是 2010 年，我们从知名企业购买了十余根钢索结构进行疲劳实验，结果没有一例能满足 FAST 的使用要求。由此开始了一场艰苦卓绝的技术攻关。当时，台址开挖工程已经升始，设备基础工程迫在眉睫，可由于索网疲劳问题，反射面的结构形式迟迟定不下来，可想"老南"的压力之大。他寝食难安，天天与我们技术人员沟通，想方设法在工艺、材料等方面寻找解决途径。我当时很难理解，这样的大科学家也会手足无措，也许他背负太多的责任了。

他甚至希望用弹簧作为弹性变形的载体，来解决索网疲劳问题，在我看来真有点天马行空，不可思议。他希望大家能发散思维，而我就是个工程师，现实得让他难以接受。为了尽快结束这个过程，我出了一个终极版的弹簧方案，其实我大致就是想说，如果这个方案不行，其他弹簧方案也就不用考虑了。

我清晰地记得，我在黑板上把图画完之后，他简单问了几个问题，就沉默了许久，我甚至不记得会议是怎么结束的，我只记得出奇的安静。还记得当我离开会议室时，余光扫到，他仍然站在黑板前，背着手，看着我画的图。那时我觉得他像个孩子。

后来，方向还是转向钢索的研制，整个研制工作接近两年，经历了近百次失败。几乎每次失败，"老南"都亲临现场，沟通改进措施。最终，研制出满足 FAST 要求的钢索结构，算是让 FAST 渡过了难关。

有一次，我们项目组遇到一次比较大的变动，他把我叫到他的办公室，问道："姜鹏，你说你一个刚毕业两年的小屁孩，我能完全相信你吗？"我在那沉默了半晌，一字一顿地回答："南老师，我觉得你可以信任我。"我想我当时的回答让他有些措手不及，之后聊了很久，但具体内容我记不太清了，只记得他的慌张，也许是我太不按套路出牌了，现在想起来，还是觉得好笑。不过，也许只有他能容得下我的肆无忌惮。

后来，我成了他的助理，也慢慢接触到他的内心。他开始跟我讲他的故事——他如何利用大串联的机会跑遍祖国的大好河山，他在上山下乡如何度过艰苦而又让他难以释怀的十年岁月，他如何回到北京天文台，他如何在荷兰求学，如何在日本工作，又怎样回国……我听得如痴如醉，不承想这样一个小老头，有着这样传奇的人生，太有意思了，是我想都不敢想的。一开始以为是他在吹牛，慢慢地发现不是这样。我所能求证的事情，他说的都是真的。他的人生充斥着调皮、义气、玩世不恭，甚至有些捣蛋……我太喜欢了，是我多么向往而又不可企及的，我甚至有些嫉妒他那具有传奇色彩的人生。

我甚至开始了解他的家庭，他给我讲他的父母、他的兄弟姐妹，讲他的绘画，讲他喜欢的歌曲，讲他的射电天文方法……

他不在乎名利，不然也不会放弃日本的高薪，对于院士的名头也相当淡然，自认识他以来，没见过他为任何事情低过头。但他自己却说，他低过头，就是为了 FAST 立项，用他的话说，他甚至为了 FAST 立项陪人喝过酒，我想这大概也就是他的极限了吧。

他有些品质我永远也学不会，比如怜悯之心。他经常说我不够善良，我想他是对的，我可能永远也做不到他那种善良。他同情弱者，愿意以弱者群体的角度审视这个世界，他资助过十余个贫困山区的孩子上学，至今仍有受资助的学生给他写信。他在现场与工人打成一片，很难想象一个大科学家在简陋的工棚里与他们谈家长里短，也许是我孤陋寡闻，但我在之前的人生确实没见过这种情况。他记得许多工人的名字，知道他们干哪个工种，知道他们的收入，知道他们家里的琐事。他对工人的那种尊敬，要不是亲眼见过，绝对难以想象。他经常给工人带些零食，还给他们买过衣服。

自从成了他的助手，就没再见他夸过我，除了批评，还是批评，好像一直是这样。有时候我觉得自己已经做得很好了，为什么还是批评呢？甚至有些小情绪。但从别人嘴里听到他对我的评价，永远是不错的。在与他相伴的日子里，我从助研、副研一直到研究员，我的职业生涯在别人看来异常顺利，我想除了自身的努力之外，与他对我的评价不无关系，因为大家认可他的人品，也认可他身边的人。

我与他的最后一封邮件，是我担心他对我有误会，所以就我目前的工作情况介绍了一下，其中难免有些失意之处。在回信里，他安慰我一番之后，写的最后一句是："等大家心情都好的时候，再聊聊吧……"在我得知他已经离世的时候，我打开邮箱回复："老爷子，咱们还能聊聊吗？怎么感觉我的心情糟透了呢……"不知道他在那边能否收到，我只知道，我不可能再得到任何回复了。

13

预报地球系统的未来：
地球系统数值模拟装置

从几千年前的春秋时代开始，人们通过观测温度、降水、风速的变化，发现其中的规律，结合从天文观测得到的日期历法，归纳总结成二十四节气，指导农耕。关注天气，预报天气，是因为天气可以影响到收成。但是肉眼和体感的观测只能给我们非常经验性和定性的预报，比如"朝霞不出门，晚霞行千里"。如果我们想要时间跨度更长以及更精确、更定量的天气预报，就需要使用两个武器："模型"和"计算"。模型是对研究对象的抽象化描述，这里主要分为两类：物理模型和经验模型。之前我们对于节气和季节的总结，都可以归结为经验模型，也就是通过一系列观测对于现象的描述性总结，比如我国南方夏天潮湿多雨。而物理模型，是从物理演化规律出发，基于当前状态，根据已知的基本物理定律推算其他时间、空间坐标的状态。

现代天气预报结合经验模型和物理模型，根据从多维度收集到的数据进行推演计算，得到不同时间和空间尺度上的物理状态预报。这个计算过程，需要消耗大量算力，这也是我们接下来要介绍的数值模拟装置大展拳脚的地方。

什么是地球系统数值模拟装置？

地球系统数值模拟装置使用数值方法模拟地球系统中包含大气圈、水圈、冰冻圈、陆面圈、岩石圈、生物圈的相互耦合和演变规律。

中文名：寰。

英文名：EarthLab。

寰（版本 2.0）包含五大件：

（1）全球数值模拟系统，网格密度低（10～25 km），但覆盖面广，包罗万象。

（2）区域高级精度数值模拟系统，高精度精细模拟。

（3）软件支撑管理系统，规划调度系统和数据。

（4）数据系统，数据库，数据同化和数据可视化。

（5）超算，一切软件的基础是硬件，整个系统赖以运行的宿主超算。

寰的五大件都有什么功能？

全球数值模拟系统

可以模拟全球范围内的大气、海洋（包括海冰）、地表、植被（例如动态植被演化）、气溶胶和大气化学过程，以及陆地和海洋的生物地球化学过程（例如碳循环）。

不同组分中发生的物理过程完全不一样，需要分别独立进行模拟，但是不同组分之间也会相互作用（比如海洋的温度和蒸发量影响大气），因此不同组分又是相互耦合的。因此这里的全球模拟系统是一个耦合器（Coupler），在单个组分模拟的过程中把其他组分的影响考虑进来。

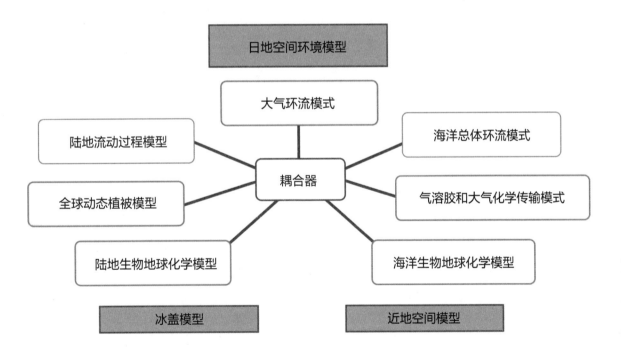

▲ 地球系统数值模拟装置全球模式架构图

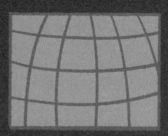

地球系统模式
数值模拟系统

区域高精度环境
模拟系统

结果输出的可视化系统

 教育网

用户任务提交

▲ 地球系统数值模拟装置

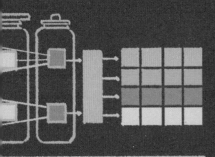

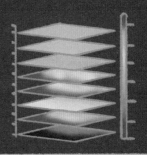

超级模拟支撑与
管理系统

支撑数据库和资料
同化及可视化系统

制冷系统

供电系统

配套设施

技网 ←

卫星、地面站、雷达
等气象数据

图中紫色模块表示后面将会引入的近地空间模式、冰盖和固体地球物理模式，会让全球整体模式变得更加包罗万象。

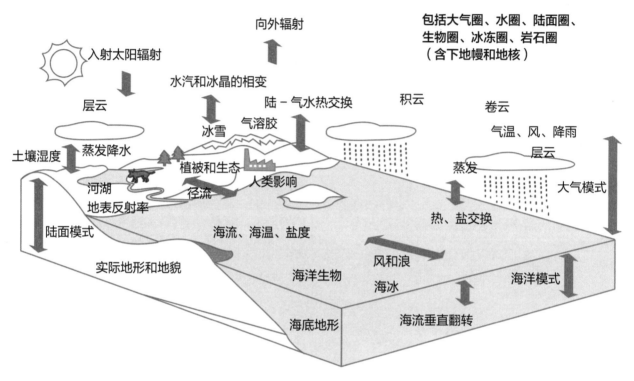

开放系统，内部有复杂的相互作用，尤其有复杂的生物和人类活动

▲ 地球系统示意

区域高级精度数值模拟系统

　　针对特定区域对其物理过程进行高空间网络密度（1～3 km）模拟。我们自己研发的系统当然优先照顾自家头顶，在中国全领域范围内达到 3 km 分辨率，重点地区达到 1 km。模拟结果直接应用于气象预报、大气污染监控、环境和气候灾害预警、农业活动指导。

　　高精度模式是低精度模式的专业增强版，因此，稀疏网格的全球模式是高精度模式的重要输入组件，而高精度模式的模拟结果也可以反过来输入给全球模式来优化全球模式的模拟结果。其架构如下所示：

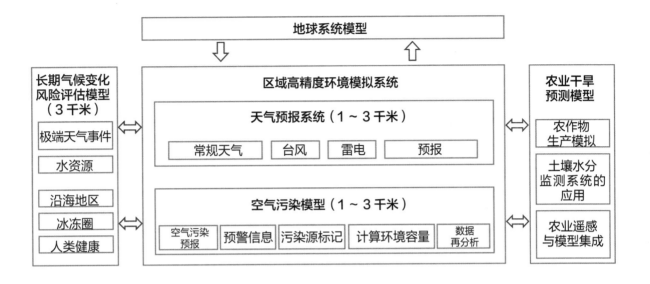

▲ 高精度模式架构图

中间部分为主要模块：区域高精度模拟系统，主要包含天气和空气质量两个模式。这个系统有三个交互模块，分别是稀疏网格的全球系统（Earth System Model）、长期气候模块、农业模块。

这个区域高精度模块重点服务我国境内，模拟结果可以应用于气象预报、灾害预警、环境质量检测、农业指导等方向。

软件支撑管理系统

面对多样化的监测方式，以及庞大的代码库，一个专门的模块会负责推动系统建模和开发整合模式，调试性能，评估系统，保证系统高效稳定运行。

数据系统

想要预报未来，就要详尽而准确地了解现在，也就是尽可能多地收集尽可能准确的数据。数据是预报的起点，一个强大的模拟系统需要优质的数据喂饱才能产出准确的预报结果。

因为不同组分（比如海洋、大气、陆地、冰盖）的数据的空间分辨率、时间分辨率、观测方式、数据类型、数据格式各式各样。把这些数据进行收集整理归档形成一个数据库，给模拟提供参考。数据系统包含一个数据库，以及数据同化系统和数据可视化系统。

数据系统的架构如下图所示：

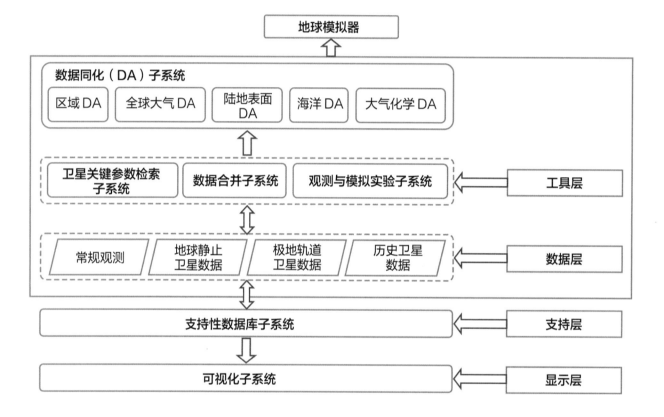

▲ 数据系统架构

寰的数据系统主要组成部分是 4 层（Layer），不同种类的观测数据从全球采集完成之后从数据层注入系统。数据层的数据流向两个方向，向下是流向提供数据库支持的支持层进入数据库子系统，为可视化做准备。通过可视化可以更好地展示数据、检查数据。数据层向上是进入数据处理的工具层，在这一层观测数据会被进行合并以及提取关键参数而后通过数据同化（Data Assimilation）的方式被连续注入模拟系统。

超算

大算力大存储的超算是处理海量数据，并带入复杂的物理模型进行模拟预报的基础。目前寰配套超算具有 15 PFlops[1] 峰值运算能力和 80 PB 的存储。可以满足目前数值模拟和预报的基本需求。以上（1）（2）（4）所描述的软件和数据库都运行在这个硬件上。

其架构如下图所示：

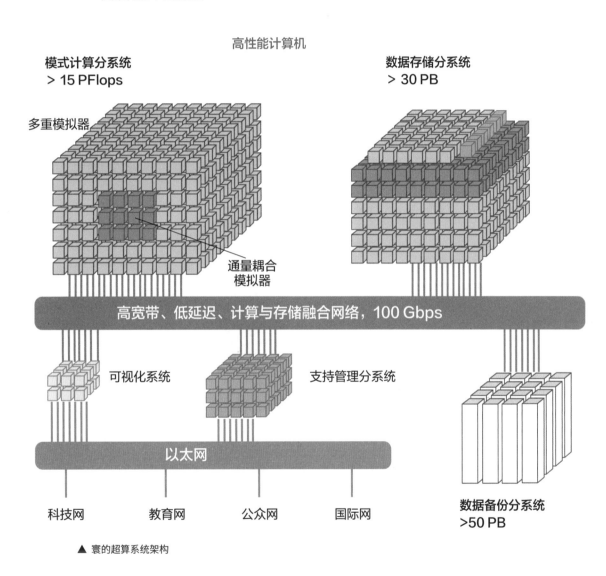

▲ 寰的超算系统架构

---

1 Flops，每秒执行的浮点运算次数（Floating Point Operation Per Second）的英文缩写，用以衡量计算机的计算能力，1 PFlops= 每秒 10^{15} 浮点运算。

这个转为寰设计的超算实质上是一个由巨大带宽网络互联的多个子系统，包含① 算力集中的模式模拟子系统，包含大量计算节点；② 数据存储子系统，由于在模式运行中需要考虑频繁访存，这部分由分级存储（例如 1% 的闪存盘、9% 的固态硬盘、90% 的机械硬盘）实现，能同时保证速度和容量；③ 数据备份系统，这部分考虑的主要是容灾，使用场景是单次多份写入，在存储子系统发生故障或者数据丢失的时候从备份系统中取出上个备份节点的数据，恢复系统运行；④ 可视化模块，对人类无法直观阅读的字节数据可视化成图表，方便对数据的诊断和检查；⑤ 支撑模块负责管理数据软件和模式，保证系统流畅运行。

这五个部分由 10 万兆带宽（100 Gbps）的中心交换机相互连接，实现丝滑的数据存取。其中可视化模块和支撑管理模块通过 4 万兆带宽（40 Gbps）链接科学网、教育网、互联网，方便各科研单位对运行状态进行监控，对于观测数据和模拟的可视化结果进行检查。

寰与个人高端家用电脑性能比较

	个人高端家用电脑	寰
CPU 算力	5 GFlops	三百万台家用计算机满载的计算能力
存储	1 TB = 0.001 PB	80 PB
带宽	家用带宽普通版是百兆入户（100 Mbps）大户人家豪华版独户光纤能有个千兆带宽（1 Gbps）	100 Gbps

我们的地球是一个极端复杂而且非线性的系统，初始条件的细小偏差可以随时间演变形成巨大的误差，因此预报地球系统的未来是一件非常具有挑战性的任务，需要更精确的初始条件也就是观测数据、更准确描述实际情况的物理模型、更强大的算力和存储。而寰就是致力于持续优化这三方面来了解地球，预报地球。

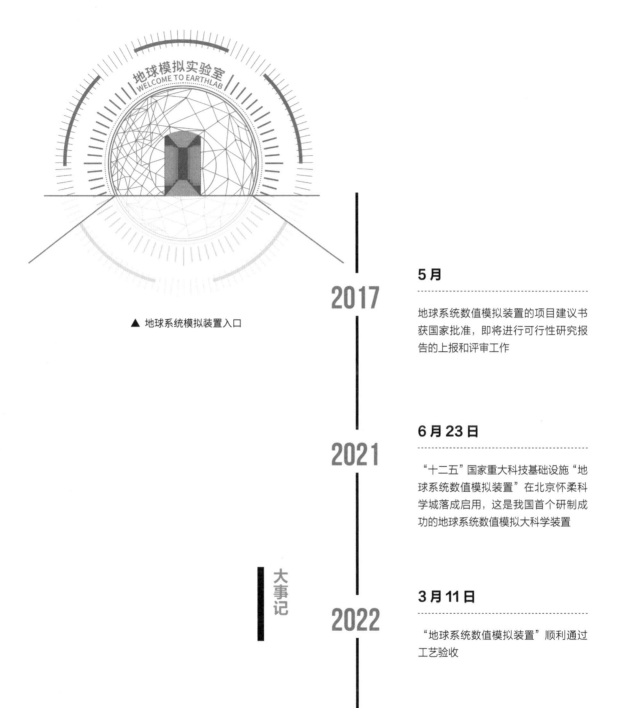

▲ 地球系统模拟装置入口

2017

5月

地球系统数值模拟装置的项目建议书获国家批准，即将进行可行性研究报告的上报和评审工作

2021

6月23日

"十二五"国家重大科技基础设施"地球系统数值模拟装置"在北京怀柔科学城落成启用，这是我国首个研制成功的地球系统数值模拟大科学装置

大事记

2022

3月11日

"地球系统数值模拟装置"顺利通过工艺验收

14

空间环境的全面监测：
子午工程

随着科技发展，通信定位导航变得非常方便，通信带宽从每秒比特迅速升级到兆比特、吉比特，远程交流方式从文字逐渐丰富为语音、视频及虚拟现实，连珠峰顶都通 5G，世界变得触手可及。然而，这种越来越先进而便捷的生活方式在空间天气灾害下变得越来越加脆弱。走向深空的第零步是了解空间环境，子午工程由此应运而生。

为什么要监测空间环境？

在刚刚进入电气化时代的时候，人类还没有意识到需要关注空间天气，而只关注大气天气，也就是风速、降水、温度等，直到著名的"卡灵顿事件"（1859 年太阳风暴）发生。这是一次千年一遇的超强太阳爆发打向地球，对于当时的电网和电报系统造成严重破坏。这次典型的空间天气灾害让人类意识到，正如农业化时代需要天天看晴雨表制作天气预报一样，电气化时代需要开始关注空间天气了。

在技术尚不发达的 19 世纪，只有电报和电网能被磁场扰动破坏一下。而今天，除了更大规模但同样脆弱的电网之外，无线电通信也会被射电暴干扰，运行中的导航通信卫星会被高能粒子破坏。如果没有任何预防措施地重复一遍"卡灵顿事件"，将给人类家园带来难以想象的后果。

因此，我们需要研究空间天气。研究空间天气的方式和大气天气很相似：观测，然后预报。希望在这种巨大空间天气灾难到来之前能提前做好准备，断开电网，关闭卫星和通信设备，最大程度上减小损失。

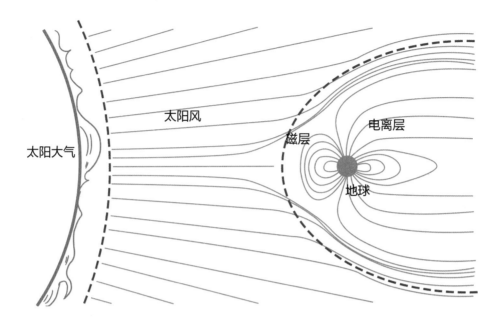

▲ 太阳爆发对地球的影响示意

空间环境中有哪些值得关注的参数?

空间环境是指中高层大气以外太阳系以内的电磁波、高能粒子、等离子体的分布和变化。这些分布和变化最主要的源头就是太阳活动。

剧烈的太阳活动(比如太阳耀斑和日冕物质抛射)中会产生电磁波辐射、高能粒子,并抛射出等离子体。如果剧烈太阳活动朝向地球,这三部分会先后到达地球,可以理解成"三波物理攻击"。

"第一波"电磁波辐射传播速度为光速,会以射电暴的形式率先到达地球,形成强烈的宽频带电磁干扰,此时无线网络导航蜂窝数据等以电磁波为媒介的设备无法工作。而后"第二波"是高能粒子,在几小时内到达地球附近,高能粒子在地球磁场的保护下无法进入大气,但是会对近地卫星和空间探测任务造成严重影响。而"第三波"携带磁场的等离子体,会在一天之后到达地球,和地磁场相互作用,形成磁暴,也就是强烈的地磁场变化。地磁场变化可以在大空间跨度的导体(比如供电线路、高铁电缆等)上产生感应电动势,损坏基础电气设施。

正如大气天气需要关注降水、温度、风速,空间天气需要探测电磁波高能粒子和等离子体的状态。不同的是,大气天气仅关注大气圈之内的活动,而空间天气需要关注从

两纵两横网络式布局

四大关键区域重点探测：极区高纬、北方中纬、海南低纬、青藏高原

监测设备分布在全国及两极地区 31 个综合性台站（92 个观测点）

二期新增观测点 87 个、设备 195 台

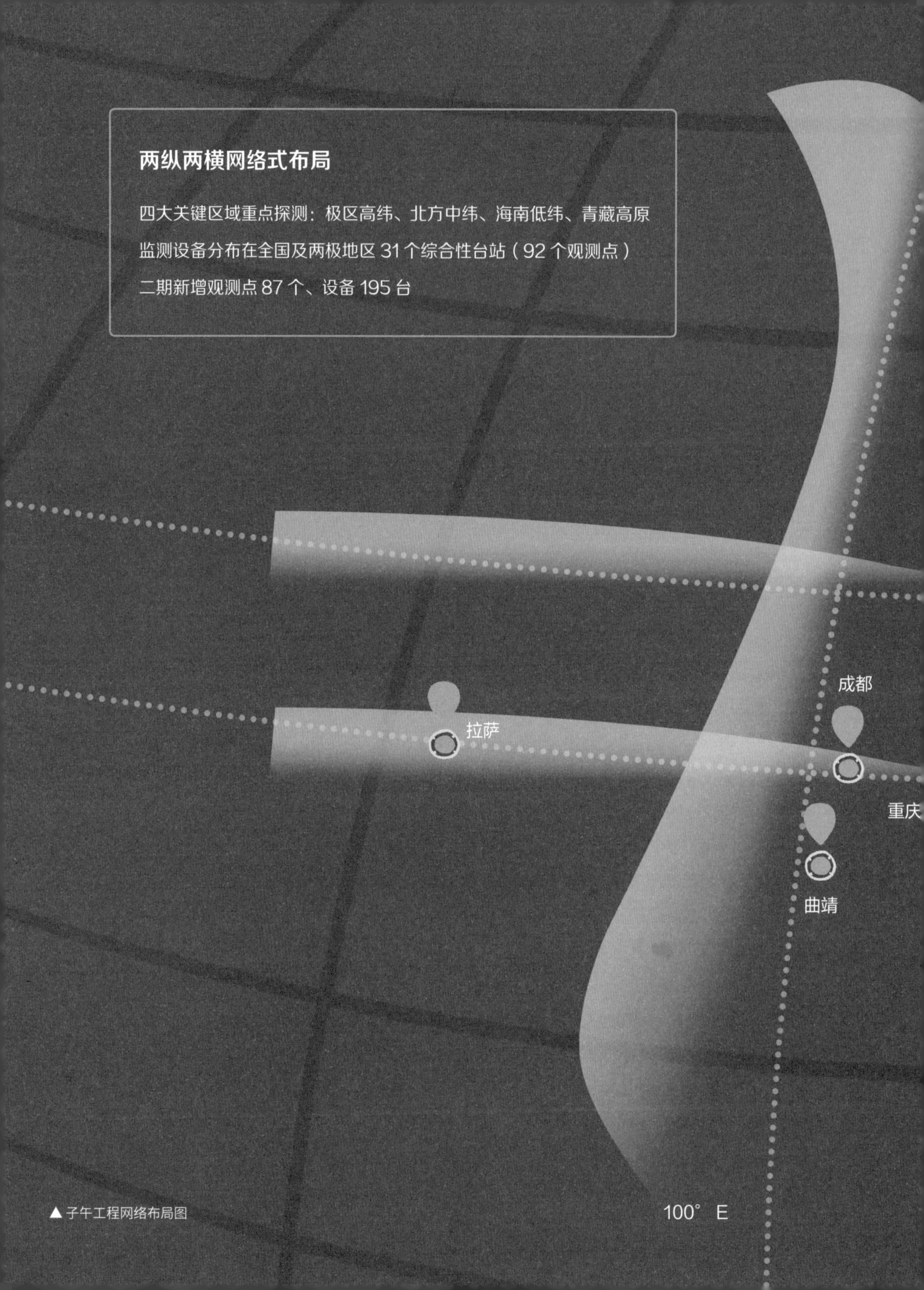

成都

拉萨

重庆

曲靖

100° E

▲ 子午工程网络布局图

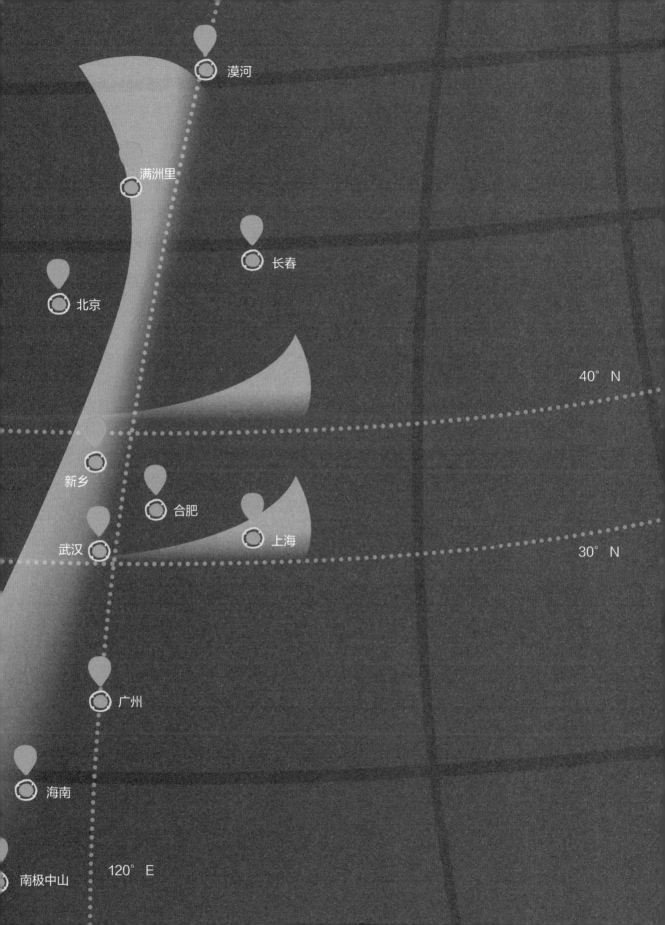

漠河

满洲里

长春

北京

新乡

合肥

武汉

上海

40° N

30° N

广州

海南

南极中山　　120° E

高层大气、近地空间到行星际，跨越多个数量级的空间尺度，而且在空间天气研究中除了动力学过程，还需要考虑电磁场和带电粒子等离子体相互作用的物理过程。为了更好地了解这些物理过程，需要对高层大气进行尽可能高时间分辨率和空间分辨率的观测。

子午工程如何观测空间天气？

子午工程的全名是"东半球空间环境地基综合监测子午链"，工程目标就是构建高时间分辨率和空间分辨率连续监测空间环境的地基系统。监测范围包括地球表面、中高层大气、电离层和磁层，以及十几个地球半径以外的行星际空间中的磁场、电场、密度、温度和粒子成分等，最终形成广布的观测网。

台站按观测对象高度从低到高分为以下几个大类：

地磁场监测。 地磁场监测主要来自于地震局的地电地磁监测，为监测不同时间尺度上的磁场变化，地磁监测站点分为三类：基准网、基本网和流动网，分别监测 5 年、数月、1 日时间尺度上地磁变化。现有 46 个基准站、97 个基本站、1385 个流动站，对不同时间尺度上的磁场变化进行监测。

中高层大气监测。 大气层根据性质不同被分成对流层（T）、平流层（S）、中间层（M）、热层，中间层往上都叫中高层大气。对于中高层大气，重点关注的参数是风场速度分布、密度分布、组成成分分布。相对应地，对中高层大气的监测主要采用 MST 雷达、ST 雷达、激光雷达、流星雷达、气辉成像仪和气辉干涉仪等设备。

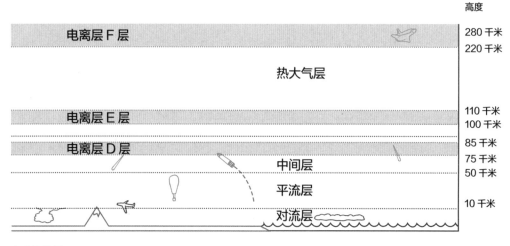

▲ 大气分层

电离层探测。 电离层是中高层大气中被太阳辐射电离的部分，这部分高度电离的等离子体的运动受到背景电场磁场的电磁力影响以及中高层大气里的中性成分的动力学影响，是连接太阳活动引起的外来扰动和中高层大气里中性成分的中间环节。对于电离层，我们主要关注电离度（电子密度分布）和等离子体温度密度速度。

这些被电离的等离子体会影响到低频（小于 30 MHz）电磁波的传播。因此探测电离层的主要方式是发射信号接收回波并分析。电离层的观测设备主要包括测高仪、GNSS-TEC 与闪烁监测仪、高频多普勒频移监测仪、甚高频（VHF）相干散射雷达、非相干散射雷达（ISR）和高频（HF）雷达等设备，获取电离层电子密度、总电子含量（TEC）、大气温度、密度、风场或金属原子密度等参数。

太阳和行星际宇宙线。 监测空间天气，很重要的一项任务就是监测空间天气的源头——太阳活动。观测方式以遥感为主，主要关注太阳活动中产生的电磁辐射。观测方式分为两大类：电磁和光学。光学观测的空间分辨率高，重点关注太阳表面的空间结构及其演化。电磁观测动态范围大，频谱宽，时间分辨率高，不受天气影响（云层和雾霾对射电辐射透明），主要关注辐射通量和频谱特征。除了光学和射电观测，还有宇宙线辅助观测太阳活动对行星际介质的影响。

越来越精密的电气化设备和仪器在空间天气灾害面前会变得越来越脆弱，但是这些仪器也让我们可以更好地了解和研究空间天气，实现高精度的观测，甚至预报，当太阳风暴发生的时候，能及早发现，紧急避险，把损失降到最低。

大事记

2005	2008	2011	2012	2019
8 月	**1 月**	**5 月 7 日**	**10 月 23 日**	**7 月 29 日**
子午工程项目正式立项	子午工程正式开工建设	子午工程首枚探空火箭发射成功	子午工程通过国家验收，进入正式运行阶段，为载人航天等提供空间环境保障	子午工程二期在北京怀柔科学城启动建设

前沿科技篇

2

15

中国量子计算机的再次突破：
"九章二号"和"祖冲之二号"

　　2021 年 10 月 26 日，中国的量子计算机研究再次取得突破，比超级计算机快了亿亿亿倍。中国科学技术大学潘建伟院士团队研发的两台量子计算机"九章"和"祖冲之号"都升级成了二号。我国成了目前世界上唯一在两种物理体系达到"量子计算优越性"里程碑的国家。

什么叫量子计算？

　　量子计算是一种新的计算原理，对某些问题得到结果比传统的计算机快得多。一个典型例子是分解质因式，即

$$21 = 3 \times 7$$
$$15 = 3 \times 5$$

这样，把一个自然数分解成质因数的乘积。

　　当一个数很大的时候，比如有成百上千位，分解它就变得很困难。因为我们并没有特别巧妙的算法，用传统计算机分解需要的时间是随着被分解数的位数指数上升的。比如说，分解一个 300 位的数字需要 15 万年，而分解一个 5000 位的数字需要 50 亿年！

　　然而对于量子计算机来说，因数分解就是个可以快速解决的问题。1994 年，有人提出了量子的因数分解算法。同样是分解 300 位的数字，量子算法会把时间从 15 万年减到不足 1 秒钟；分解 5000 位的数字，量子算法会把时间从 50 亿年减到 2 分钟！

　　然而，有两点需要强调。

　　一是量子计算机只是对某些问题超过经典计算机，而不是对所有问题。有些问题经典计算机已经算得很快了，如加减乘除，量子计算机对它们就没有任何优势。所以量子

计算机的前景是和经典计算机联用，而不是取代经典计算机。两者会各自在自己适合的场景使用。

二是能够分解大数的量子计算机硬件还没有造出来。我们目前能够用量子算法分解的最大的数是 291311（= 523 × 557），这是中国科学技术大学的杜江峰院士和彭新华教授等人在 2017 年实现的，离几百上千位还远。所以量子计算机的研究现状是软件先行，硬件是瓶颈。因此现在各国竞争的主要是硬件。

量子计算优越性是什么意思？

它指的是对某个问题，量子计算机超过了最强的经典计算机。

当前最强的经典计算机是日本的超级计算机"富岳"（Fugaku），它每秒能运行44.2 亿亿次浮点运算。因此量子计算机一定要挑选一些自己有快速算法而经典计算机只有慢速算法的问题，才能超越经典计算机。

此前实现了量子优越性的实验只有两个。2019 年，谷歌用超导体系实现了量子优越性，他们的实验装置叫作"悬铃木"（Sycamore），处理的问题叫作"随机线路取样"（Random Circuit Sampling）。2020 年，中国科学技术大学的潘建伟院士和陆朝阳教授等人用光学体系实现了量子优越性，他们的实验装置叫作"九章"，处理的问题叫作"高斯玻色子取样"（Gaussian Boson Sampling）。

"九章"与"悬铃木"性能比较

计算随机线路采样问题		
	悬铃木	超级计算机
100 万个样本	200 秒	2 天
100 亿个样本	20 天	2 天

输出态空间维度：10^{16}　运行环境：−273.12 摄氏度（30 mK）

计算玻色采样问题		
	九章	超级计算机
5000 万个样本	200 秒	6 亿年
100 亿个样本	10 小时	1200 亿年

输出态空间维度：10^{30}　运行环境：室温（除探测部分 4 K）

▲ "九章"量子计算机局部

就像经典计算机能用很多种物理体系实现——最初是算盘，后来有机械式计算机、电子管、晶体管，现在是集成电路，量子计算机也能用很多种物理体系实现，超导、光学、离子阱、核磁共振，等等。现在超导和光学是比较热门的两条技术路线，其他的也都有人在研究。

"九章二号"和"祖冲之二号"的升级有哪些重大意义？

2021年5月，中国科学技术大学的潘建伟院士和朱晓波教授等人发表了一个重要成果——"祖冲之号"。它跟谷歌的"悬铃木"一样，都属于超导量子计算机。"祖冲之号"在一些指标上超过了"悬铃木"，例如它的量子比特数[1]是62，多于悬铃木的53。但"祖冲之号"并没有实现量子优越性，因为它的操控性还不够好。

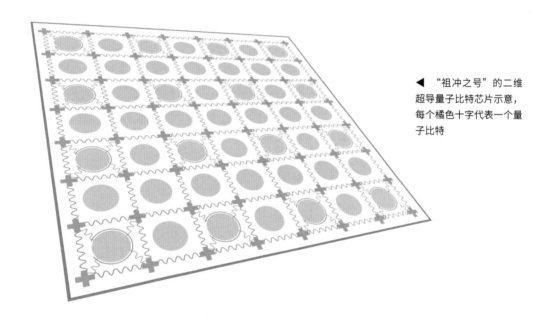

◀ "祖冲之号"的二维超导量子比特芯片示意，每个橘色十字代表一个量子比特

"九章二号"进一步扩大了对经典计算机的优势，而"祖冲之二号"则实现了量子优越性。因此，我们可以宣称中国是世界上唯一在两条技术路线上实现量子优越性的国家。

---

1 比特是信息科学的基本单位，即一个有且只有0和1两种状态的系统。量子比特是量子信息中的基本单位，它不但能处于0和1两种状态，还能处于这两种状态的任意线性叠加。利用这种叠加特性，量子计算机有望对某些问题实现对经典计算机快得多的速度，因为它的计算能力随量子比特数呈指数增长甚至超指数增长。

在这个意义上，中国的量子计算研究世界领先。

具体而言，"九章二号"把光子数从原来的最多 76 升级到了目前的最多 113，由此对经典计算机的优势从 100 万亿倍增加到了 1 亿亿亿倍。需要注意，量子计算机的能力随光子数的增长不是线性增长，而是指数增长甚至超指数增长。

"祖冲之二号"的进步，是采用全新的倒装焊三维封装工艺，解决了大规模比特集成的问题，实现了 66 个数据比特、110 个耦合比特、11 路读取的高密度集成。所以同样是执行随机线路取样，"祖冲之二号"的难度比"悬铃木"要高得多，计算复杂度高了 6 个量级。

2021 年 11 月，中国科学院理论物理研究所张潘研究员的团队提出了一种非常高效的执行随机线路取样的经典算法，如果在目前最强的超级计算机上运行，就可以反超"悬铃木"。因此，"悬铃木"的量子优越性被取消了。

因此，当前最有趣的是，最强的量子计算机是中国造的，最强的反超量子计算机的经典算法也是中国提出的。这场"左右互搏"十分奇妙，中国在量子计算领域和经典计算领域都在引领世界。

中国在光学和超导两条技术路线上都实现了量子计算优越性，超越了美国。但这远远不是结束，而是开始。在不久的将来，我们希望量子计算在特定领域找到有实用价值的应用，例如量子机器学习、量子化学、量子近似优化等。量子信息的奇妙世界，等着大家去探索。

大事记

2017 — **2019** — **2020** — **2021**

12 月 4 日　**5 月 8 日**　**10 月 26 日**

构建世界首台超越早期经典计算机（ENIAC）的光量子计算原型机

实现 20 光子输入 60 模式干涉线路的玻色取样，输出复杂度相当于 48 个量子比特的希尔伯特态空间，逼近了量子计算优越性

"九章"量子计算原型机构建成功

正式推出"祖冲之号"，实现了可编程的双粒子量子行走

"九章二号"建成，"祖冲之二号"研制成功

16

祖国的高光时刻："墨子号"量子卫星

2016 年 8 月 16 日，"墨子号"量子科学实验卫星发射，它是全世界第一颗也是目前唯一一颗实现星地之间量子保密通信的卫星。这是中国在量子通信领域领跑世界的标志性成果。

"墨子号"卫星是做什么的？

量子保密通信是一种"无条件安全"的保密传输方法。"无条件安全"的意思是，密文不会被任何的数学方法破解，即使敌人有无限的计算能力也不行。

信息论创始人香农（Shannon）在 20 世纪 50 年代证明了一条定理：如果密钥满足三个条件（随机字符串，跟明文等长，一次一密），密文就是绝对不可破解的。这样的密钥被称为"一次性便笺"。

然而，这种方法在实践中很少被使用。因为它要求密钥跟明文长度相等，而且只能用一次，而如此大量的密钥都需要人去送，如果信使被抓或叛变，秘密就全泄漏了。因此，人们在实践中绝大多数时候用的都是基于数学问题的密码。这样需要传输的密钥少得多，但都可能被数学破解，也就是"有条件安全"。

20 世纪 80 年代，人们发现用量子力学的原理有可能实现无信使的密钥分发。通信双方通过一系列量子力学的操作，可以获得一串相同的随机字符串，不需要第三者信使来传输。把这串随机字符串作为一次性便笺密钥，对要传的信息加密，就能让敌人无法破解。

因此，量子保密通信的全过程包括两步：第一步是密钥的产生，这一步用到量子力学的特性，需要特别的方案和设备；第二步是密文的传输，这一步就是普通的通信，可

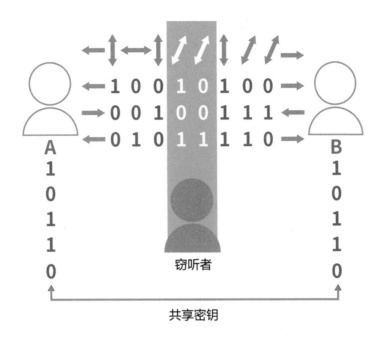

A

1
0
1
1
0

窃听者

B

1
0
1
1
0

共享密钥

▲ 量子密钥分发

以利用任何现成的通信方式和设施。量子保密通信所有的奇妙之处都在第一步上,它又被叫作"量子密钥分发"。

"墨子号"究竟是怎样做到领先世界的呢?

　　量子保密通信的一个技术关键是,一次只能发一个光子。如果一次发多个光子,敌人就可能窃密了。这对卫星与地面的连接是一个巨大的挑战,但"墨子号"确实做到了。它跟地面的对准做得非常好,一次只发一个光子就能让地面收到。例如"墨子号"与河北兴隆的地面站对准时,红光是兴隆站发出的信标光,绿光是"墨子号"发出的信标光。信标光不是用来通信的,而是用来对准的。因为通信用的是单光子,单光子是不可能让你看见的,如果看见了就意味着这个光子进入了你的眼睛,那么就不可能被地面站接收到了。这里的红光排成一个扇形,是因为画面由多个时间叠加,同时星星的移动也形成星轨,产生了美丽的艺术效果。

乌鲁木齐南山站

距离 1120 千米建立量子纠缠

▲ "墨子号"量子科学实验卫星

"墨子号"过境时

同时与两个地面站建立光链路

青海德令哈站

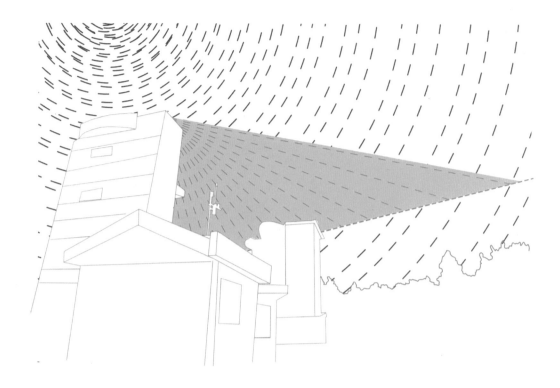

▲ 星轨背景下"墨子号"量子卫星与兴隆站用信标光对准

卫星相对地面不是静止的，而是在以每秒几千米的速度飞驰。所以这样的对准是非常困难的，好比"在 50 千米外把一枚一角硬币扔进一列全速行驶的高铁上的一个矿泉水瓶里"。

"墨子号"背后的量子信息原理是怎样的？

下面简略地介绍一下量子信息这个学科的基本脉络。

近 40 年来，量子力学跟信息科学结合，产生了一个新的交叉学科——量子信息。这是一个蓬勃发展的研究领域，人们普遍认为，量子信息跟可控核聚变、人工智能并列，属于颠覆性的未来科技。

我们平时用到的信息技术，手机是用来通信的；计算机是用来计算的；钟表、尺子、

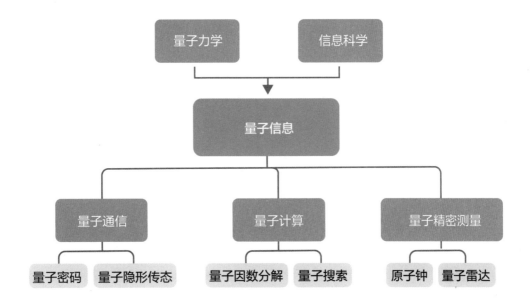

▲ 量子信息的三个分支

温度计等也可以算作信息技术，它们是用来测量的。相应地，量子信息也分为三个领域：量子通信、量子计算与量子精密测量。

例如 GPS 和北斗等卫星导航系统的核心技术叫作原子钟，它是目前最精确的定时装置，基于一个原子在两个能级之间跃迁发出的光的频率来定时。原子钟就是典型的量子精密测量技术。又如，潘建伟院士、窦贤康院士和徐飞虎教授团队发展的"隔墙观物"技术，基于单光子探测的进步，我们可以通过墙壁的漫反射看到物体，探测距离长达 1.43 千米。也就是说，如果有个恐怖分子躲在 1.43 千米外的房间里，警察就能发现他。而且他完全意识不到，因为用的是红外光。

量子信息不但可以提高探测性能，还可以做到以前不可能的事。例如科幻电影中的传送技术，以前是完全的幻想，而现在对应一个真实的技术——量子隐形传态，属于量子通信领域。中国在量子隐形传态方面，也走在世界前列。

天地一体化的量子通信

2017 年 9 月 29 日，世界首条量子保密通信骨干网——"京沪干线"正式开通。这是继 2016 年"墨子号"升空以来，量子科技领域的又一个重大的进步。

"京沪干线"和"墨子号"是实现远距离量子通信的两条技术路线，好比高铁和飞机是实现远距离交通的两条技术路线。"京沪干线"在北京、济南、合肥、上海的内部量子网络的基础上，通过 32 个中继节点（包括两端）把它们连接起来。这样，就可以在 2000 千米的范围内，实现量子保密通信。

"京沪干线"是把中继器建在地上，而量子卫星相当于用卫星作中继器。量子卫星不在同步卫星的轨道上，它相对于地面的位置是时刻在变化的，可以这一段时间让卫星跟合肥通信，下一段时间跟西藏通信，再下一段时间跟欧洲通信。通过卫星的中继，就能实现跨省甚至跨洲的量子通信。

在 2017 年 9 月 29 日的新闻发布会上，中国科学院时任院长白春礼院士就通过"墨子号"与奥地利地面站的卫星量子通信，与奥地利科学院院长安东·塞林格（Anton Zellinger）进行了世界首次洲际量子保密通信视频通话。

一颗卫星能覆盖的范围还有限。将来如果由 20 颗卫星组成星座，就可以实现全球量子保密通信。

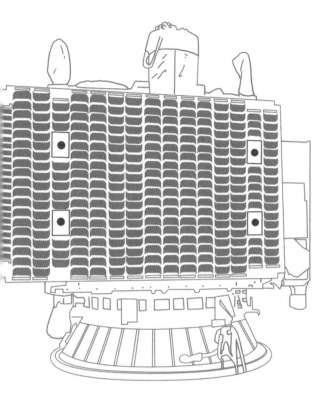

▲ "墨子号"卫星在安装星箭分离解锁机构

2011

2012

2013

2016

2017

大事记

12 月

"墨子号"立项

成功实现世界上最远距离的量子态隐形传输——青海湖两岸长达 97 千米的自由空间量子信道

成功完成国际上首次星地量子密钥分发地基验证试验，克服卫星与地球之间的相对运动偏差及大气层传输耗损，证实了量子态隐形传输穿越大气层的可行，为基于卫星中继的全球化量子通信网奠定基础

8 月 16 日

"墨子号"于酒泉卫星发射中心搭载长征二号丁运载火箭发射升空

6 月 16 日

"墨子号"首先成功实现两个量子纠缠光子被分发到相距超过 1200 千米的距离后，仍可继续保持其量子纠缠的状态

17

突破衍射极限：
超分辨光刻装备

2018 年 11 月 29 日，国家重大科研装备研制项目"超分辨光刻装备研制"通过验收，这是我国成功研制出的世界首台分辨力最高紫外超分辨光刻装备。该光刻机由中国科学院光电技术研究所研制，光刻分辨率达到 22 纳米，结合多重曝光技术后，可用于制造 10 纳米级别的芯片。

光刻机是什么？

为了理解这台超分辨光刻设备的重要性，我们应该先从整个芯片制造的流程开始说起。

芯片的制造过程，就是沙子的进化之旅。芯片制造的每一步，都给沙子附加了巨大的价值。其中最重要的一步，就是光刻。

在光刻之前，沙子里的二氧化硅经过高温加热、纯化以及一系列特殊工艺，会形成纯度极高的单晶硅棒。把它横向切开，就得到了制作芯片的基本原料：晶圆。

光刻的意义，就是给晶圆附以生命——电路。顾名思义，光刻就是用光把电路刻在晶圆上。人们先把芯片的电路图制作成掩膜，有导线的部分是透光的，没有导线的地方是不透光的。再把晶圆表面涂上一层光刻胶，受到光照射的时候光刻胶就会曝光。最后把掩膜和晶圆放进光刻机，让光透过掩膜照射到晶圆上，让光刻胶曝光发生反应，就相当于把电路刻到了晶圆上。

光刻的过程和拓印很像，只不过这里把纸换成了晶圆，颜料换成了光刻胶，待拓印的雕刻作品换成了掩膜。而完成光刻这整个过程最重要的设备，就是光刻机。

光刻机是光学、控制、材料、机械、电子、测量等多个领域最先进技术的集大成者。

作为芯片制造的支柱性设备，光刻机占全球半导体制造设备总市场的比重超过21%，2020年全球光刻机市场价值总额超过135亿美元。如果说芯片是人类智慧的集大成者，那么光刻机就是所有芯片制造设备里"皇冠上的明珠"。

之所以光刻机需要如此大的研发投入，是因为它有着极高的技术含量和专业壁垒。为了完成一块晶圆的光刻，以上过程要重复成百上千次。随着芯片面积的不断缩减，光刻的尺寸已经达到了纳米级别。也就是说，两根导线之间的宽度可能只有几纳米，这对光刻机的精度、稳定性，以及机械加工、光源的产生、光学设备的制造等环节都提出了极高的要求。因此，如何在纳米尺度进行光刻，就成了国内外光刻机厂商和半导体科学家研究的重点。其中最关键的研究重点，就是如何突破光学的衍射极限。

传统光刻机的限制——衍射极限

1873年，德国物理学家、光学家恩斯特·卡尔·阿贝（Ernst Carl Abbe）提出并发表了显微镜衍射成像理论。这个理论的核心有两点：一个是显微镜的分辨率存在上限，第二个是显微镜的分辨率公式，也就是后来为人所熟知的衍射极限：

$$d = \frac{\lambda}{2n\sin\theta}$$

其中，d是分辨率，λ是光的波长，$n\sin\theta$是显微镜物镜的孔径。这个公式的影响力远远超越光学的范畴，甚至成为指引半导体行业发展的重要标杆。这个公式告诉我们的最重要的一点，就是衍射分辨率和光的波长成正比，和数值孔径成反比。也就是说，如果要在纳米尺度上雕刻芯片，就要选择尽量小波长的光。

现代光刻机采用的基本是紫外光（UV）和深紫外光（DUV），波长涵盖了从300纳米到100纳米之间的范围，其中最先进的DUV光源波长为193纳米。但是，基于DUV的光刻机存在物理极限，无法制造7纳米以下的先进工艺制程。这也是为什么英特尔在14纳米工艺上止步不前，连续做了很多代"14纳米++++"产品的主要原因之一。

为了追求更高的分辨率，全球最大的光刻机厂商——荷兰的ASML公司采用了波长仅为13.5纳米的极紫外光（EUV）作为光刻机的光源。EUV光刻机也成为制造7纳米工艺以下先进制程芯片的刚需。

EUV已经把光谱推向极限，光的波长只有十几纳米了。在这个尺度下，很多传统的

▲ 世界首台分辨率
最高紫外超分辨光刻装备

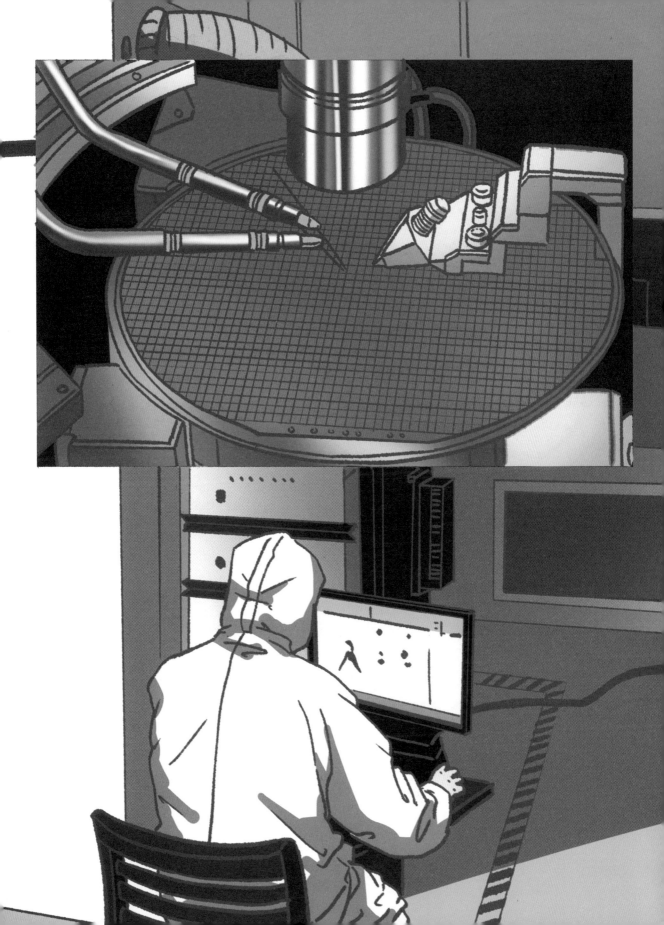

光学物理定律已不再适用，除了波动性之外，光的量子性越发明显。使用 EUV 成本巨大，这对制造工艺和技术提出了极高的要求。拿光刻机里的镜片打磨工艺来说，它对平整度要求极高，相当于在地球表面大小的平面上只允许有头发丝大小的凸起。

因此，在如何进一步提升分辨率这个问题上，使用更小的波长这个方法似乎已经走进了死胡同。

幸运的是，我国科学家找到了新的方法。

超分辨技术——理论的胜利

和传统的光刻技术追求极限波长不同，国产超分辨率光刻机采用了完全不同的技术路线。

前面说过，当光刻的尺度逐渐逼近光的波长，甚至和光波长近似时，传统光学定律便不再适用，但此时却又有很多有趣的新现象发生，其中一个就是表面等离子激元。光子照射到金属表面的时候，会激发出表面等离子激元。它本质上是光耦合到金属表面的模式，会呈现出一种震荡状态的表面等离子体波。光可以通过这种形式汇聚到非常小的区域，然后传播过去，并且随着传播距离的增长而迅速缩减。

人们发现，用这种方法就可以在这个非常近、非常小的区域里进行光刻了。也就是说，我们可以做一个非常小的探针，并在探针尖端打个小孔，让光以表面等离子激元的方式通过。探针对准光刻胶，按电路图的设计移动探针，就可以在晶圆表面进行光刻了。

这个方法和传统的光刻形式有着本质的区别。传统光刻机是用光照射掩膜版，然后在光刻胶上曝光成像；而这种光刻方法是通过移动光探针照射光刻胶成像，没有传统的光学成像过程，也就没有衍射，更没有衍射极限的制约了。

更重要的是，使用表面等离子激元的方式产生光，主光源并不需要像 EUV 那样的极小波长光，采用 DUV 光源即可。中国科学院光电技术研究所使用了 365 纳米的 DUV 紫外光，光源产生只需要传统的汞灯即可，成本在几万元左右，整机成本在百万至千万元，比 ASML 的光刻机售价便宜一两个数量级。值得注意的是，这样的光源产生了等效 22 纳米的光刻性能，相当于 1/17 波长。

我们不需要执着于追求极限波长，而可以采用表面等离子光刻这种相对便宜而优质的方法实现等效替代，这正是理论驱动实践的胜利，是中国自主可控的源技术创新。对于国产芯片来说，这也是一次"换道超车"的好机会。

我国的光刻机设备制造也在稳步推进，目前已经制备出一系列纳米功能器件，包括大口径薄膜镜、超导纳米线单光子探测器、切伦科夫辐射器件、生化传感芯片、超表面成像器件等，验证了该装备纳米功能器件加工能力已达到实用化水平。

　　客观地说，目前这项技术还无法直接用于芯片的量产制造，还需要一段时间才能真正造出完整的工业级光刻机设备，更无法撼动 ASML 全球光刻机霸主的地位，但只要原理被证明正确，取得突破只是时间问题。这个时间可能很长，但只要不断坚持和努力，就一定会达到。

大事记

2002 —— **2006** —— **2012** —— **2017** —— **2018** ——

| | | | **6 月** | **11 月 29 日** |

国家在上海组建上海微电子装备有限公司，承担"十五"光刻机攻关项目

国务院报告中把"集成电路制造装备"列为专项，并把 EUV 光刻技术列为重要攻关任务

中国科学院光电技术研究所承担了超分辨光刻装备这一国家重大科研装备项目的研制任务

"极紫外光刻关键技术研究"顺利完成验收

超分辨光刻装备项目在成都通过验收

18

中国芯片设计能力的提升：
"天机芯"类脑芯片

类脑芯片是典型的交叉学科的产物，它的出现既代表了计算机与芯片技术的发展，也体现了人工智能技术的不断迭代和进步。当这两条技术主线汇聚到一起，就产生了类脑芯片这个既通用又特殊的芯片门类，而"天机芯"（Tianjic）就是这个门类的典型代表。它体现了中国在提升芯片设计能力方面的重大进展，入选了 2019 年世界互联网 15 项领先科技成果。

什么是通用人工智能？

人工智能技术在过去的几年里取得了非常大的进步，在不知不觉中已经成为我们日常生活的一部分。小到我们的手机、电脑，大到智慧城市的管理和运行，都离不开人工智能的加持。不过，现在人工智能的应用大都集中在识别和分类上，而这些其实并不是人脑最常用的功能，甚至也不是人脑最主要的功能。

人脑是目前人类已认知的最高效的计算单元，也是人类智慧的核心。计算机最初的设计目标以及人们理想中的计算机最终形态，都是模仿我们的大脑。人脑的算力大约在 2 PFlops，和很多中等性能的超级计算机处于一个量级。但是人脑的"功耗"极低，仅有 20 瓦左右，靠我们正常的一日三餐就能为人脑提供充足的能量。相比之下，实时模拟人脑需要 300 多台"天河 2 号"超级计算机同时工作，而"天河 2 号"每年的电费就要 1 亿元以上。因此从能耗比的角度，人造计算机与人脑仍然有着极其巨大的差距。

人脑的功能也并不能完全通过算力大小来简单衡量。除了识别和分类这些应用之外，人脑更多的是用来做感知、分析、思考、决策，并且控制身体完成一系列完整的任务。和狭义的人工智能相比，人工模拟人脑的这些功能被称为"通用人工智能"，而这也是类脑芯片希望达到的终极目标。

神经网络有哪些主要类型？

"天机芯"最大的特点，就是对多种神经网络的统一支持，比如用于图像处理和物体检测的卷积神经网络（CNN）、用于语音命令识别的脉冲神经网络（SNN）、用于人类目标跟踪的神经网络计算架构（CANN）、用于姿态平衡和方向控制的多层感知器（MLP），以及用于决策控制的混合网络等。

上面的这些网络可以看成两种主要的网络，也就是脉冲神经网络和人工神经网络。卷积神经网络、循环神经网络这些知名的神经网络都是人工神经网络的一个个子集，更多是从计算机和信息处理的角度，对人脑和神经元进行的数学抽象和实现；脉冲神经网络则是通过模拟神经元最基本的生物学特征来构造神经网络的。

在生物神经系统中，神经元之间通过突触相互连接，信息以神经冲动的形式进行单向传导，类似于一个一个的电脉冲。这种形式最大的好处是简单、快速、低功耗。因此

主要考虑因素

跨范式的计算平台

人工通用智能

高维时空
动力学

可重新配置的
分层拓扑结构

丰富的
编码方案

旁路网络
处理

神经科学

具有兼容
编码的
混合架构

计算机科学

▲ 两种方法的结合促进人工通用智能发展

▲ "天机芯"类脑芯片

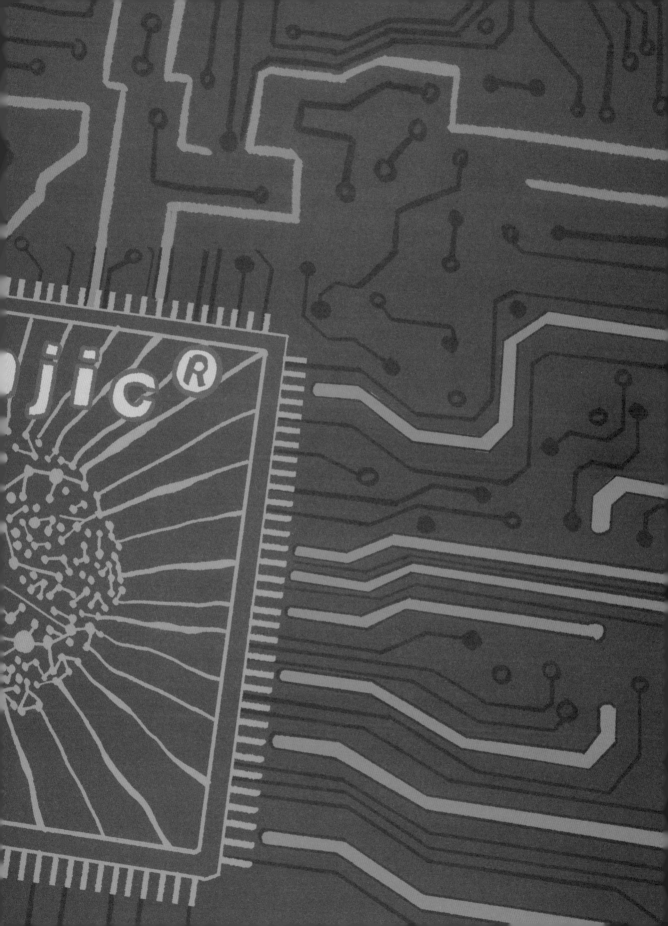

为了模拟这种方式，脉冲神经网络使用了二进制尖峰序列处理信息。为了和现有的人工神经网络网络实现兼容，脉冲神经网络采用了 0 和 1 这样的数字序列进行编码。

"天机芯"有哪些关键技术？

在芯片上实现脉冲神经网络时，还有很多关键技术需要解决。虽然神经脉冲在形式上简单，但其实还包含了对时间和空间两个维度的信息，也就是在一定时间内记忆历史膜电位、尖峰模式、不应期、发射阈值等信息，同时也需要更高精度、更细粒度的可编程存储器来存储这些信息。这些都对脉冲神经网络的具体工程实现提出了更多挑战。

为了解决这些问题，"天机芯"采用了一种全新的基础组成单元，名为功能核（FCore）。每个功能核包含一个相对完整的生物神经元功能，包括突触、轴突、树突、胞体、神经路由器构建单元等模块。每个功能核的拓扑结构和配置方式可以灵活重构，从而实现人工神经网络和脉冲神经网络编码模式的切换，构建了一个异构神经网络。通过这种架构，可以复用芯片上的逻辑资源，只需要增加 3% 的额外面积开销，就能同时运行计算机科学和神经科学这两大类研究导向里的绝大多数神经网络模型。只有结合了这两种神经网络模式的优点，才能更好地取长补短，既能保持正确性，又能极大降低能耗，也能在时间和空间两个维度更有效地实现资源调用，提升处理速度。

2017 年制成的第二代"天机芯"采用 28 纳米工艺制造，面积为 3.8 平方毫米。它内部包含 156 个 FCore，总共约 40000 个神经元、1000 万个突触，可以提供每秒 610 GB 的内部存储带宽，以及 1.28 TOPS 的人工神经网络峰值性能。在脉冲神经网络模式下，"天机芯"可以实现每瓦 650 千兆每秒突触操作（GSOPS）的峰值性能。和图形处理器（GPU）芯片相比，"天机芯"的吞吐量提高了 1.6 ~ 100 倍，能效提升了 12 ~ 10000 倍。和 IBM（国际商业机器公司）的类脑芯片 TrueNorth 相比，天机芯片的功能更全、灵活性和扩展性更好，速度提升至少 10 倍，带宽提升至少 100 倍。

7 个院系、7 年时间，1 块芯片

"天机芯"是多个交叉学科共同结合的产物。除了计算机科学和脑科学这两条最重

1　TOPS，每秒 10^{12} 次操作（Tera Operations Per Second）的英文缩写，代表处理器的运算能力。

要的主线，"天机芯"的研发过程还结合了数学、物理、电子、微电子、神经科学等很多学科的交叉研究。清华大学成立了类脑计算研究中心，由7个院系的专家和老师共同组成，精密仪器系教授施路平担任研究中心主任。

7年的不断融合与坚持，最终带来了丰硕的回报。2019年8月1日，学术期刊《自然》在封面位置刊发了"天机芯"的相关工作。这也是中国在芯片和人工智能两大领域《自然》论文的零突破，更代表了国际学术界对"天机芯"以及施路平教授团队相关工作的认可。

为了验证"天机芯"的功能，研究人员选择了一个非常有趣的场景：无人驾驶自行车。对于大多数人来说，骑自行车是件非常简单的事情，但仔细分析之后就不难发现，这里面涉及很多有趣且复杂的技术问题，比如如何保持平衡，如何避障，如何决策行进方向等，这些也是"通用人工智能"很有代表性的例子。

有了"天机芯"，研究人员造了一辆无人驾驶自行车，并且搭配了各种传感器、摄像头、

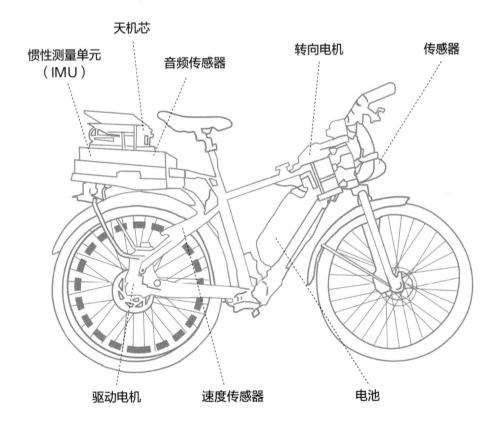

▲ 搭配了"天机芯"的自行车

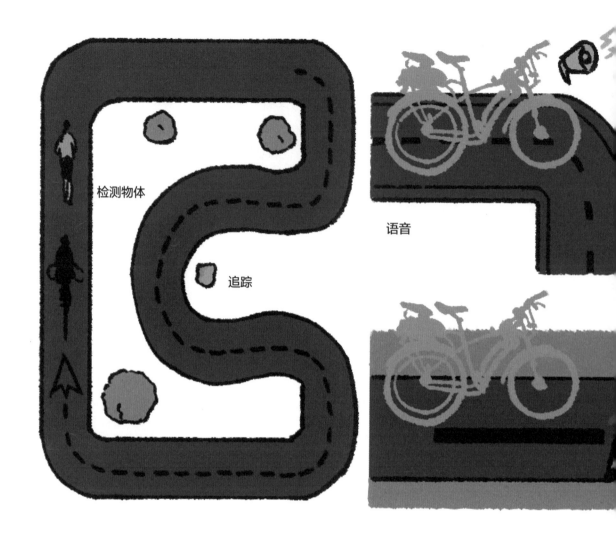

检测物体

追踪

语音

控制电机、计算单元等必要的器件，组成了一个小型类脑计算平台。它在清华大学的操场上"撒欢"的同时，还能识别和听从语音指令，保持平衡前进与转弯，以及探测和跟踪目标以实现自动避障，并且具有一定程度的自主决策能力。

《纽约时报》评论说，这可能是"最接近自主思考的无人驾驶自行车"。《麻省理工学院技术评论》称，这项工作显示了中国在芯片领域日益增长的专业能力，以及旨在优化人工智能算法的全新芯片设计方法的价值，体现了中国在提升芯片设计能力方面的重大进展。

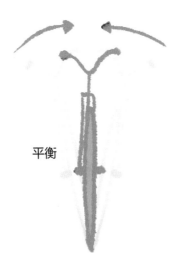

平衡

可视

◀ "天机芯"无人驾驶自行车实验示意

—— 2014 —— 2015 —— 2017 —— 2019 ——

8月

清华大学依托精密
仪器系成立了联合
了7个院系的类脑
计算研究中心

第一代"天机芯"
问世

团队研发了第二代
"天机芯"芯片

第二代"天机芯"
登上了《自然》杂
志封面

19

从航天大国到航天强国的升级之路："长征五号"系列运载火箭

2019 年 12 月 27 日 20 时 45 分，"长征五号"遥三运载火箭在中国文昌航天发射场点火升空，1800 多秒后将"实践二十号"卫星送入预定轨道，发射飞行试验取得圆满成功。

作为我国未来空间站规划、深空探测规划的唯一指定运载工具，"长征五号"的意义不言而喻。一句话，一发定全局，好戏在后头。

"长征五号"的首飞成功意味着什么？

"长征五号"，这个总质量为 800 多吨的庞然大物在 2016 年的成功发射，打开了中国航天向更高层级发展的大门。

作为新一代运载火箭的扛鼎之作，"长征五号"使用了最新研制的两款火箭发动机——推力 120 吨的 YF-100 液氧－煤油动力火箭发动机和推力 70 吨（真空）的 YF-77 液氢—液氧动力火箭发动机。体型方面，"长征五号"的芯级¹ 直径达到了 5 米，一举突破了维持了数十年的 3.35 米芯级直径，其芯级使用了两个 YF-77 发动机，可以提供 100 多吨的推力；它的助推级有 4 个，每个直径 3.35 米，使用两个 YF-100 发动机，每个助推级可以提供 240 吨左右的推力。因此整个火箭的一级有足足 10 台发动机，起飞推力逾 1000 吨，突破了以往运载火箭输送能力的天花板，实现了质的飞跃。

2022 年，中国的"天宫"空间站将初步建成，包括"天和"核心舱、"问天"和"梦天"两个实验舱，以及"巡天"共轨飞行望远镜。这些舱段每个质量都超过了 20 吨，它

1　芯级指俯视视角下，火箭最中心的火箭级。

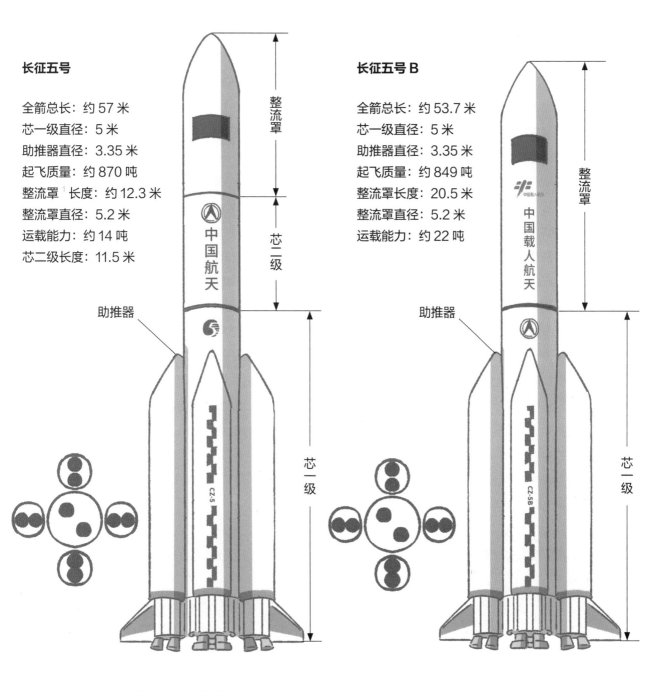

长征五号

全箭总长：约 57 米

芯一级直径：5 米

助推器直径：3.35 米

起飞质量：约 870 吨

整流罩[1] 长度：约 12.3 米

整流罩直径：5.2 米

运载能力：约 14 吨

芯二级长度：11.5 米

整流罩

芯二级

助推器

芯一级

中国航天

CZ-5

长征五号 B

全箭总长：约 53.7 米

芯一级直径：5 米

助推器直径：3.35 米

起飞质量：约 849 吨

整流罩长度：20.5 米

整流罩直径：5.2 米

运载能力：约 22 吨

整流罩

芯一级

助推器

中国载人航天

CZ-5B

▲ "长征五号"系列运载火箭

---

1 整流罩指用于降低空气阻力、保护载荷的外罩，一般位于火箭顶部。

们都需要由"长征五号"的改型——"长征五号B"发射至太空中。最终组合而成的"天宫"空间站，能够支持宇航员长达数个月乃至数年的长期驻留。这不仅能为我国的空间科学提供更多、更翔实、更宝贵的资料，也能为今后更进一步的载人航天任务打下基础。我国的空间站计划是与新型运载火箭计划相辅相成、息息相关的。

在深空探测方面，"长征五号"担负了2020年"嫦娥五号"月球探测器的发射工作。作为我国探月工程"绕、落、回"三步走——绕：进入环绕月球轨道；落：着陆于月球表面；回：从月球表面采样返回——的最后一步，"嫦娥五号"采集了月球表面的样品返回地球，由于多了"回"这一步，它需要从月球起飞，探测器也将变得更大、更重，燃料也要消耗得更多。前代的运载火箭无法满足需求，"长征五号"自然也就挑起了这份重担。

同样是2020年，我国开展了火星探测计划，而且在翌年首次实现了"绕、落、巡"同步进行的壮举，这也是由"长征五号"运载的。此役的成功，将为后续的深空探索任务（木星探测等）做出表率，木星、小行星也将迎来属于我们的"太空使者"。

在发射一些深空探测器的同时，"长征五号"也将普通的卫星发射至地球同步转移轨道，特别是发射新一代运行于地球同步轨道的超大型卫星平台——"东方红五号"，后者将填补我国大型卫星平台型谱的空白。

"长征五号"在其2016年的首秀中也搭载了"远征二号"上面级[1]。它可以将"东方红五号"卫星平台直接送上地球同步轨道，而不需要卫星消耗自身的燃料，这会大大延长卫星的使用寿命。

在将来，"长征五号"还有机会实现地球同步轨道"一箭双星"的发射，这对于我国未来的商业卫星发展，也是大有裨益的。

"长征五号"的成功首射，是新时代的开始。可以预见，在未来，各种以新一代运载火箭为载体的新装备、新产品也将不断涌现，帮助我们实现从"航天大国"到"航天强国"的升级。

停顿900多天后，继续向前

时间回到2017年7月2日，"长征五号"在进行第二次试验飞行时发生故障，导致"远征二号"/"实践十八号"组合体未能进入预定轨道，任务失利，星箭陨落至马里亚纳海

---

[1]　上面级是多级火箭的第一级以上的部分，通常为第二级或第三级。

沟附近的深海中。

在发射失败之后一年，经过审慎的调查，事故报告出炉，认定是芯一级主发动机YF-77的涡轮排气装置在复杂力热条件下发生漏气的现象，导致推力严重不足。

涡轮泵作为火箭发动机的核心组件之一，它的功能是将燃料加压送入燃烧室，类似于人类的心脏推动血液循环。核心发动机的核心组件出现问题，让中国航天人不得不慎之又慎，他们需要对其进行彻底而全面的改进。即便是复飞之前的几个月，在火箭发动机试车时，涡轮泵的叶片仍然出现了裂纹，设计团队不得不推翻设计，从头再来。

运载火箭院院长郝照平于 2018 年 8 月慰问"长征五号"研制团队时，也指出"长征五号遥三火箭一发定全局"，若"长征五号"的复飞再出问题，不仅将影响翌年发射"长

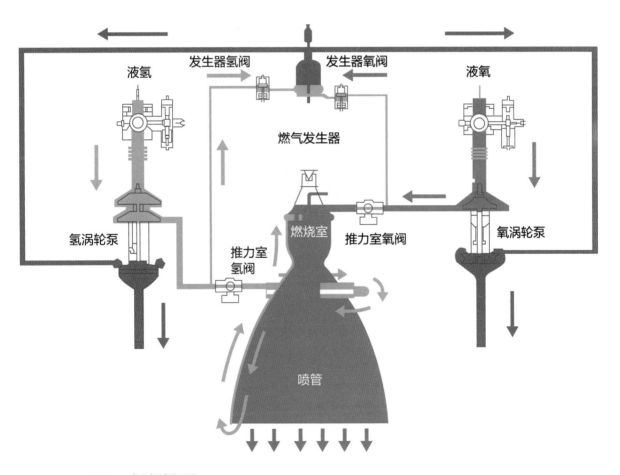

▲ YF-77 发动机系统原理

征五号 B"运载火箭的任务，还将导致后续的空间站、月面采样返回、火星探测的任务不得不面临"有弹无枪"的窘境，严重影响我国航天发展进度。

两年后，在全国人民的翘首以盼中，"长征五号"的复飞任务结束，这是圆满的成功。我国的部分航天任务在经历了 900 多天的停顿之后，继续向前迈进。

"长征五号 B"与"长征五号"相比，有哪些区别？

2020 年 5 月 5 日 18 时，中国文昌航天发射场，"长征五号 B"运载火箭点火升空，将新一代载人飞船试验船和柔性充气返回舱的组合体送入预定轨道，空间站阶段飞行任务首战告捷，拉开了我国载人航天工程"第三步"任务的序幕。

作为"长征五号"现行仅有的两款构型之一，"长征五号 B"的目标轨道为近地轨道，主要用于发射空间站的各个舱段，而"长征五号"的目标轨道为同步转移轨道，两者存在着较为明显的区别。

既然任务需求变了，那么火箭结构也会随之发生改变。"长征五号 B"去掉了"长征五号"的第二级。同时由于存在发射 17 米左右长度的空间站舱段的需求，其整流罩也进一步拉长，达到了惊人的 20.5 米，这也是我国目前尺寸最大的整流罩。

2016 —— **2017** —— **2019** —— **2020** ——

11 月 3 日

"长征五号"于海南岛中国文昌航天发射场首次发射成功

7 月 2 日

"长征五号"遥二火箭发射失败

12 月 27 日

"长征五号"遥三复飞，搭载的"东方红五号"平台"实践二十号"进入超同步转移轨道

5 月 5 日

"长征五号 B"完成首飞

"长征五号"系列火箭接下来有哪些值得我们关注的工作？

历经近 30 年的发展，自 1992 年载人航天工程启动开始至今，我们见证了"神舟"系列的辉煌，我们忘不了那一幕幕令人动容的瞬间。1999 年"神舟一号"首飞，2003 年"神舟五号"圆了国人首个飞天梦，2008 年"神舟七号"让中国人迈步太空，2012 年"神舟九号"向世人展示了我国女性的风采，2016 年"神舟十一号"刷新了中国人在太空生存的纪录，演练了在太空较为长期的生活。2020 年后，随着空间站建设的启动，"神舟十二号"在"天宫"空间站的"天和"核心舱完成了 3 人 3 个月的太空生存；而2021 年 10 月发射的"神舟十三号"将 3 人乘组的太空生存纪录增加了一倍，达到了半年。2022 年 6 月发射的"神舟十四号"乘组将在太空中协助空间站完全体的建成。我国载人航天正向长期化、常态化的目标继续迈进。

如今，"长征五号 B"型运载火箭将带着新型飞船以及空间站，开启一段全新的旅程。下一个 30 年，我们将乘着先进的飞船，在空间站中继续求索，追寻奥秘。或许再下一个30 年，我们的孩子们，将在月球的基地上讲述那持续了数千年的飞天梦。

虽然生活总是充满挑战，让我们肩头时不时压上重担，但我们依旧需要抬头看看天空，因为那是属于我们的未来。如果能给这艘飞船起个名字，我希望是——曙光。

大事记

2020

7 月 23 日

"长征五号"遥四运载火箭携中国第二次火星探测任务"天问一号"探测器发射升空

11 月 24 日

"长征五号"遥五运载火箭成功发射探月工程"嫦娥五号"探测器，顺利将探测器送入预定轨道

2021

4 月 29 日

"长征五号 B"成功将"天宫"空间站的首个舱段"天和"核心舱送入轨道

20 五星红旗点亮星空：中国空间站

2021 年 4 月 29 日中午，"长征五号 B"遥二运载火箭经历了 8 分多钟的飞行，成功托举"天和"核心舱进入预定轨道，我国空间站建设的大幕正徐徐拉开。

"天和"核心舱重达 22.5 吨，刷新了 2020 年 5 月由我国新型载人飞船创下的 21.6 吨的最大质量载荷的纪录，它的容积达到了 50 立方米，也是我国目前发射的尺寸最大的载荷，还是我国迄今为止功能最多的载人航天器。

中国为什么要建自己的空间站？

战略层面上，随着人类航天事业的不断发展，我们探索太空的范围将越来越广，而随着太空飞行距离的延长，人类在太空生活的时间也将越来越长，会产生很多新的课题。例如人类长期暴露在微重力、低剂量电磁辐射的太空外环境和狭小的航天器内环境中，其生理、心理上会有什么变化，如何去调节？太空环境中的航天器部件是否会发生损坏，相关的应急预案如何演练？太空长期生存所需的物资如何保障，如何通过物质循环减少物资输送成本，循环系统如何在太空中长期稳定运行？这些问题都需要真正地让人在太空中长期生活才能够解答。而研究这些课题最为合适的条件就是近地轨道，一方面人类可以比较方便地实现太空生活，另一方面物资的输送也较为便利，即便发生了事故也能快速返回。

科学层面上，空间站独特的空间环境，特别是微重力环境能够带来独特的物理现象。例如在地球重力环境下，由于受到重力影响，单晶形态较难形成；而在失重条件下，晶体的生长是各向同性的，因此单晶较易形成，而且单晶的各项性能往往相当优良，这就为太空制造业等提供了便利的条件；我们也可以利用太空作为测试平台，基于空间站内的实验机柜开展太空环境下的物理、化学、生物实验，基于空间站的舱外暴露平台开展零件测试、太空育种等活动，不仅可以进一步拓展我们对太空环境的认识，也可以进一步优化航天器设计，减少故障率等。

此外，医学层面上，他国的宇航员与我国的航天员的生理指标、文化背景存在一定的差异，因此他们在轨生活的一些经验不能完全照搬至我们身上。我们建设了自己的空间站，就可以获得一手的健康数据，更好地制订航天员在轨工作和生活方案。

"天和"核心舱的哪些技术是中国第一的？

"天和"核心舱是我国迄今为止发射的最大质量的单体空间载荷。

"天和"核心舱首次应用了柔性太阳翼作为主要能量来源。与"神舟"和"天舟"的硬质太阳能板不同，柔性太阳翼在保证发电功率的同时，极大地减少了质量，单位质量的发电效率更高。

"天和"核心舱首次实现我国航天员常态化太空驻留，后续实验舱的发射、"天宫"空间站组合体的建设，将让我国的载人航天事业进入一个新的阶段，我国和平利用太空的步伐进一步加快。

"天和"核心舱的长期在轨运行将让我国的载人航天事业首次进入常态化运行阶段，载人飞船和货运飞船将首次实现定期运营。

"天和"核心舱有哪些黑科技？

"天和"核心舱的节点舱也可以作为出舱活动专用的气闸舱。"和平号"则没有这样的设计，它在建站初期的出舱活动只能通过对接口实现，较为不便。随着空间站的建设，主气闸将由"问天"实验舱担当，节点舱的出舱口仍然可以作为备份出舱口使用。

"天和"位于大柱段的机械臂可以扩展航天员在舱外的活动范围，无论是舱外实验还是在轨维护都将变得十分方便；机械臂让航天员更加省事了，站在机械臂上的航天员不需要做任何动作，不必再在外太空一段扶手一段扶手地攀援。

"天和"的主要能量来自其侧面的两片太阳翼——与"和平号"的硬质太阳能帆板不同，这里的太阳翼由柔性材质制成，在不改变输出功率的前提下实现了大幅减重，收拢时的包络尺寸也更小。即便是国际空间站，换装柔性太阳翼也是这两年的事情，我们

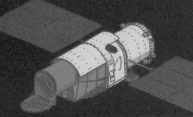

"巡天号" 太空望远镜

"天舟二号" 货运飞船

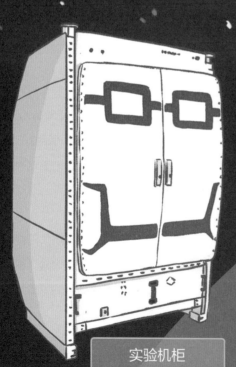

实验机柜

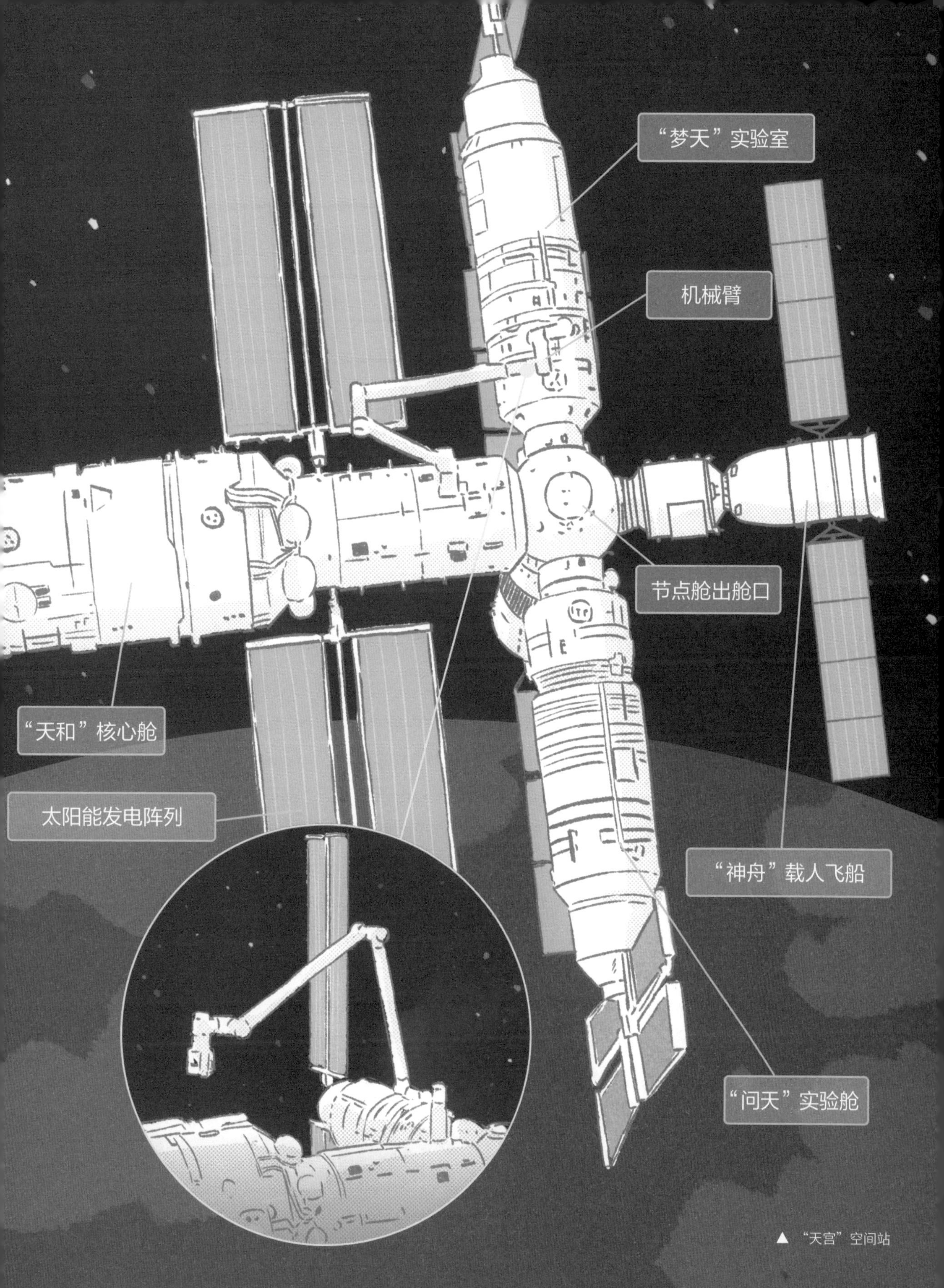

"梦天"实验室

机械臂

节点舱出舱口

"天和"核心舱

太阳能发电阵列

"神舟"载人飞船

"问天"实验舱

▲ "天宫"空间站

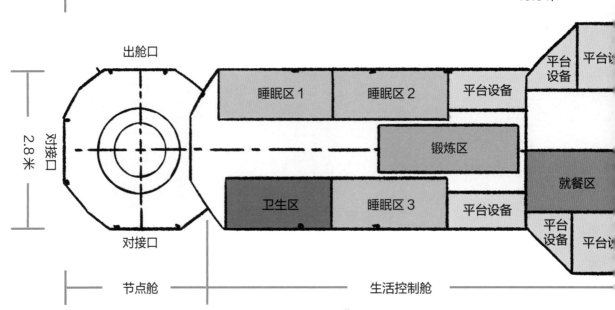

16.6 米

出舱口

对接口

2.8 米

对接口

睡眠区 1　睡眠区 2　平台设备　平台设备

锻炼区

就餐区

卫生区　睡眠区 3　平台设备

平台设备　平台设备

节点舱　　　　　生活控制舱

▲ "天和"核心舱

的空间站在设计之初就赶上了国际先进水平。

"天和"自带的动力系统能够自行维护轨道，并可以由"天舟"系列货运飞船在轨补加推进剂。"天舟一号"成功试验的在轨加注推进剂技术，终于将在数年后的今天得到应用。安装于小柱段、大柱段之间的一系列控制力矩陀螺模块，能够使空间站在运行过程中缓慢改变姿态，减少燃料消耗。"天和"核心舱还自带 4 个离子发动机，这种发动机的比冲[1]极高，仅需要很少量的燃料就能维持轨道，让核心舱能够在轨运行得更久。

"天和"模块化、标准化的舱内科学实验机柜与标准实验单元将使太空实验变得更加方便——只要遵循同一个技术标准，太空实验项目都能封装在相同尺寸、相同接口的模块中，装入科学实验机柜，这既方便了航天员的操作，也提高了科学实验机柜的使用与周转效率。航天员在外太空更换实验器材，只需要将旧的模块卸载，安装新的模块就行，即插即用，省时省力。海量的实验数据将通过"天和"核心舱自带的高增益天线不断下行至地面，方便地面的科研工作者们实时掌握空间站内科研载荷的工作状态。

1　比冲是指单位推进剂的量所产生的冲量，是用于衡量火箭发动机效率的重要物理参数。

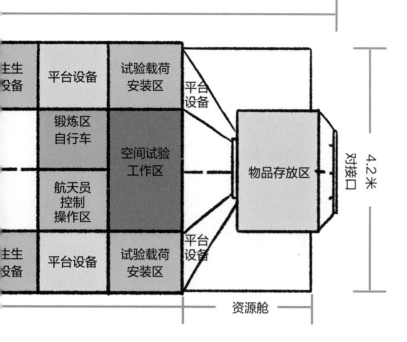

			平台 设备	
主生 设备	平台设备	试验载荷 安装区		
	锻炼区 自行车	空间试验 工作区		物品存放区
	航天员 控制 操作区			
主生 设备	平台设备	试验载荷 安装区	平台 设备	

4.2米 对接口

资源舱

▲ 中国航天员

"天和"核心舱的发射对中国有什么意义？

我们将进入载人航天常态化的新时代。空间站时代的开端——"天和"核心舱将不断迎来新的航天员乘组，他们的在轨时长从 1 个月逐渐增长到 3 个月乃至 6 个月，达到空间站任务的常规驻留时长。我们将获得更多关于空间环境对航天员长期影响的珍贵的第一手信息。

"天宫"空间站将进一步扩展，"问天""梦天"两个实验舱将先后由"长征五号 B"运载火箭发射，与"天和"核心舱对接，在两个实验舱完成对接之后，"天宫"空间站的建设期就将结束。到那时，极大扩容的科学实验机柜将让"天宫"空间站化身国家级太空实验室。科研人员也将进入太空，更高效地在轨开展研究工作。"天宫"空间站的规模甚至还有进一步扩大的可能——如果我们将第二个核心舱，第三、第四个实验舱送入太空与"天宫"对接，那么我们将得到一个重达 180 吨的大型太空复合体！

空间站在建设期结束后，"巡天"太空望远镜也将启程前往太空，聚焦于探索深邃浩渺的宇宙，为我们带来更多壮丽的宇宙奇景。由于望远镜和空间站是共轨飞行，这将大幅降低望远镜的维修难度和成本。空间站内的航天员可以定期为太空望远镜提供维护服务，让它能够工作得更久、更稳定。

随着空间站建设的稳步推进，中国人将重回太空，利用太空为人类和平做出新的贡献。或许到那个时候，空间站内会迎来讲着不同语言的来客。在地面，人与人之间的藩篱以国境线的形式存在着，而在太空，我们将亲如手足，共同为人类这一物种探索未知疆界、和平利用太空而不懈奋斗。

核心舱发射之日起，中国的载人航天事业已经实现了转型，中国航天员在太空中生活的时长将继续增长，也将不断地增长。

我们曾经错过了大海，但这一次，我们将不会再错过星海。

2021

大事记

4 月 29 日

"天和"核心舱发射升空

6 月 17 日

聂海胜、刘伯明、汤洪波 3 名航天员进驻"天和"核心舱，中国人首次进入自己的空间站

9 月 23 日到 24 日

"天和"核心舱的霍尔电推进子系统的四台推力器完成首次在轨点火测试，电推进系统首次工程应用于载人航天器

10 月 16 日

"神舟十三号"载人飞船与空间站组合体成功实现自主快速交会对接，航天员翟志刚、王亚平、叶光富进入"天和"核心舱，中国空间站迎来第二个飞行乘组和首位女航天员

11 月 8 日

航天员翟志刚、航天员王亚平身着我国新一代"飞天"舱外航天服，先后从"天和"核心舱节点舱成功出舱，中国首位出舱航天员翟志刚时隔 13 年后再次进行出舱活动，王亚平成为中国首位进行出舱活动的女航天员，迈出了中国女性舱外太空行走第一步

空间站总设计师
是怎样炼成的

1992 年，北京。

经过了数年的论证，在这一年的 9 月 21 日，中共中央政治局十三届常委会第 195 次会议讨论同意了中央专门委员会《关于开展我国载人飞船工程研制的请示》，正式批准实施载人航天工程，中国航天一个全新的时代开始了。

也是这一年，一位 29 岁的硕士毕业生开启了自己的航天事业。谁也没想到，这位年轻人将会在下一个 29 年间，开创一个怎样的未来。

刚入职，他便接到了第一个任务——亲手配出自己办公室的钥匙。这个奇特的规定是老领导对每一位新入职的同事的要求，小小的铁片经过锉刀的不断打磨，才能磨出钥匙的齿纹，从而打开锁。多年后，他在面对记者的镜头时，讲述了老领导的良苦用心——无论是谁，只要投身于航天事业，就必须要全身心地投入一线，踏踏实实地干好每一件事。

4 年后的 1996 年，他参与了"神舟"飞船的第一次桌面联试。

飞船的电气系统如同人的神经一般，上传下达着信号；而各个子系统就如同人的各个器官，它们不能各自为政，要融合成一个整体，才能够让飞船实现自我调控。桌面联试就是让这些子系统在一起协同工作的尝试，而这样的子系统在飞船上有 400 个。数百个日日夜夜，他一丝不苟地带领团队开展测试，让这些系统从完全不能互联，一步步实现协同运作。随后，基于桌面联试的成果，"神舟"飞船的电性船研制成功，顺利出厂。

3 年后的 1999 年 11 月 20 日，由电性船改装成的"神舟一号"首航太空，中国的飞天梦想迈进了一大步。

2001 年，酒泉。

"神舟三号"飞船已经运抵发射场，正在开展紧张的射前测试工作。一个小小的电连接器的信号突然不正常了。

一般来说，对于电连接器这种常规组件，如果它的信号在测试中发生了问题，可以通过直接更换来解决。但是，他决定立刻开展失效分析，检查所有使用了这种电连接器的部件。

检查的结果让人大吃一惊。这种电连接器在设计上就有隐患，这就意味着，即使更换了出现问题的电连接器，它仍然有可能工作不稳定。而飞船内电信号的不稳定甚至中断，就会造成船毁人亡的事故！

这样的电连接器在"神舟三号"上有 77 个，而"神舟三号"此时已然整装待发。

"坚决不能让有哪怕一丝缺陷的飞船上天！"上级决定，全体参试人员撤离发射场，飞船返厂，电连接器重新设计。由于造成了重大损失，直接责任人无一例外受到了处分。他作为"神舟三号"飞船的总体负责人，主动承担了责任，扣发当月 100% 的补贴。

"这让我们认识到，载人航天的标准不是随便说的。"若干年后，他面对记者的镜头时，记忆犹新，"如果某一个人的某一个具体工作做得不到位，就有可能引发灾难性的后果。"

2006 年，"天宫一号"空间实验室立项。他成为"天宫一号"的总设计师。作为"神舟"飞船的设计师之一，他可以将载人飞船的设计经验融入实验室中。

但是，空间实验室与载人飞船存在显著的差异。空间实验室不仅需要保证高可靠，还需要具有长寿命。为了保证空间实验室能够长期运行，空间实验室需要能够抵抗空间辐射、极端温度的考验。

一个显著的例子就是芯片。商用的 CPU 能够保持 GHz 级别的主频，但是在太空中，由于辐射的影响，CPU 的主频只能在 MHz 级别，而且需要做特殊的抗辐射、极端温度处理，否则轻则芯片运行失常，重则宕机乃至烧毁。在当时，这种宇航级的芯片不仅价格极其昂贵，而且其技术往往由外国芯片巨头把持。

但是，他没有因此放弃，他深知，只有运用具有自主知识产权的成果，我国的航天事业才能够规避风险，行稳致远。

这一干又是 5 年。

2011 年，臭名昭著的"沃尔夫条款"落地，美国切断了与中国在航天领域的合作。同年，"天宫一号"成功入轨，我们开启了"空间实验室"元年。

戏剧性的是，"天宫一号"发射成功之后，我们收到了不同国家的合作请求，唯独少了美国。

"我们的设计思想是独立自主、创新引领、体系保障、规模适度。"被问及如何避开"卡脖子"问题时，他淡淡地说，"最重要的是体系保障，靠我们的体制和制度优势，靠航天的体系优势。"

2021 年 4 月 29 日 11 时 23 分，海南文昌。

"长征五号 B"运载火箭的 10 台发动机一齐发出怒吼，它托举着 22 吨重的空间站进入了预定轨道，我国的"空间站时代"来临了。

它高度完备的生命保障系统足以支持航天员长期驻留，它高度先进的科学机柜系统足以支持科学实验长期开展，它高度集成的空间站组件系统足以支持空间站长期运行。

29 年前进入航天系统的年轻人此时已然成为空间站系统总设计师，回望这半辈子的航天生涯，他动情地说："大到一个国家，小到一个行业，一个企业，一个个人，只有有了实力，才有话语权。"

这位与我国载人航天事业一起成长的航天人，他的名字叫杨宏。风雨兼程三十载，天宫梦想今朝成。他就是我国载人航天事业的缩影，他的故事值得我们每一个人铭记。

21

收官"探月三步走"："嫦娥五号"探测器

    2020 年 12 月 17 日，"嫦娥五号"探测器为我们带回月球的第一抔土，同时完成"探月三期"的"回"的任务。自 2004 年起至此，探月工程"三步走"战略的"绕、落、回"阶段任务已然实现。此次任务也是迄今为止我国最复杂的无人航天任务，首次实现了人类在月球轨道的无人交会对接，实现了多项技术突破。

月球的珍贵土壤怎样被带回地球？

    要想将一部分月壤样本带回地球，我们首先需要一枚能够从月球表面起飞的火箭（上升器）。离开月球之后，我们会有两个选择：在月球轨道上停泊一会儿，或者直接返回地球。

    直接返回地球这个选择非常简单直接，苏联 3 次月球表面采样任务便是这样开展的。不过人类目前还不能在月球表面建立火箭发射场，因此这枚上升器还是得从地球出发。这就意味着上升器还需要携带返回地球所需的全套物资，相应地就需要更多的燃料，最终会导致探测器整体起飞质量大幅增加，能够获取的月壤质量就比较少了。苏联开展的 3 次月球样本获取任务，总共就收集了 300 多克月壤，性价比并不是很高。因此，我们的上升器为了多装月壤，只能轻装上阵，将一些多余的物资存放在月球轨道上，返回的时候来取就可以了。

    既然在月球轨道上有一个等待返回的载具，那么势必需要一个轨道器待命，为火箭提供返回地球的动力。轨道器是不具备再入设计的，因此还需要一个再入器，来抵抗火箭以接近第二宇宙速度[1]再入地球时产生的高温。对接完毕之后，上升器需要转移与交接

---

1 第二宇宙速度指能够逃逸地球，一去不回的速度，为 11.2 km/s。

样品，随后被抛弃以减少返回时的负载。最后，我们还需要把上升器从月球轨道上送下去，也就有了着陆器的设计。

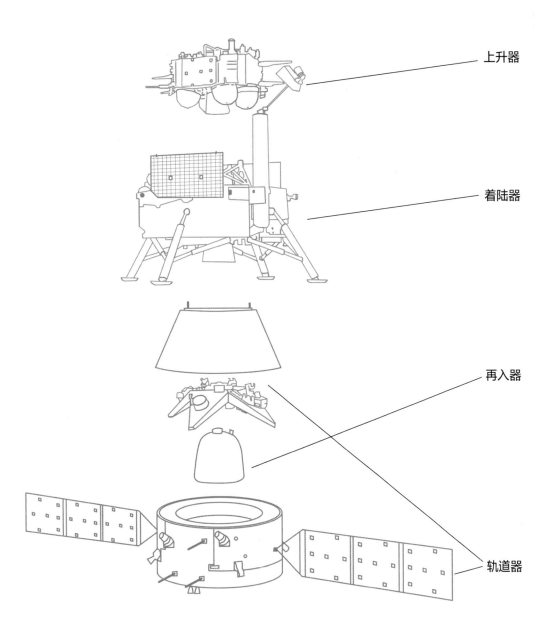

上升器

着陆器

再入器

轨道器

▲ "嫦娥"家族全家福

▲ "嫦娥五号"探测器

累计在轨运行 388 天

获取 1731 克月球样品
及 131.5 GB 科学探测数据

所以，相比于前面"嫦娥一号"到"嫦娥四号"的月球探测器，"嫦娥五号"的结构复杂得多，足足有4个主要部件——上升器、着陆器、再入器和轨道器。

这次探月飞行都有哪些难点？

"嫦娥五号"此次的飞行包括两次发射、两次着陆、两次封装和一次交会对接。整个任务的复杂度大大增加。

首先是发射，分为地面发射与月面发射两个任务。地面发射任务的难点主要在"长征五号"运载火箭本身，肩负重任的"胖五"不负众望，非常顺利地将"嫦娥五号"送入了目标轨道。

不同于地面发射场完备的保障体系，月面发射存在诸多不可控的因素，最突出的一点就是落月位置。着陆器的落月范围是存在误差的，而这点误差就会带来发射地点的经纬度、高程乃至坡度的变化。"嫦娥五号"必须能够精确地知道自己身处何方、状态如何，从而为上升数据的注入提供依据。

同时，由于下端就是着陆器，上升器在点火的瞬间会产生较强的燃气冲击，上升器发动机底端特别设计了一个导流锥，以让燃气均匀向周围散逸，避免高温燃气的反冲令上升器主发动机工作不正常。由于上升器携带的月壤样本十分珍贵，为了进一步增加系统可靠性，研究人员还设计了应急措施——一旦上升器在飞行阶段，主发动机失效，上升器自带的姿态控制发动机也可以作为紧急动力系统，最大限度挽救任务。

其次是着陆，分为月面着陆与地面着陆两个任务。月面着陆已经有"嫦娥三号""嫦娥四号"成功的经验，对于"嫦娥五号"而言并不是太大的问题。唯一需要注意的就是它携带了上升器，因此其质心较高，容易失去稳定。但因为"嫦娥五号"的着陆地点在月球风暴洋的吕姆克山附近，那里地势整体比较平缓，只要下降器借助着陆相机在悬停避障期间避开陨石坑即可。

真正的挑战来自地面着陆。由于月球与地球的距离遥远，在离开月球返回地球的路上，"嫦娥五号"再入器的速度会不断上升，当进入地球大气层时，会以第二宇宙速度左右的高速再入——超过每秒10千米。高速运动的返回器与地球的大气层相互作用，不断挤压再入器前端的空气，使其受压加热，形成激波，此时再入器周围的温度将达到数千摄氏度。

为了防止再入器因为温度过高而再入失败，一般有两种方案：第一种是增加热盾厚度，直接抵抗再入时产生的高温；第二种是调整再入角度，当第一次返回地球大气层时，在大气层中短暂飞行减少一定的速度后，离开大气层，随后二次进入地球大气层，此时再入器的速度较低，返回的温度也不高，其实就是变相延长再入时间。第一种方案的优点是简单，再入路径短，落区误差小，但缺点是热盾将变得极其沉重；第二种方案的优缺点则正好相反。套用生活的经验，就是第一种方法相当于一脚刹车踩到底，需要更强大的刹车片（更强大的热防护）；而第二种方法就是两次点刹，需要司机具有更好的技术（更精准的控制）。

a 再入器分离准备，返回调姿
b 再入分离，轨道器监视分离过程
c 轨道器规避
d 再入器滑行
e 建立初次再入姿态
f 初次再入大气层
g 开始初次再入升力控制
h 跳出大气层，停止升力控制，
　转惯性姿态飞行

i 建立二次再入姿态
j 二次再入大气层
k 开始二次再入升力控制
l 升力控制结束
m 回收着陆系统开始工作，弹伞舱盖
n 再入器乘主伞下降
o 再入器着陆

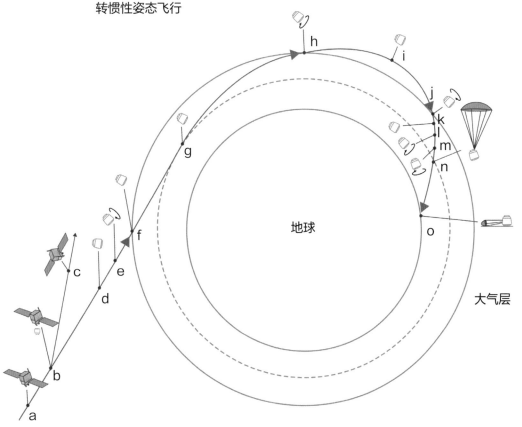

▲ 再入器二次再入示意

我国选择的是第二种方法。由于再入角度特殊，"嫦娥五号"的再入器甚至会在大气层密度变化的部分发生跳跃，跳出大气层，随后二次再入。这一俗称"太空打水漂"的方案进一步增大了落点控制的难度。

第三是封装，分为月面封装与月轨封装两个不同的任务。"嫦娥五号"的机械臂在采集月壤样本之后，将其第一次封装，把装有月壤的容器送入上升器中，防止其在离开月球的过程中出现损耗。第二次封装则是将上升器的月壤转移到再入器中，再入器的顶盖密封，来保护月壤样品不受再入时恶劣环境的影响。

封装工作的难点在于它是完全无人操作的——以往的再入器，要么不打开封装盖（如返回式生物卫星、无人飞船），要么是有人飞船，航天员能够进行细致的检查（如"阿波罗"载人登月任务）。要想全自动地实现月壤"采集—封装—转移—再封装"，难度可想而知。

第四就是月球轨道对接。在地球轨道上有充足的地面站与人造卫星资源提供精准的测距、定位、导航服务；在月球轨道附近，这些服务资源将大大减少，需要更多地让探测器自主实现。

除了以上难点之外，探测器的部件多导致连接件数量多，由此引发的强度达标与否、探测器之间的即时通信能否实现、采样机械臂在月球特殊环境下是否可靠等，都是此次任务需要一一予以验证与解决的问题。

嫦娥五号采回的"土特产"可以用做什么研究？

此次"嫦娥五号"带回的吕姆克山的月壤被认为是"年轻"的月壤，即月球演化较为晚期的月壤，以往美国基于"阿波罗"载人登月任务、苏联基于"月球（Luna）"任务取得的月壤普遍比较古老，难以用样本来直接回答一些问题：月球的岩浆活动究竟持续到了何年？月球的撞击坑定年法能否进一步精确化？月球表面"年轻"的月壤组成与其他地区的有何异同？这些问题都将在"嫦娥五号"带来的月壤样本上一一解答。

"嫦娥五号"的月壤量大，达到 1.7 千克，这将为国内的行星科学研究带来极大的便利，促进我国独立自主开展行星科学研究。相信我们能够利用自己带来的月壤，从资源原位利用、行星地质演化、宇宙生物学等层面获得具有自主知识产权的新认识、新发现。

"嫦娥五号"任务刷新了中国航天的多个"首次"，包括人类首次实现地外天体轨道无人交会对接，人类首次获得月球演化晚期样本，我国首次获取地外天体表面样本并成功返回等。同时"嫦娥五号"的任务具有承上启下的作用。其月球轨道无人交会对接技术是全人类第一次在地外天体轨道附近开展的，它的成功实现将为我国后续的火星采样返回乃至载人登月提供重要的技术支撑。

大事记

2004

探月工程正式立项

2007

10 月 24 日

"嫦娥一号"发射升空，实现了中国首次绕月飞行

2010

10 月 1 日

"嫦娥二号"发射成功

2013

12 月 2 日

"嫦娥三号"发射升空，并顺利在月球正面虹湾地区实现软着陆；12 月 15 日，中国首辆月球车"玉兔号"驶抵月球表面，进行月球表面勘测

2018

12 月 4 日

"嫦娥四号"成功发射；2019 年 1 月 3 日，"玉兔二号"探索月球背面

11 月 24 日

"嫦娥五号"发射升空

2020

12 月 17 日

"嫦娥五号"携带月球样品，成功返回

22

火星首次留下中国印记：
"天问一号"与"祝融号"

2021年5月15日7时18分，"天问一号"的着陆器系统熬过了进入火星大气层的恶劣条件，挺过了"死亡9分钟"之后，稳稳地落在了火星表面。8天后，"祝融号"火星车缓缓驶离着陆器，踏上这片陌生的红色土地。这意味着，我国成为继美国之后第二个实现火星表面释放火星车的国家，也成为世界上第一个成功一次性实现火星表面"绕、落、巡"三重任务的国家。

探测器从地球发射到火星的具体过程是什么？有什么难点？

"天问一号"从地球飞往火星，大约需要200余天。从地球到火星，它会面对三道难关。

第一关：安然抵达火星。"天问一号"是我国第二个进入环太阳轨道的深空探测器（第一个是"嫦娥二号"），直飞火星，要想让它能安然被火星捕获，需要克服两个难题。

一是捕获难题。火星的质量比较小，其引力捕获范围也比较小，要想让"天问一号"被火星捕获，就需要极其精确的轨道才能实现。"长征五号"依靠过硬的素质，已经将"天问一号"送入了预定的轨道，但"天问一号"想要安全抵达目的地，还需要不断调整，修正偏差，就像司机在路上开车需要不断关注路况一样。

二是通信难题。"嫦娥"系列任务的距离为38万千米，而火星与地球的距离在5000万千米到4亿千米不等，两者有数百倍的差距。如此深远的距离导致探测器天线发出的信号将变得十分微弱，因此需要在地面构建深空探测网络（Deep Space Network, DSN）。我国的DSN已经初步建成，而且证明了自己的能力。

第二关：进入环火星轨道。"天问一号"被火星捕获之后，还需要进行一次点火，以进入环火星轨道，否则就会被火星的引力甩出去，成为茫茫太空中的一叶孤舟。此阶段的难点主要在于指令注入和器件寿命的问题。

在进入环火轨道的阶段，地球与火星的通信延迟大约为十几分钟，这就意味着我们无法即时操作，只能预先注入指令来控制探测器。不过这个问题对于一个已经发射了数百颗人造卫星的国家而言不是难事，这与日常发射任务的控制原理是一样的。

随着人类技术的不断提升，器件寿命的问题也将随着新材料的应用和航天器测试体系的完备得到解决。至少21世纪以来，凡是能够进入火星轨道的探测器，它们都在预定轨道上运行得好好的，其中甚至有"火星奥德赛号"这种2001年升空、服役至今已达20年的"老兵"。

第三关："死亡9分钟"。 在进入火星轨道之后，"天问一号"需要花几个月的时间对火星表面进行测绘。等我们获取合适的落区图像之后，"天问一号"的着陆器将与轨道器分离，进入下降阶段。

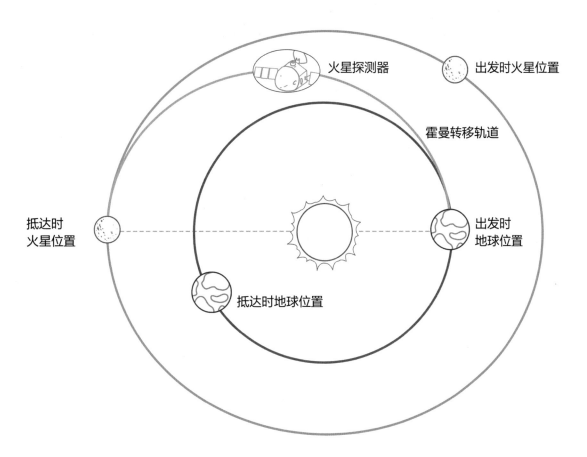

▲ 火星探测霍曼转移轨道示意

火星车定向天线

正十一烷集热器

火星气象测量仪

前避障鱼眼相机

▲ "祝融号"火星车

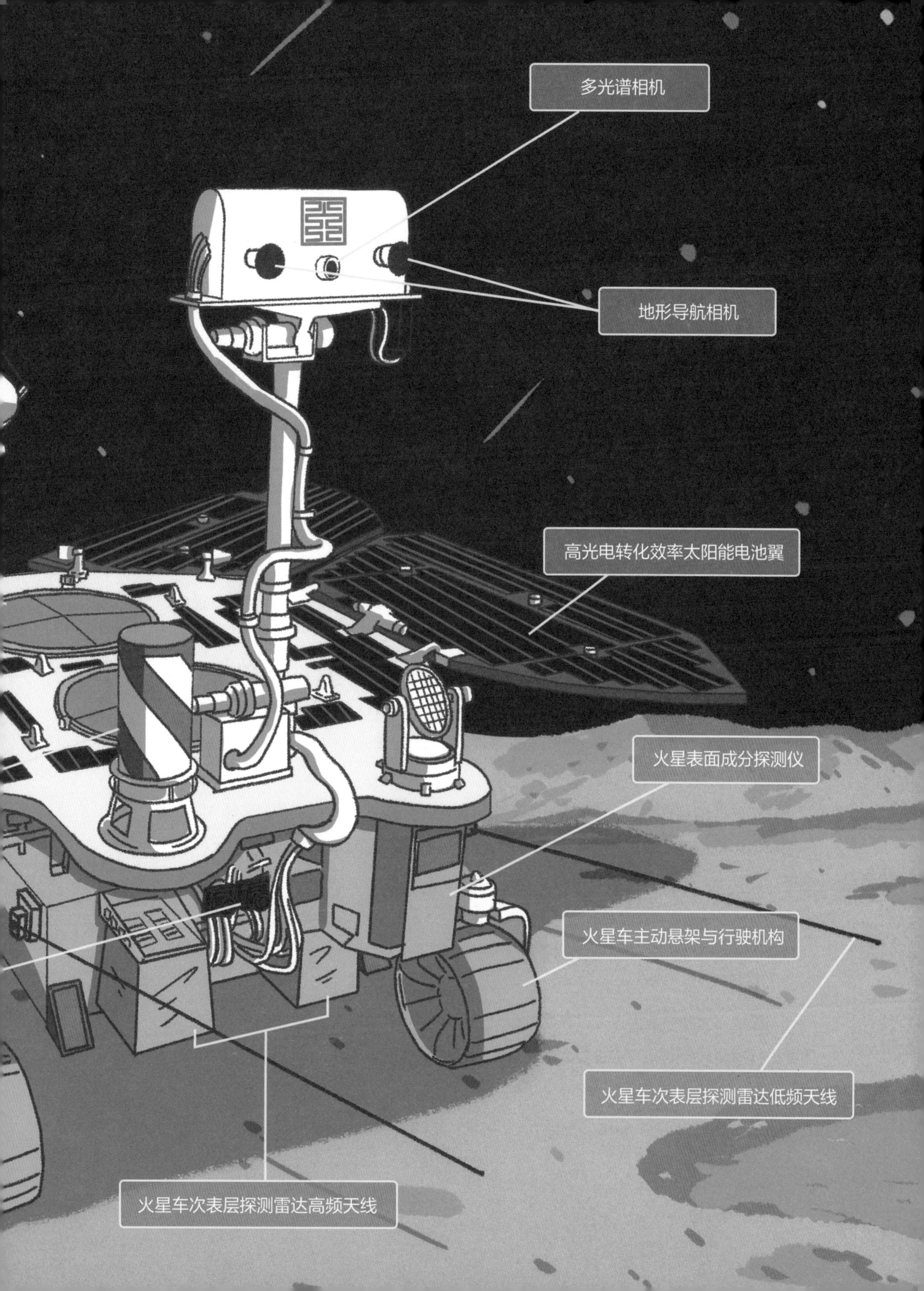

多光谱相机

地形导航相机

高光电转化效率太阳能电池翼

火星表面成分探测仪

火星车主动悬架与行驶机构

火星车次表层探测雷达低频天线

火星车次表层探测雷达高频天线

下降阶段的时长从几分钟到数小时不等，美国人喜欢称之为"死亡7分钟"，这是由于他们的着陆器大部分跳过了进入环火轨道步骤，直接以非常高的速度进入火星大气层。而"天问一号"采用从火星的大椭圆轨道¹ 进入大气层的方案，速度较为缓慢，在火星大气层中的飞行时间会比7分钟长一些，算是"死亡9分钟"。不过因为它进入火星大气层的速度相对较低，无论是对探测器的应变能力还是对着陆器的温度控制要求都相对宽松，技术难度要略低一些。

我国一次性实现"绕、落、巡"的设置面临哪些挑战？

全世界在此前15次火星着陆任务中，成功完成软着陆任务的有12次，但真正能实现有效数据传输的仅有8次，且这8位"幸运儿"都是美国研制的探测器。"天问一号"想要打破"美国魔咒"，一次性实现"落、巡"两步，同样需要克服几个难点。

一是自主着陆问题。探测器着陆在火星需要开降落伞，抛隔热大底，分离着陆器与降落伞，并且在规避降落伞之后才能启动反冲发动机，步骤不可谓不烦琐。且地火通信延迟高，人工无法干预，一切都只能靠探测器自主进行，稍有差池便万劫不复。这些因素一起形成了下降段任务的最大难点。

二是着陆器元器件可靠性问题。着陆过程中各个步骤产生的震动、火星独特的环境将令元器件失效的可能性大大增加。例如降落伞打不开或者没有完全打开，从而导致无法控制下降速度；着陆有关传感器在恶劣条件下回报错误的数据，导致误判等。这些核心问题关乎任务能否顺利完成。

好在这些难点在地面上都一一进行了演示验证，特别是我们在2019年11月进行的模拟火星重力的着陆器动力下降实验，向全世界展示了我国在登陆火星上的充足准备。

"天问一号"都带了什么东西？有哪些用途？

一般地，火星被认为过去存在水，但是现在没有非常直接的大量水存在的证据，就需要进行探测。探测的方法主要为次表层雷达，利用地下水（或水冰）和土壤对雷达回

1　火星的大椭圆轨道指近火星点和远火星点高度差异特别大，绕火星一圈耗时特别长的轨道。

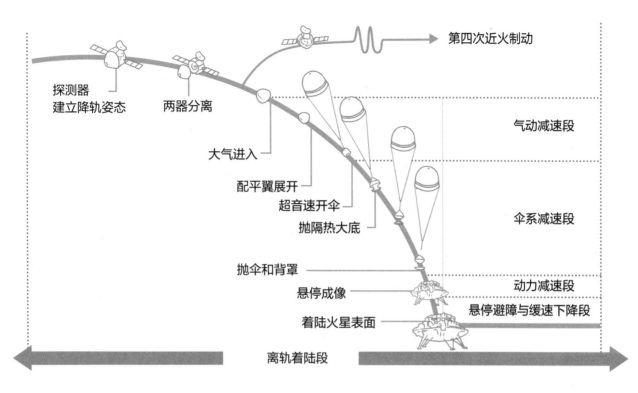

第四次近火制动

探测器
建立降轨姿态

两器分离

气动减速段

大气进入

配平翼展开

超音速开伞

抛隔热大底

伞系减速段

抛伞和背罩

悬停成像

动力减速段

着陆火星表面

悬停避障与缓速下降段

离轨着陆段

▲ "祝融号"离轨着陆

波的反射率差异，间接探测水的存在。同样地，不同土壤类型的雷达回波也存在一定差异，因此也可以用次表层雷达来对土壤的类型和结构进行探测。

火星表面的元素分布也并不均一，激发出的特征光谱也不一样，那么利用矿物光谱分析仪、表面成分探测仪和多光谱相机，同样可以得到火星表面的矿物分布情况。

火星空间环境同样具有研究意义。尽管火星大气层非常稀薄，但仍然具有大气层的组成特性，例如火星大气也具有电离层，由太阳风与火星大气相互作用产生。而火星的大气组分与地球存在显著差异，那么来自太阳的粒子流（即太阳风）究竟如何与火星大气作用，则是一个非常值得研究的课题，因此需要携带的离子与中性粒子分析仪、能量粒子分析仪、甚低频射电接收设备便能够全面对此展开分析，让我们充分认识到火星周边空间环境；不仅是静态的空间环境研究，随着太阳活动和火星运行位置的变化，火星空间环境也将在时间上呈现动态的变化。这些研究都有助于我们进一步认识火星。

火星的地面环境尽管恶劣，但是由于火星存在大气层，因此与火星周边的空间环境仍然存在较为显著的不同。火星地表磁场十分微弱但并不是没有，不存在全球性的磁场却存在区域性的磁场，研究火星磁场有助于我们间接认识火星的内部结构，因此需要磁强计和磁场探测仪；火星的大气层虽然稀薄但仍然能够产生风，而且随着季节的变化，火星的大气稳定度也会产生变化，有时甚至能掀起全球性的风暴，这些风暴扬起沙尘则可以形成全球沙尘暴，因此需要风速计测定风速，以便认识火星的大气活动。

当然，获知火星表面的地形地貌也是必不可少的，这些都需要利用各种相机来进行观测，例如高分辨率相机需要对局部地形进行详细测绘（特别是着陆区附近）；中分辨率相机则可以对火星开展全球测绘，获得火星全球地形图，为后续一系列探测器任务提供参考。

"祝融号"火星车有哪些创新设计？

有备而来的中国航天人为"祝融号"使用了相当多的创新设计，能够支撑它突破设计寿命限制，实现在火星表面长期探索的目标。

"祝融号"有4片电池板——侧端两片，尾端两片，而吨位相似的美国"勇气号""机遇号"火星车只有3片电池板。"祝融号"的电池板呈蝴蝶形，这样独特的设计让它不仅能爬过较大的斜坡而不被电池板卡住，还能让太阳能板的面积更大，从而获得更加丰沛的电力供应。

"祝融号"的太阳能板的表面结构也很特殊：它的表面有一层微结构膜。这层膜的微观结构与莲叶表面的结构类似，能够令火星的沙尘与太阳能电池板表面之间存在一层空气，从而极大地减小火星尘埃与电池板表面的摩擦力，大大降低火星沙尘附着的可能性。

"祝融号"火星车还能自己清洁太阳能板。以往为了可靠性，火星着陆器太阳能板采用的都是简单的一次性展开结构，展开了就无法收回，太阳能板的清洁基本上只能等风吹。而"祝融号"侧端的两个太阳能板是可以收回的，它具备电机，只需把太阳能板竖起来，沙尘便能依靠火星的重力自由滑落，从而极大提升火星车在火星表面生存的能力。侧端的太阳翼在日常的工作中还可以随时调整角度，以最大限度接受太阳光照射，提高产电效率。

我们从"祝融号"火星车的车身上可以看到两个圆形的薄膜，薄膜之下，就是它的"温室"，不过里面放的并不是植物种子，而是一种相变保温材料。

火星的昼夜温差可以达到几十摄氏度，这对火星车的各种器件提出极大的考验。美国的火星车基本采用气凝胶被动隔热加同位素电池主动产热的组合。这个组合的问题在于，电池不间断放热，当环境温度较高时，会导致火星车温度过高。同时，同位素电池对火星着陆系统的可靠性要求很高，一旦失败就会污染火星表面环境。

而"祝融号"火星车在使用气凝胶隔热的基础上，还使用了相变保温材料。在白天，"祝融号"的保温材料熔化吸收热量，在夜间则凝固释放热量。这样的特殊性质让"祝融号"能够在剧烈变化的外界环境温度下，仍然能够保持体温的相对恒定，让自身携带的各个组件能够更稳定、更长久地工作，而且还不会造成火星表面核污染。

"祝融号"火星车是中国探测火星的使者，小小的火星车背后是无数个中国航天人的艰苦攻关，是无数个新技术的自主研发，是无数个零部件的测试实验。这辆承载了全国人民期望的火星车轻轻展开了 4 片太阳能板，化蝶后的它轻盈地沿着着陆器导轨驶向火星这片土地，并留下了一道浅浅的车辙。车辙上镌刻着的，是中国航天的印记。

2020

2021

大事记

7 月 23 日

"天问一号"在海南文昌航天发射场由"长征五号"运载火箭成功发射并顺利进入地火转移轨道

2 月 10 日

"天问一号"顺利实施近火制动，成功进入环火轨道，成为中国第一颗人造火星卫星

5 月 15 日

"天问一号"着陆器携带"祝融号"火星车成功着陆于火星乌托邦平原南部预选着陆区，中国成为第二个完全成功着陆火星的国家

6 月 11 日

国家航天局公布了由"祝融号"火星车拍摄的首批科学影像图，标志着中国首次火星探测任务取得圆满成功

12 月 1 日

国家航天局与欧洲航天局共同宣布中国的"祝融号"火星车与欧洲航天局的"火星快车号"轨道器进行了在轨中继通信试验并取得圆满成功

23

勇往直"潜"：
"蛟龙号"载人潜水器

"蛟龙号"载人潜水器是一艘由中国自行设计、自主集成研制的载人潜水器，设计最大下潜深度为 7000 米级，是国家高技术研究发展计划中的一个重大研究专项。

2010 年 5 月至 7 月，"蛟龙号"载人潜水器在中国南海中进行了多次下潜任务，最大下潜深度达到了 3759 米。2009 年至 2012 年，它接连取得 1000 米级、3000 米级、5000 米级和 7000 米级海试成功。2012 年 6 月，它在马里亚纳海沟创造了下潜 7062 米的中国载人深潜纪录，也是世界同类作业型潜水器最大下潜深度纪录。

"蛟龙号"可在占世界海洋面积 99.8% 的广阔海域中使用，对于我国开发利用深海的资源有着重要的意义。

"蛟龙号"载人潜水器的成功研制有什么意义？

"蛟龙号"载人潜水器立项之初，我国曾研制过的最深潜水器的下潜深度只有 600 米，从 600 米到 7000 米，是一个巨大的技术跨越。"蛟龙号"诞生的使命是推动中国深海运载技术发展，为中国大洋国际海底资源调查和科学研究提供重要高技术装备，同时为中国深海勘探、海底作业研发共性技术。2002 年，中国科技部将深海载人潜水器的研制列为国家高技术研究发展计划（863 计划）重大专项，"蛟龙号"载人深潜器的自行设计、自主集成研制工作正式启动。

至于"蛟龙号"名字的来源，也是一件趣事。在中国传统文化中，"龙"是海洋中的王者，研发人员给潜水器"蛟龙号"取这个名字，正寄托着让它成为海洋中王者的希望。其实在一开始的时候，"蛟龙号"本打算叫"海极号"，后者意味着达到深海的极限，但是考虑到潜水器的下潜深度只达到 7000 米，并没有达到深海的极限，所以才重新改名字。

"蛟龙号"载人潜水器的成功研发，意味着我国成为世界上第五个掌握大深度载人深潜技术的国家，在此之前，世界上只有美国、日本、法国、俄罗斯四个国家拥有载人深潜器，其中日本的深潜器最大工作深度最大，为 6500 米。在全球载人潜水器中，"蛟龙号"属于第一梯队的成员。

"蛟龙号"能完成哪些工作？

　　"蛟龙号"载人潜水器可以将科学家和工程技术人员送入深海，在海山、洋脊、盆地和热液喷口等复杂海底地貌处进行机动、悬停、正确就位和定点坐坡，具备深海探矿、海底高精度地形测量、可疑物探测与捕获、深海生物考察等功能。

　　"蛟龙号"可以在深海开展对多金属结核资源的勘察，对小区域地形地貌的精细测量，定点获取结核样品、原位海水样品、沉积物样品、生物样品等科研活动；也可通过录像、照相对洋底矿产资源分布情况等进行评价等，可以对多金属硫化物热液喷口[1]进行温度测量，采集热液喷口周围的水样，并能保真储存热液水样等；对钴结壳资源的勘察，利用潜钻进行钻芯取样作业，测量钴结壳矿床的覆盖率和厚度等；可执行水下设备定点布放、海底电缆和管道的检测，完成其他深海考察及打捞等各种复杂作业；可以有效地执行海洋地质、海洋地球物理、海洋地球化学、海洋地球环境和海洋生物等方面的科学考察活动。

从"蛟龙号"到"深海勇士号"再到"奋斗者号"，中国载人深潜经历了怎样的发展过程？

　　"蛟龙号"载人潜水器是一艘由中国自行设计、自主集成研制的载人潜水器，整体的国产化率为 58.6%，这意味着已经没有任何"卡脖子"的进口部件或设备会影响到中国"蛟龙号"载人潜水器在今后的应用了。

▲ "蛟龙号"采集的富钴结壳样品

1　热液喷口指一种海底间歇喷泉（相对高温）。

水声通信系统

照明摄像

观测窗

机械手

采样篮

▲ "蛟龙号"载人潜水器

超短基线定位声纳

载人耐压舱 *

钛合金载人舱壁

导航通信系统

稳定翼

生命支持系统

压载铁

* 载人潜水器耐压舱的操作空间十分狭小，远没有此处所示的大。

为了论证使用国产核心部件是否可以造出一艘性能良好的载人潜水器这一问题，在"十二五"期间，由中国船舶重工集团第702研究所牵头、国内94家单位共同参与研发的"深海勇士号"横空出世了，它在"蛟龙号"研制与应用的基础上，进一步提升我国载人深潜核心技术及关键部件的自主创新能力。

　　国产化率达到95%的"深海勇士号"载人潜水器，是我国大深度载人深潜技术和装备制造取得突破性进展的标志。"深海勇士号"载人潜水器在研制过程中突破了包括钛合金载人舱、超高压海水泵、低噪声推进器、液压源、充油锂电池、浮力材料、控制与声学等关键技术，真正实现了载人潜水器核心部件的全国产化。

　　2016年，"奋斗者号"万米级全海深载人潜水器正式立项，由"蛟龙号"和"深海勇士号"载人潜水器的研发力量为主的科研团队承担此任务。团队使用了我国自主生产的载人舱、浮力材料、锂电池、推进器、海水泵、机械手、声学通信、液压泵、水下定位、航行控制、成像声呐等关键设备和核心技术。这是在海洋装备方面的又一标志性成果，我国的全海深作业能力得到了大幅提升。

▼ "蛟龙号"载人潜水器及其保障母船"向阳红09号"

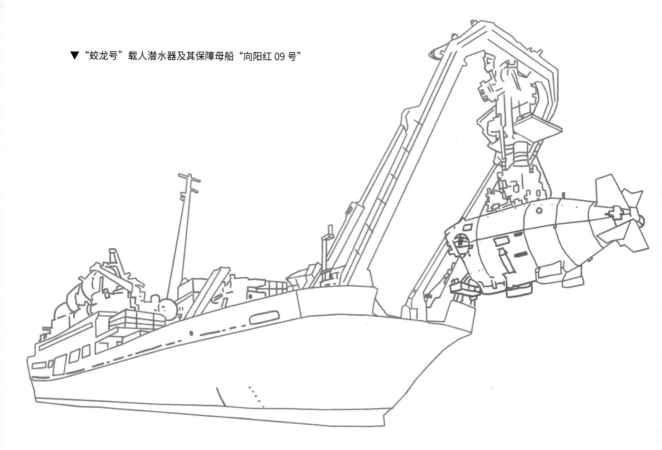

"奋斗者号"全海深载人潜水器融合了"蛟龙号"及"深海勇士号"两台深潜装备的综合技术优势,采用了安全稳定、动力强劲的能源系统,拥有更加先进的控制系统、定位系统以及更具耐压性的载人球舱和浮力材料。无论从材料、控制、技术哪个角度来讲,对比之前的两代载人潜水器,"奋斗者号"都得到了大大的升级。

　　简而言之,经过"蛟龙号"设计研发时期艰苦卓绝的技术攻关,我国载人潜水器技术开始逐步走向成熟,为后来的"深海勇士号"和"奋斗者号"的国产化、创新性等探索了道路,奠定了坚实的基础。

大事记

1986

当时最先进的救援型载人潜水器 7103 救生艇研制成功

2010

7 月

中国第一台自主设计和集成研制的载人潜水器"蛟龙号"下潜深度达到了 3759 米,中国成为继美、法、俄、日之后,世界上第五个掌握 3500 米大深度载人深潜技术的国家

2012

6 月 27 日

"蛟龙号"完成终极挑战,最终纪录是 7062 米

2016

6 月 11 日

我国第二代载人潜水器"深海勇士"号尚未下水,万米级载人潜水器开始同步研制

2020

11 月 10 日

"奋斗者号"载人潜水器在马里亚纳海沟成功坐底,坐底深度达 10909 米

24

深潜地球"第四极"：
"奋斗者号"全海深载人潜水器

2020 年 11 月 10 日 8 时 12 分，我国自主设计制造的"奋斗者号"全海深载人潜水器在西太平洋马里亚纳海沟成功坐底，坐底深度达 10909 米，刷新了之前在 10 月 27 日创造的中国载人深潜纪录。在随后的一个月里，"奋斗者号"又几次下潜万米深度。队员们克服台风、多雨、高温、高海况等困难，进行了多项验收试验，还开展了与深海视频着陆器"沧海号"的联合作业，在海试过程中获取了一批珍贵的沉积物、岩石和海底生物样品。

"奋斗者号"与其他的潜水器有什么不同？

潜水器是一种具有水下观察和作业能力的活动深潜装置。历史上第一台潜水器是在 1535 年由意大利人古列尔莫·德洛雷纳（Guglielmo de Lorena）发明制造的木质球形潜水器，人们更习惯称呼它为"潜水钟"。虽然这种古老的潜水器是无动力的，但是它对后来潜水器的研制产生了巨大影响。

第一个真正有实用价值的潜水器是英国科学家艾德蒙·哈雷（Edmond Halley，即哈雷彗星的发现者）于 1691 年发明的。他设计的潜水钟是在一个圆锥形空木桶的外部包铅，使其能垂直下沉，潜水钟上装有玻璃窗，空气是由挂在潜水钟下方的箍铅贮气木桶补充的。贮气木桶内储存经过压缩的空气，空气可通过连接管输入潜水钟内。哈雷说，他与同事使用这种潜水钟潜至水下 18 米深，并停留了 1.5 小时。

后来，英国工程师约翰·斯米顿（John Smeaton）又对此进行改良，他用水面的气泵供应空气。1788 年，他使用这种潜水钟建造了英国肯特郡拉姆斯盖特港的水下石墩。至今，这种潜水钟仍然用于港湾建设及海滩救助。

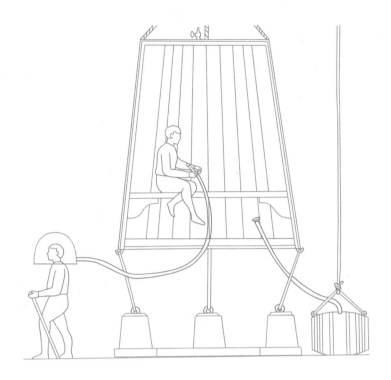

▲ 哈雷设计的潜水钟原理示意

　　这些潜水器都没有动力，它们必须由管子和绳索与水面上的母船保持联系。第二次世界大战结束以后，大量的军用技术转为民用，就出现了各种以科学考察为目的的深潜设备。深潜技术发展至今，已经形成了一套现代化的水下移动科考平台观测体系。用于科考的潜水器也逐步转变成了在水下通过自主或者人为控制的方式，进行水下数据和样品采集的高度自动化的智能机器。

"奋斗者号" 为什么叫全海深载人潜水器？

　　现代水下科考设备主要有以下几类：① 水下自主式无人潜水器（Autonomous Underwater Vehicle，AUV）；② 无人水下遥控潜水器（Remotely Operated Vehicle，ROV）；③ 有缆遥控潜水器和无缆自治潜水器的结合体（Hybrid Remotely Operated Vehicle，HROV）；④ 载人潜水器（Human Occupied Vehicle，

"奋斗者号"全海深载人潜水器

HOV）；⑤ 水下滑翔器（Glider）。

简而言之，潜水器的分类主要依据两点：有缆与无缆，有人与无人。"奋斗者号"属于载人潜水器的一种。这种潜水器最大的特点就是人随着潜水器一起下潜，科学家进入海底深处，利用视觉感官长时间连续、直接地观测海底地质、生物等目标物；可以"边观察、边操作"，灵活自如地执行海底科考和作业任务。

全海深就是指所有海深，如位于西太平洋的马里亚纳海沟是已知的海洋最深处，深约 11000 米，被称为"地球第四极"，这个深度相当于珠穆朗玛峰顶上再叠一座西岳华山。除了"奋斗者号"，目前只有两艘潜水器抵达过万米深的马里亚纳海沟——1960 年美国的"的里雅斯特号"，以及 2012 年加拿大导演詹姆斯·卡梅隆（James Cameron）曾经乘坐的"深海挑战者号"。

此次"奋斗者号"成功坐底，是人类历史上第三次有载人潜水器抵达马里亚纳海沟，也意味着我国自主设计、集成的潜水器有了可以抵达海洋中任何深度的能力，标志着我国在大深度载人深潜领域达到世界领先水平。

"奋斗者号"投入常规科考以后对海洋科学的研究具有什么意义？

海洋不仅是生命的摇篮，更是资源的宝库以及全球气候调节器。海洋产生了地球约 1/2 的氧气、1/2 的净初级生产力[1] 以及 2/3 的生态服务价值。从无机小分子到有机大分子，从单细胞到多细胞，从海洋到陆地，生命的基因和非生命的记录里都铭刻着海洋的信息。发展海洋技术对海洋科学的意义十分重大。

海洋科考的历史最早可以追溯至 1872 年英国"挑战者号"科学考察船的探险征程。当时，"挑战者号"上配置了一间分析海水水样的实验室和一部挖样品的挖泥机。

在第二次世界大战之后，科考用途的深海潜水艇出现，使海洋科考取得了长足的发展，极大地促进了海洋科学乃至地球科学的进步。

20 世纪 60 年代早期，美国科学家哈里·赫斯（Harry Hess）发现了海底平顶山等一系列海洋科考发现，促使板块构造理论创建，发展了魏格纳（Wegener）大陆漂移假说，引发了地球科学的一场革命。板块构造对地球科学的重要性相当于进化论对生命科学的重要性。板块构造假说的提出，海洋科考功不可没。

1　净初级生产力指植物除了自身呼吸损耗的碳之外，单位时间内通过光合作用所吸收的碳。

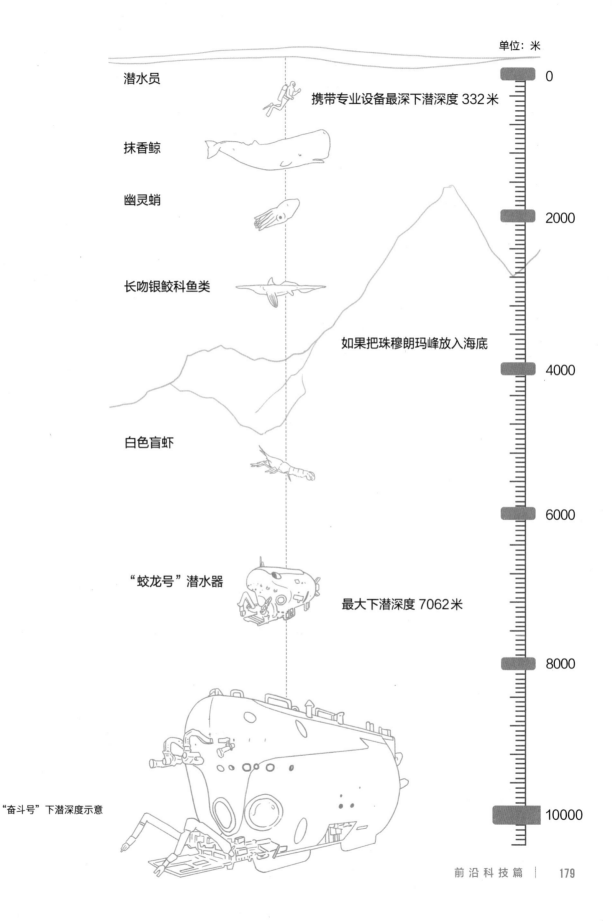

单位：米

潜水员

携带专业设备最深下潜深度 332 米

抹香鲸

幽灵蛸

长吻银鲛科鱼类

如果把珠穆朗玛峰放入海底

白色盲虾

"蛟龙号"潜水器

最大下潜深度 7062 米

▶ "奋斗号"下潜深度示意

0

2000

4000

6000

8000

10000

然而直到今天，地球上仍有一些深海区域是人类难以研究甚至难以抵达的。这些深度极大的海域位于大洋板块向大陆板块俯冲的地区，海水深度可达 6000 ~ 11000 米。科学家们称这些代表着地球上最深处的海洋区域为"海斗深渊"。"海斗深渊"的命名源自希腊神话中的冥神哈迪斯（Hades），形容"海斗深渊"如不见天日的"冥界"一般。

世界上水深 6000 米以上的深渊共有 37 个，其中大西洋 5 个、印度洋 4 个、太平洋 28 个。其生物、环境和地质现象都与陆地或较浅的海洋环境大为不同，如静水压力极高、日照不足、食物缺乏、地形特殊和构造活动强烈等。也正是这些"海斗深渊"里独有的自然现象，正吸引着各国科学家纷纷加入深渊研究的队伍中。

近十年来，随着深海工程技术的进步，深渊科学已成为国际地球科学，尤其是海洋科学最新的研究前沿。已有多个国家启动了针对"海斗深渊"的科学研究计划，如日本和英国资助的超深渊环境与教育（HADal Environmental and Education Program，HADEEP）计划、美国国家科学基金会支持的超深渊生态系统研究（HADal Ecosystem Study，HADES）计划等，都正在紧锣密鼓地实施之中。

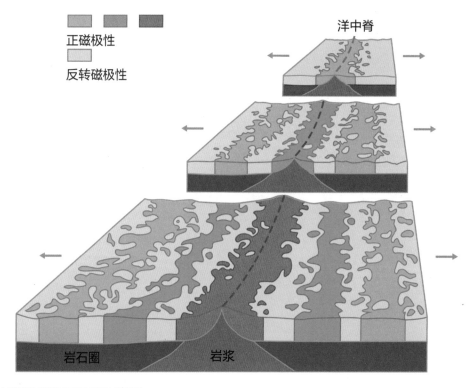

▲海洋科考发现了海底磁异常条带

长期以来，科学界对"海斗深渊"生命、环境和地质过程的了解都十分有限。在我国"蛟龙号"深海潜水器之前，仅有几个先驱国家，如美国、日本、英国、新西兰等，对部分"海斗深渊"进行了零星的科考工作。

"奋斗者号"不但可以抵达万米深渊，而且具有强大的作业能力，可以搭载高达240千克的作业工具及样品。同时，潜水器两侧配备有机械手，科学家可以借助其进行海底原位实验，也可以将采集的深渊样品带回陆地实验室。

我国的"奋斗者号"全海深载人潜水器已经通过海试，投入常规科考应用中。在经历了数个航次后，潜航员与科学家们成功带回了万米深渊的沉积物、生物、水样及岩石等科研样品。

科学家们观测发现，万米深渊之中存在数量惊人的钩虾、海参及多毛类生物。据推测，万米深渊中还有可能生活着海葵以及水母。

深海是人类至今了解最少的区域之一。我国自主设计、集成的"奋斗者号"全海深载人潜水器的成功无疑为中国乃至全人类对深海区域的探索增添了一股强劲的动力。

大事记

2016

"奋斗者号"立项，由"蛟龙号""深海勇士号"载人潜水器的研发力量为主的科研团队承担

2020

6月28日

"奋斗者号"载人潜水器抵达三亚，汇同"深海勇士号"与船舶进行适配工作，达到融为一体的联合作业能力

11月10日

中国"奋斗者号"载人潜水器在马里亚纳海沟成功坐底，坐底深度10909米，创造了中国载人深潜的新纪录

2021

7月18日

"奋斗者号"全海深载人潜水器的研制项目成功收官，并顺利通过综合绩效评价

10月8日

2021年10月8日，"奋斗者号"载人潜水器完成首次常规科考应用航次，顺利返航。从8月11日至10月8日，"探索一号"搭载"奋斗者号"载人潜水器，赴西太平洋海域执行深渊科考任务，历时59天，开展了"奋斗者号"载人潜水器首次常规科考应用，并进行了深海仪器装备的万米海试

25 国际首创先进制造装备：智能铸锻铣短流程绿色复合制造机床

2021 年 7 月，全新一代智能铸锻铣短流程绿色复合制造机床（TY4000L）建成投运，在低成本、高效率成形高性能大型复杂零件关键技术与工艺上取得重大突破。该设备属于颠覆性创新与领跑国际的先进制造技术，被国家商务部、科技部列为限制出口技术，是"中国制造 2025"的标志性成果。

金属微铸锻铣复合智能制造技术是以电弧、激光、等离子束等高能束为热源，基于计算机控制执行设备，按照空间预设轨迹逐点逐层熔积成形，此为微铸；用设置在熔枪后方的微型轧机对正在凝固的介于液态和固态之间的微区进行塑性成形，此为微锻，最后利用铣削机构获取零件精确的几何轮廓和表面质量。

中国为什么需要微铸锻铣复合智能制造技术及其同步超短流程制造装备？

数控机床和基础制造装备是装备制造业的"工作母机"，是打造高端制造业核心竞争力的关键。由于高档数控装备关系到基础制造产业与国家战略安全，欧美国家和日本一直对中国实行关键设备出口限制和监督使用，并且越发严格。高强韧、高可靠锻件的高品质、短流程、绿色制造技术是各强国可持续发展的战略制高点。

与传统的铣削加工相比，增材制造是一种基于零件 CAD（计算机辅助设计）模型切片分层，采用材料逐层累加的方法，直接将数字化模型制造为实体零件的一种新型制造技术，具有短流程、柔性化、数字化等突出特点。目前采用自由熔积金属增材制造技术成形的零件通常不需要或仅需少量的加工，实现了近净形可制造复杂结构零件，但是其性能难及传统锻件，因此自由熔积增材制造技术必须通过锻压工艺来获得优良的金属组织和机械性能。

面对大型高端零件制造的"卡脖子"难题，现有制造技术的主要问题有成形尺寸小，表面精度不高或效率低，成形过程控制难度大，残余应力大易变性，难以满足服役条件对金属零部件力学性能的要求等。面对这一难题，张海鸥教授发明的微铸锻铣复合金属超短流程制造技术，同时研制的世界首台最大锻件微铸锻铣同步超短流程制造装备，开创功能复合单机制造大型复杂锻件的新模式，同步铸造、锻造、铣削成形，合三为一，利用一台设备实现从原材料通过增等减材加工到最终零件成形，突破传统锻件组织均匀性与常规增材制造疲劳性能不足。该关键技术成功应用示范于航空航天、海工、核能、高铁、先进武器等高端制造领域，不仅可以突破西方技术遏制与封锁，更有可能开辟机械制造史上前所未有的绿色制造新时代。助力中国从制造大国向制造强国转变，实现高端制造业的绿色智能化转型升级，对国之重器的自主创新意义重大。

为什么说微铸锻铣复合智能制造技术是国际首创？

100 多年来，世界机械制造业一直采用铸造—锻造—焊接—热处理—铣削多工序分步加工模式，需要大型锻机长流程制造，耗能巨大。随着对高端装备轻量、可靠性需求不断增强，核心零部件正向大型整体化和均匀高强韧化方向发展。然而，一些大型复杂零件受限于大型锻机可锻面积和零件复杂的结构，无法整体锻造，只能分块锻造后拼焊，流程更长，可靠性降低。同时，铸坯结晶凝固过程受温度梯度和材料流动的影响通常导致其原始晶粒不均，传统铸坯锻造难得到整体均匀等轴细晶。因此，传统工艺制造流程已无法缩短，制件强韧性提升已达到极限。目前，新兴的增材制造技术被广泛应用于大型复杂零件的短流程制造，但普通的增材制造技术有铸无锻，疲劳性能不及锻件。

微铸锻铣复合智能制造技术是一种多能量场复合控形控质协同制造技术，攻克了传统制造工艺中流程长且产品性能不均、常规增材制造工艺中产品性能不及锻件的世界性难题。微铸锻铣复合智能制造技术是指在常规增材制造过程中通过同步小压力连续微锻，实现增材成形过程同步进行组织性能提升，提高零件强度和韧性，并且穿插进行铣削减材加工或热处理，实现了微铸锻铣增等减材一体化短流程制造。根据该技术原理，突破了"铸锻同步、控形控性、缺陷监测、自主修复"等难题，融合增材制造、半固态快锻、柔性机器人三项重大技术，主要涉及机械科学、材料科学、控制科学及力学等基础学科，将金属增材－等材－减材制造合三为一，可用一台设备制造锻件级零件，

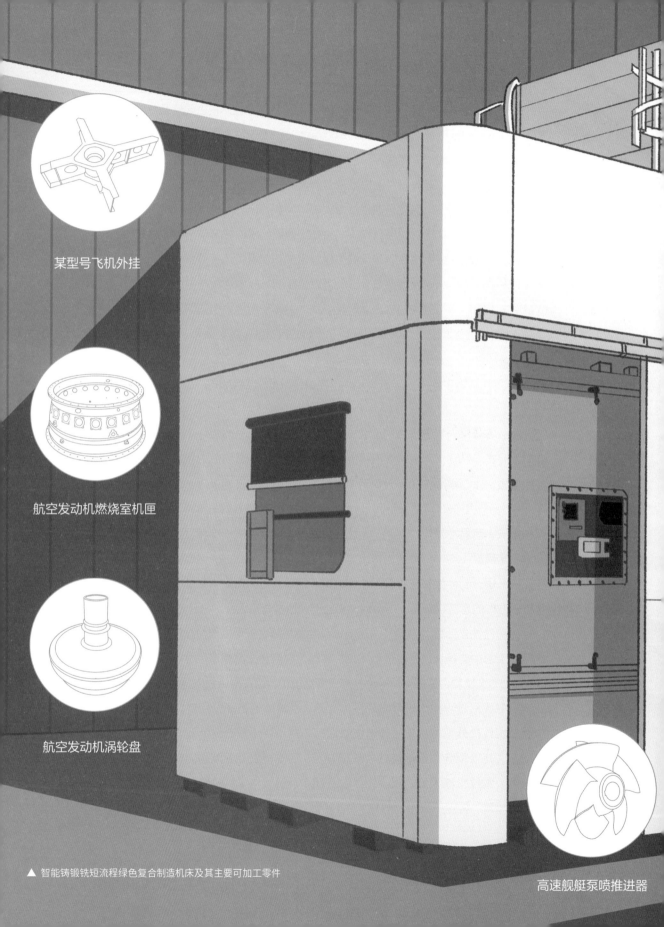

某型号飞机外挂

航空发动机燃烧室机匣

航空发动机涡轮盘

▲ 智能铸锻铣短流程绿色复合制造机床及其主要可加工零件

高速舰艇泵喷推进器

复杂深层打击战斗部薄壁壳体   航空发动机油泵壳体

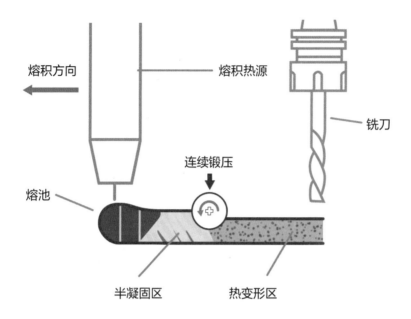

熔积方向

熔积热源

铣刀

连续锻压

熔池

半凝固区

热变形区

▲ 微铸锻铣复合智能制造技术示意

无须重型装备与巨型模具及二十多次反复加热与成形加工。发明并创建世界首台微铸锻铣复合制造国际最大尺寸锻件（面积 16 平方米）装备，节能 80%，成形效率为国外顶级水平的 3 倍，并实现了用单台设备紧凑柔性超短流程制造大型复杂锻件的重大原始创新与产业化。

金属微铸锻铣复合智能制造技术在国内外取得了什么成就？

该技术及装备获得国内外发明专利授权 50 余项（含美国、欧洲和日本等 10 余项），登记软件著作权 12 项，被列入多项国家标准。成形零件性能获权威机构测试认证和用户充分肯定，其中国际三维打印权威白皮书《沃勒斯报告》（Wohlers Report）评价"发明了新颖的铸锻铣复合增材制造技术"；国际电弧成形先驱克兰菲尔德大学评价"原位轧制改善微观组织性能、形貌、应力、变形"；应用单位认为"制造周期仅为传统方式的 1/3，性能超过锻件"；成果鉴定"整体技术居国际领先水平"；原航空航天部部长、我国首台 12000 吨水压机首席专家林宗棠评价本项技术"科技重器，智能熔锻"。

该技术及装备除荣获湖北省技术发明一等奖、日内瓦国际发明展特别奖和金奖、英国发明展双金奖、湖北省专利金奖、增材制造全球创新大赛冠军奖、中国发明协会创业创新一等奖等，还被列入 GB/T 35351—2017、GB/T 35021—2018 等多项国家标准，衍生装备通过国家科技重大专项高档数控机床与基础制造装备（04 专项）验收，荣登"2020 年机床行业和金属加工行业十大要闻"榜单，2020 年被国家商务部、科技部列为通用设备制造业限制出口技术（编号 183506X）。

大事记

2010

10 月

张海鸥教授提出金属微铸锻铣复合智能制造技术，在三维打印中同步复合锻打技术，成功应用一台设备短流程轻载荷绿色制造出锻件

2016

9 月

双侧龙门复合增材制造装备建成系统设备基于在线视觉检测、焊道跟踪、弧长检测、恒压力控制和无损检测技术，建立成形过程的形貌与质量闭环控制系统

2017

1 月

飞机挂架微铸锻铣一体化增材制造装备开始研发，针对航空、航天等行业对大型钛合金结构件的一体化增材制造需求

2021

7 月

全新一代智能铸锻铣短流程绿色复合制造机床（TY4000L）建成投运，该装备集成国产数控机床主机、数控系统、功能部件及万向微铸锻系统，具有完全自主知识产权，是武汉天昱核心技术——"金属增材'微铸锻'技术"产业化应用的第四代大型全刚性惰性气氛保护快速制造装备

26

推动天空开发和宇宙探索：
JF-22 超高速风洞

2021 年 8 月 22 日，中央电视台新闻频道《朝闻天下》节目中，首次公开披露了中国科学院力学研究所关于中国高超声速激波风洞（简称"中国风洞"）的建设情况，对著名的复现高超声速飞行条件激波风洞（以下简称"JF-12 复现风洞"）和正在建设的国家重大科研仪器研制项目——正向爆轰驱动超高速高焓激波风洞（以下简称"JF-22 超高速风洞"）进行了详细介绍。中国正在建设的这个高超声速风洞预计在 2022 年建成并投入使用，届时将成为全世界最先进的高超声速飞行器地面测试设施。

什么是风洞？

一百多年前，飞行器的研发主要依赖于飞行试验，研发人员采用的设计理论和飞行技术需要通过实际的飞行试验才能验证其可行性和可靠性。风洞技术的出现，实现了飞行器设计理论和关键技术的地面验证，加速了先进飞行器的研发。

根据空气动力学原理，如果要模拟飞机真实的速度飞行状态，就必须在地面上设计一种专门的科学实验装置，产生如实际飞行中同样速度的风，吹过静止的飞机模型。由于风洞尺度有限，飞机模型不能做得太大。但是，在一定的实验气流条件下，飞行器缩比模型在风洞里所受的力和飞行器在空中飞行所受的力存在着一定的相似规律。这就是风洞实验依据的基本原理。

一般来讲，风洞越大，吹的"风"就越粗，就可以试验更大的飞机模型，获得更精确的数据；风洞越强，吹的"风"就越快，能够研发更快的飞行器。所以如何吹又粗又快的大"风"，是风洞技术追求的目标。对于低速风洞，一般采用电机驱动轴流风机产生"风"；对于高速风洞，一般采用高压气罐存储由压气机提供的高压气体，在实验时通过阀门和喷管将其放出，产生"吹风"效果；对于更高速的风洞，科学家采用激波直接压缩实验气体，然后迅速实现"吹风"。

激波是一种高速传播的超强声波，传播速度可以远远大于声速。爆炸和闪电都可以产生激波，而人们听到的强烈爆音就是激波产生的一种增压效果。激波过后，气体的压力和温度都显著提高，原子弹爆炸产生的强激波能够产生上千摄氏度高温和几十个标准大气压力。这就是激波风洞设计和运行的理论基础。

什么是复现风洞？

要获得可靠的风洞实验数据，风洞实验模拟必须满足几个相似准则。雷诺数就是风洞模拟实验遵循的主要相似准则之一。直观地说，应用同一种流体进行模拟实验，那么模型缩小 n 倍，流场速度就要增大 n 倍，从而保证模型特征尺度和流场速度的乘积不变，即雷诺数相等。

但是，当飞行速度超过 5 倍以上声速时，就达到了高超声速。飞行器研发会遇到两种前所未有的情况。一是飞行器周围的空气被激波和摩擦加热，达到了能够诱导空气热化学反应的程度；二是高超声速飞行器的一体化设计使得发动机成为飞行器不可分割的一部分，发动机燃烧也成了风洞实验必须模拟的内容。高超声速飞行条件有 3 个要素：飞行速度、飞行高度的静压和静温。所以，复现风洞必须确保实验流场的速度等于飞行速度，经过同样的压缩过程，从而实现与飞行器周围近似的气流温度和压力，才能准确再现化学反应进程。能够完成复现实际高超声速飞行条件三要素的风洞就称为复现风洞。

JF-12 复现风洞 2008 年立项建设，2012 年建成运行。实验研究的对象是高超声速飞机，飞行马赫数为 5 ~ 9，作为客机可以实现两个小时的全球到达。飞行试验极其昂贵，一次就需要上千万元的经费，试验周期常以年计。而 JF-12 复现风洞的一次试验费用不超过 10 万元，准备时间只需一天。复现风洞理论和技术解决了困扰高超声速地面试验 60 年的难题，实现了风洞实验状态从"流动模拟"到"飞行条件复现"的跨越。中国风洞首次引领了国际先进风洞技术的发展。

JF-22 超高速风洞的理论创新点与核心技术有哪些？

JF-22 超高速风洞于 2017 年立项，2018 年启动，2022 年建成运行。作为国家自

JF-12 复现风洞

总长 265 米

试验段直径达 3.5 米

可复现 5 ~ 9 倍声速的飞行条件

实验时间超过 100 毫秒

JF-22 超高速风洞

试验段直径 4 米

运行马赫数 8 ~ 25

时速最高达 10 千米 / 秒

相当于约 30 倍声速的飞行条件

▲ JF-22 超高速风洞

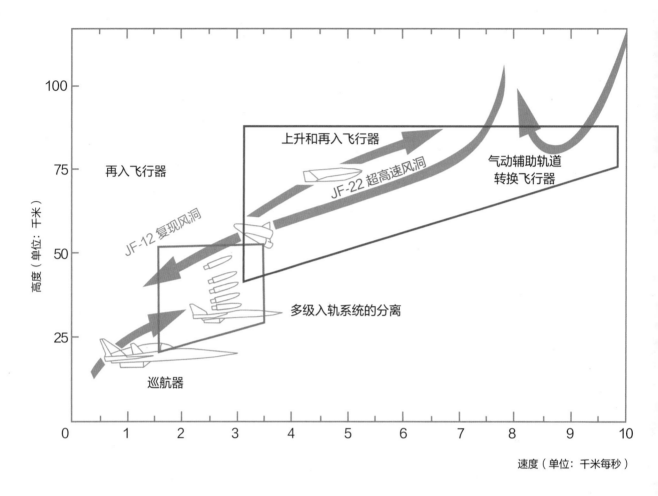

▲ 典型高超飞行器的高度 - 速度图，JF-12 与 JF-22 的研究对象

然科学基金委员会主导的国家重大科研仪器项目，以支撑吸气式、可重复使用、跨大气层、多级入轨飞行器的实验研究为目标，主要研究由空气分子解离和原子电离主导的高超声速流动。跨大气层飞行器的飞行马赫数为 5 ~ 25，实验气流的总温高达 10000 开尔文，复现难度极高。吸气式、多级入轨、可重复使用的能力可以大大降低将来的空间探索和空间利用的运输成本。

JF-22 超高速风洞采用了三大核心技术。第一个是正向爆轰驱动技术，依据激波反射型正向爆轰驱动方法，把世界上公认不可能用的脉冲激波，变为可应用的定常激波。

相比JF-12复现风洞采用的反向爆轰驱动技术，JF-22超高速风洞的驱动能力提高了10倍，能够诱导更强的入射激波，产生总温更高的实验气流。第二个是正向爆轰驱动激波膨胀加速技术，能够突破反射型激波风洞的局限性，进一步提高实验气流的速度，同时还能大大降低实验气流的静温，提高实验气流品质。第三个是爆轰驱动激波风洞运行界面匹配技术，相比一般的激波风洞，能够把实验时间提高一个量级。

JF-22超高速风洞在三个方面具有世界领先水平。第一个是试验流场尺度大。美国的国家高能激波风洞（Large Energy National Shock Tunnels, LENS）是国际上最先进的加热轻气体驱动高超声速风洞，它配备的最大喷管直径为1.5米。世界上最大的自由活塞驱动高焓激波风洞（HEIST）的喷管直径为1.2米。而我国的JF-22超高速风洞配备了3个2.5米直径的喷管，风洞输出功率达到了葛洲坝水电站的总功率，远远超过其他同类型风洞。JF-22超高速风洞能够开展全尺度模型试验，而LENS和HEIST只能做缩比模型试验。外部流动具有化学反应特征的高超声速飞行器的试验是不可缩尺的，缩比模型带来系统误差是必然的。第二个优势是试验时间长。在产生同样马赫数实验流场的情况下，JF-22超高速风洞的试验时间要比国际同类风洞长一个量级，这不仅大大扩展了JF-22的实验能力，同时也提高了试验数据的精度和可靠性。JF-22超高速风洞的第三个优势是它没有运动部件，操作安全，试验成本低廉。

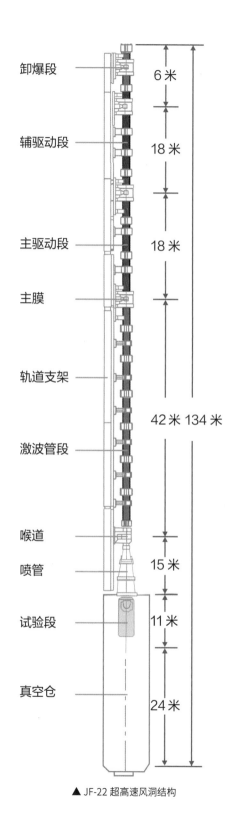

卸爆段　6米

辅驱动段　18米

主驱动段　18米

主膜

轨道支架

激波管段　42米　134米

喉道

喷管　15米

试验段　11米

真空仓　24米

▲ JF-22 超高速风洞结构

激波风洞研究团队遵循郭永怀先生发展激波管技术的指示，创立了反向爆轰驱动方法和正向爆轰驱动理论，建立了中国风洞的技术体系，走出了独立自主发展我国大型高超声速风洞的创新之路。

JF-22 超高速风洞有哪些重要应用领域？

JF-22 超高速风洞有两个重要应用领域——高超声速发动机的试验研究和高超声速飞行器关键技术的研发。这实际上是吸气式可重复使用天地往返飞行器最核心的两项关键技术，即巡航级飞行器和入轨级飞行器。这种新型天地往返飞行器就像普通客机一样，可以在飞

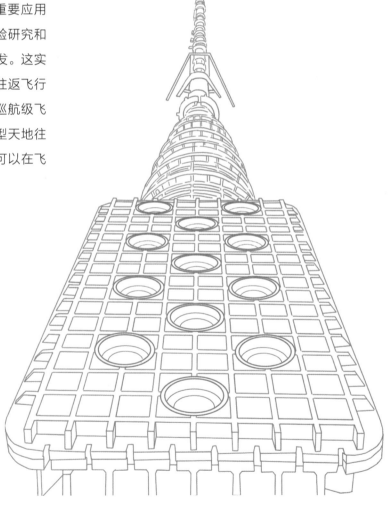

▶ JF-22 超高速风洞鸟瞰

机场起飞、降落，只需加油即可重复飞行。相对目前一次性的火箭发射技术，用这种飞行器发射卫星和航天器大大降低了费用。我国著名的"长征五号"火箭，直径 5 米，高 57 米，重 870 吨，能够运输的近地轨载荷仅仅 14 吨。目前广泛应用的火箭运载技术，95% 质量的部件是一次性的。所以，如果可重复使用天地往返飞行器研发成功，就能够削减 90% 的发射费用，这对于推动天空开发和宇宙探索具有重要意义。

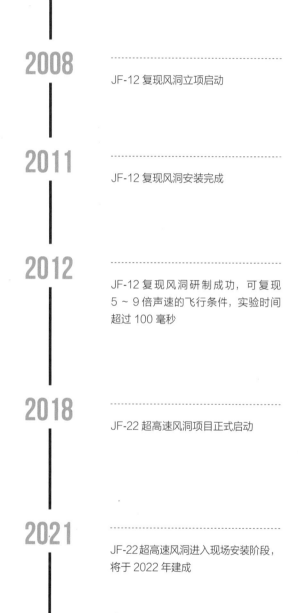

2008
JF-12 复现风洞立项启动

2011
JF-12 复现风洞安装完成

2012
JF-12 复现风洞研制成功，可复现 5 ~ 9 倍声速的飞行条件，实验时间超过 100 毫秒

2018
JF-22 超高速风洞项目正式启动

2021
JF-22 超高速风洞进入现场安装阶段，将于 2022 年建成

大事记

中国风洞的传承
与发展

　　飞得更快、更高、更远一直是人们的梦想。1965 年前后，钱学森和郭永怀两位先生提出中国科学院力学研究所要探索高超声速飞行技术，拟定了超燃冲压发动机、热防护技术、等离子体流动、物理力学等研究方向。但是，对于超燃冲压发动机研究，高超声速风洞技术成为最大的一个拦路虎。考虑到我国先进压气机技术的限制，郭永怀先生指出："大型高超声速风洞将来是不可缺少的。我国经济和技术基础还很差，难以仿效发达国家研发大型常规高超声速风洞的途径，何况常规高超声速风洞加热达到的高温受限，难以模拟超高速飞行器周围的高温绕流。""激波管能产生高温和高压气体，已产生的试验气流速度高达 15 千米每秒，这一方面的技术目前正在发展，前途是无限的。"

　　郭永怀先生根据国外高超声速风洞的研发趋势，明确了我国高超声速风洞技术的发展方向。俞鸿儒先生在郭永怀先生的指导下，一生致力于我国激波管技术的创立和发展，提出了结合卸爆技术的反向爆轰驱动方法，巧妙地把当时国际上普遍认为不好用的爆轰驱动技术变得好用了，使得我国的高焓风洞技术在国际上独树一帜。

　　2002 年，姜宗林研究员提出了激波反射型正向爆轰驱动方法，赵伟研究员完成了风洞试验验证，把国际上认为不可能用的正向爆轰驱动技术变为能用，从而奠定了 JF-22 超高速风洞的理论基础。从 2008 年到 2021 年，是中国风洞的高速发展时期。在国家重大科研仪器项目的支持下，JF-12 复现风洞和 JF-22 超高速风洞相继建成，成就了中国风洞的辉煌。中国风洞的理论与技术创新是一个传承的故事，经历了探索、创立和弘扬三个阶段，凝聚了四代人的智慧和汗水。

　　从 1958 年郭永怀先生发表《激波的介绍》一文开始，中国风洞的研究经历了 60 多年的磨难。从 2002 年姜宗林在《美国航空航天学会志》（AIAA Journal）上发表关于正向爆轰驱动方法的研究成果，JF-22 超高速风洞的研究也经过了近 20 年的岁月。中国风洞技术的发展，从 JF-10 氢氧爆轰驱动高焓风洞，到 JF-16 膨胀风洞，到 JF-12 复现风洞，再到 JF-22 超高速风洞，是激波风洞团队不忘初心、坚持"求实求是"的科研理念，并将这一理念成功地落实到他们工作中的实践过程。

　　JF-22 超高速风洞项目有几个工作组。风洞设计组长是刘云峰高级工程师，他毕业于北京大学力学系，研究领域是爆轰物理。他关于爆轰胞格和准爆轰的研究成果是重要的理论创新。风洞安装组组长是韩桂来副研究员，他的研究领域是气动热和高超声速边界层物理。他完成的边界层实验研究，是国际上试验模型最大、流场条件最好、数据精度最高的研究成果。中央监控系统的负责人是罗长童副研究员，他是一位数学家。他关于高超声速风洞实验的大数据处理研究成果，在国内外首屈一指。在 JF-22 超高速风洞的建设中，他们又是出色的工程师，建立了中国风洞的创新技术。钱学森先生的导师冯·卡门（Theodore von Kármán）教授说："科学家认识世界，工程师创造世界。"对于激波风洞团队的成员来讲，他们既是科学家，又是工程师。

　　2011—2012 年，是 JF-12 复现风洞的安装调试期。由于中科院力学所怀柔园区属于首批入驻怀柔高技术开发区的单位，园区周边缺乏配套的服务产业。激波风洞团队的午餐就成为一大难题，只能依靠从怀柔区市中心预定盒饭。在园区食堂建成前的 600 多个日日夜夜，他们顶着严寒，冒着烈日，在 300 米长的风洞旁边，不知道吃掉了多少份盒饭。同志们乐观地说：1000 多吨的风洞不是建筑在钢筋混凝土地基上的，而是由饭盒支撑的！

　　合抱之木，生于毫末。九层塔台，始于垒土。JF-22 超高速风洞从理论创新、技术发明、工程设计、部件加工、安装调试，最后到性能标定，有几十个阶段，有几百个环节。在建设的过程中，一段一坎，环环相扣，容不得半点失误。试验仓是一个长 9 米、粗 4.5 米、重量达 70 吨的特大部件，也是整个风洞的定位基准，安装精度要求极高。韩桂来副研究员现场指导，身先士卒，确保了安装精度、进度和安全。一个大的工程项目，只有追求每一个环节的准确、每一个部件的卓越，才能成就 JF-22 超高速风洞整体的恢宏。激波风洞团队获得了国家颁发的"工人先锋队"的荣誉，成为他们众多奖项中最珍贵的一个。创新最幸福，劳动最光荣！

　　JF-22 超高速风洞进入了调试阶段，就像一轮喷薄欲出的朝阳，前景可期。激波风洞团队又开始了新风洞建设的谋划，新风洞的编号也许为 JF-XYZ，还具有不确定性。但是，确定的是它已经有了新的理论，新的技术，新的性能，新的高度。东方欲晓，莫道君行早，激波风洞团队一直在路上，中国风洞一直在发展。

27

减排大赛里的码表：全球二氧化碳监测科学实验卫星

节能减排、碳达峰、碳中和，这些概念已经被传达到生活的每一个角落，我们需要用实际行动来践行节能减排，比如少开车（减碳源）、多种树（增碳汇），从个人角度，我们可以通过计算今天使用了多少化石能源来衡量自己的碳排放。那么问题来了，如何从地域尺度上衡量"碳"排放呢？那就要使用卫星遥感了。

为什么要监测"碳"？

人类活动让二氧化碳排放增加，导致全球变暖已经是不争的事实。

我们来看一组数据：

（1）公元 1 年到 1850 年之间的大气二氧化碳浓度虽有小幅波动，但总体平稳；1850 年之后迅速上升，而且上升的速率也在增加。

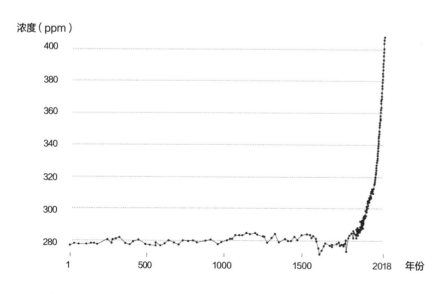

◀ 全球二氧化碳大气浓度（数据来源：Our World in Data）

（2）大约从 1900 年开始，全球温度涨势明显。

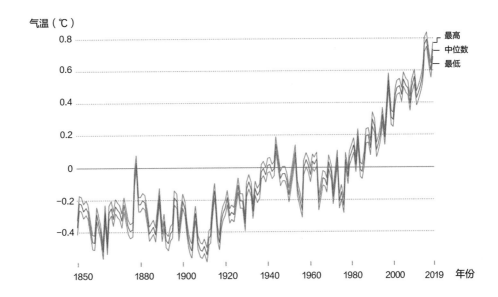

▲ 全球年平均温度（数据来源：Our World in Data）

（3）化石原油的二氧化碳年排放量在 1850 年之后从无到有，从少到多。

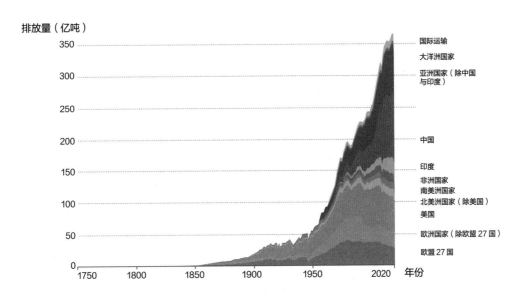

▲ 世界范围内年由化石原油排放的二氧化碳（数据来源：Our World in Data）

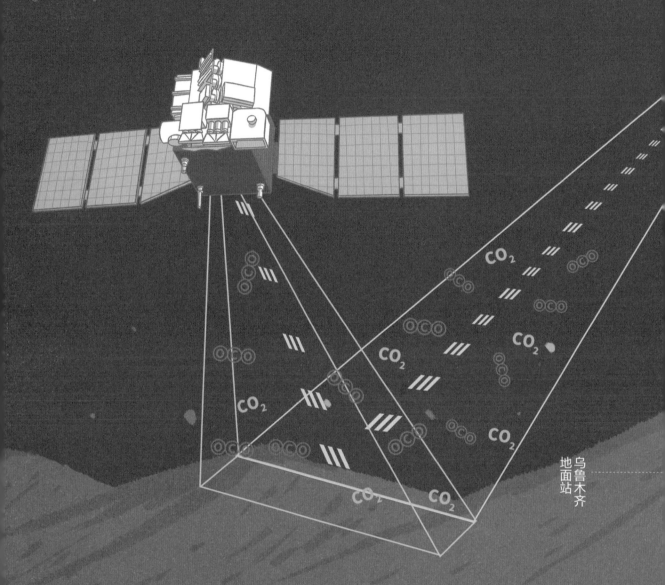

乌鲁木齐
地面站

▲ 碳监测卫星

二氧化碳
科学实验
卫星

直接／回放数据

回放/回放数据

基律纳地面站

佳木斯地面站

数据接收

数据传输

气象部门　环保部　中科院　高校

数据处理与产品生成

数据存档管理
与共享服务平台

二氧化碳产品
反演和应用

运行控制　数据预处理

计算机网络

二氧化碳地面观测
与精度验证

把大气二氧化碳含量、全球温度变化和化石燃料碳排放量结合起来看，可以很直观地感受到人类活动对环境造成了多大影响。现在我们需要做的就是像之前对待"臭氧空洞"一样，用科学的方法对已有的破坏进行弥补。减排碳就是整个人类共同的任务。

我国基建如火如荼，是一个能源需求大国，经济发展需要大量能源支持，而节能减排则会在一定程度上制约能源开销，所以需要同时考虑发展和减排。在这场全球减排比赛中，想要跑得更好、更合理，拥有自己的码表非常重要。

这里的"碳监测卫星"（Chinese Global Carbon Dioxide Monitoring Scientific Experimental Satellite，TanSat）就是我们自己的碳码表，能让我们在这场比赛中做到心里有数，同时提高竞赛规则中的发言权，少吃哑巴亏，当面对不合理制裁时可以说"不"。

如何进行"碳"测？

二氧化碳是看不见摸不着的，如何遥测它呢？方法是"光谱吸收发射线"。

理想白光，也就是可见光连续光谱（Continuous Spectrum）在经过棱镜或者分光计的时候会显示出从紫色到红色的连续光谱，如果连续谱白光经过一团冷的气体，气体分子对特定波段表现出吸收，则在直射方向接收到的光谱中会出现吸收峰，这些气体分

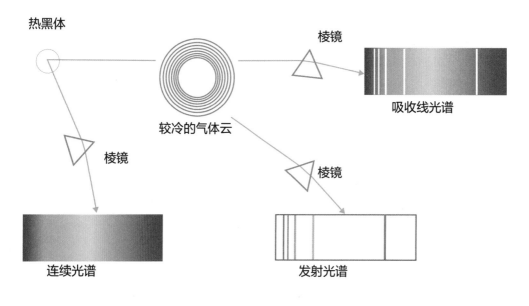

▲ 光谱吸收发射线

子吸收能量跃迁到激发态，在回到基态的时候会向所有方向发射对应波段的光，因此可以从侧面观测到气体分子的发射谱。

中国碳卫星（TanSat）的主要工作方式就是进行光谱学观测。其主要载荷是一个高精度的光谱学观测仪和一个辅助的成像仪，高分辨率碳光谱仪（High-resolution Carbon Dioxide Spectrometer，CarbonSpec）用来测量二氧化碳气体的近红外吸收，云层和气溶胶偏振成像仪（Cloud / Aerosol Polarimetry Imager，CAPI）用于辅助观测修正光谱仪的观测中的误差。这两个仪器协同观测以获取高分辨率的二氧化碳柱密度[1]测量。

其工作模式有三种：① Nadir：用于观测陆地；② Glint：用于观测海洋；③ Target：非观测模式，用于校准。从科学目标的角度出发，Nadir 是主要观测模式，也就是测量陆地上的人类活动相关的碳排放。

观测结果和数据同化

卫星在轨道上利用载荷仪器进行离散踩点（有时间间隔的数据采集），受轨道限制，只能采样轨道经历的空间位置所能覆盖的观测范围。对 XCO_2[2] 离散的数据点的测量已经可以大致体现出二氧化碳浓度分布的趋势，若想粗略估计某个地理坐标的碳排放浓度，我们则可以通过其周围观测点的值进行粗略估计。

为了最大化地利用观测数据对尽可能精细的时间、空间坐标点上的物理量进行估计，我们可以使用数据同化，把需要估计的物理量看作一个概率分布，让多种观测数据和模型描述的物理过程同时参与约束这个概率分布，最终得到的分布中心为物理量的估计值。如下页"数据同化"示意图所示。

红色代表观测结果，因为只有有限次数的观测，所以我们无法知道任意时刻的物理量。蓝色是纯物理模型计算出的结果。我们知道，在非线性的系统中，微小的误差会被大幅度放大，所以在没有观测数据注入的情况下，纯物理模型虽然可以给出任意时刻的估计，但是不准确。那么我们是不是可以采用一种方法，就是通过调节物理模型中的可调参数，让物理量的最终分布尽可能接近观测呢？这样既可以有任意坐标点的物理量估计，又可以

1　柱密度指单位面积为底面的整个柱状区域中物质的数量（每平方厘米原子或分子的数量）。
2　XCO_2 指大气二氧化碳柱平均干空气混合比。

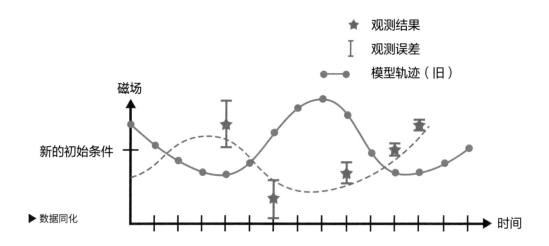

拥有比纯模型结果更加精确的结果。当然，前提是观测可靠，而且物理模型可以描述系统内发生的主导物理过程。观测越准确，物理模型越接近真实系统，则得到的结果越精确。

在 TanSat 中的具体实现方式如下流程图所示。

我们从一个先验模型（Atmospheric Model）开始，使用高精度的前向模型（Forward Model）进行模拟获得观测点对应的 XCO_2 的模拟值，把所得模拟值和观测值输入莱文

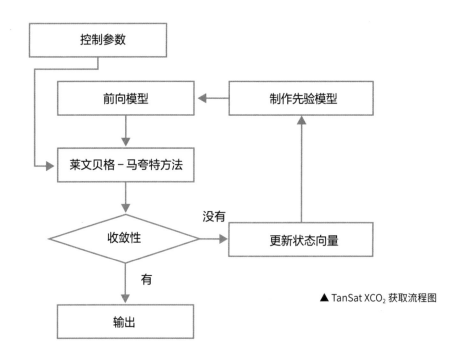

▲ TanSat XCO_2 获取流程图

贝格－马夸特（Levenberg-Marquardt）方法来对物理模型中的参数进行评估，如果收敛（即观测值和模拟值足够接近，也就是说模型可以描述所有观测），那么输出整个模型结果；如果不收敛（即观测值和模拟值相差很远，模型难以描述观测点的观测值），那么根据莱文贝格－马夸特方法给出的差矢量，对模型中的参数进行更新，更新了参数后的模型再放入前向模型中模拟，直到最终收敛，输出结果。

总的来说，就是把碳监测卫星测得的离散点，结合其他数据，也结合大气物理模型，对全球任意位置的 XCO_2 进行估计。有了 XCO_2，进一步计算可以得到碳汇量（Carbon Sink），表示一个区域是碳的净流入［吸收者（Sink）］，还是碳的净流出［产生者（Source）］。

这种衡量结果对于全球层面和区域层面的碳排放策略制定都非常重要，知道什么地方在大量排放二氧化碳，对于高排放而且容易治理的活动进行相应的改进，对于大量吸收二氧化碳的地方进行保护和强化，加强固碳区的二氧化碳吸收能力，最终达到碳中和的目的。

碳排放过量、全球气温升高是科技发展造成的，工业化让生产力提高的同时也无意间对环境造成灾难性的影响。怎么错就怎么改，用科技发展的产物检测碳排放规划减排方案，科学减排，既要金山银山，也要绿水青山。在控制碳排放、守护绿水青山的艰巨任务中，碳监测卫星可以帮助我们实时测量全球的碳源和碳汇分布，从而了解空气中的碳从何而来、到哪里去，给减碳工作指明方向。

大事记

2010 —— **2015** —— **2016** —— **2021**

12月1日　　　　**5月**　　　　　　**8月15日**

我国科学技术部设立了"全球二氧化碳监测科学实验卫星与应用示范"重大项目，计划发射一颗搭载两台有效载荷的碳卫星，并在中国范围内公开招标

科研人员在中国科学院长春光学精密机械与物理研究所高光谱实验室对碳卫星高光谱探测仪进行上电前状态检查

中国碳卫星正式出厂，卫星搭载了一体化设计的两台科学载荷，分别是高分辨率碳光谱仪以及起辅助作用的云层和气溶胶偏振成像仪

基于中国碳卫星的大气二氧化碳含量观测数据，研究人员利用先进的碳通量计算系统，获取了中国碳卫星首个全球碳通量数据集

28

中国首颗地球物理场探测卫星：
张衡一号

2018 年 2 月 2 日，我国首颗地球物理场探测卫星——"张衡一号"电磁监测试验卫星在酒泉卫星发射基地成功升空。从此，我国空间对地观测技术手段从光学和微波遥感拓展到了地球物理场探测，地球物理勘探从地面、航空拓展到了航天，标志着我国初步具备全球地球物理场探测能力。

为什么要研发"张衡一号"卫星？

世纪之交，国际学术界围绕地震能否预测开展了一场大讨论，认为地震预测之所以难，破坏性地震发生的概率小、观测技术有局限是其重要原因。"张衡一号"卫星计划旨在以标准的技术手段开展全球观测，为地震学家提供尽可能多的观测数据和地震事件，以系统认识地震前兆特征，发展地震预测科学理论，为未来全面突破地震预测科学难题奠定坚实基础。

地震发生在地下深部高温高压环境下，其孕育过程中会激发明显的电磁辐射，并以电磁波的形式向地表传播，到达地表的部分电磁波能量还将继续向大气层和电离层传播，进而影响电离层等离子体和带电粒子的密度、结构和运动特征。研发"张衡一号"卫星，将有效记录电离层中与地震有关的多种电磁类扰动信息，并以远高于地面观测的地震事件获取能力，统计并研究地震前兆的规律。

地球是一个磁场无处不在的星球。地磁场和电离层的存在，一方面构成地球生命的保护伞，使之免遭太阳辐射等太空活动的影响；另一方面也是全球通信、导航技术的重要媒介。我国一直缺乏全球地磁导航能力，迅速发展的卫星通信、导航和遥感信息的精度和稳定性均严重依赖地球电离层环境。研发"张衡一号"卫星，能够帮助我国获取全球地磁场、电离层环境模型及其动态变化信息，逐步建立全球高精度高分辨率电离层和地磁场模型，提升通信导航环境管理以及火山、空间天气灾害预警能力。

此外，"张衡一号"卫星通过实时监测空间电磁环境状态变化，研究地球系统特别是电离层与其他各圈层的相互作用和效应，能帮助我们深刻理解地球圈层系统和地球关键带耦合作用及其资源环境和灾害效应。

"张衡一号"卫星有哪些"黑科技"？

与一般的卫星不同，"张衡一号"卫星 1.5 米见方的星体表面布满了多种传感器，还有 6 根长达 4.5 米的细小伸杆分布在不同方向，常规的双太阳翼也被单太阳翼方案所代替。这种独特的构型设计是"张衡一号"的核心科技所在。

在狭小的"张衡一号"星体内部及其表面，有成千上万个电子元器件、上百套设备密布其中，以保障卫星正常运行。但这些电子设备在工作的同时也在辐射电磁波，可能与"张衡一号"卫星试图获取的地球磁场、电磁波和电离层等离子体及带电粒子相关信息高度耦合，从而影响科学观测质量。"张衡一号"卫星在国内首次突破了卫星超高磁洁净保证技术和超稳电位被动控制技术，有力保障了卫星高精度磁场和等离子体原位探测任务的完成。

除传统的测控、数传天线外，"张衡一号"卫星星体外还安装了三频信标发射天线和朗缪尔探针，卫星上特别设计了长达 4.5 米的高刚度、轻小型天线，以取得高精度地磁场和电磁波观测数据；并研制出全新的 4 套卷筒式伸展机构，针对安装布局受限，加工和展开过程复杂，指向精度要求严格等诸多问题，开展有针对性的研发，打破国外技术垄断，大幅提升我国天基轻质、大收纳比、直线伸展机构的研制能力。

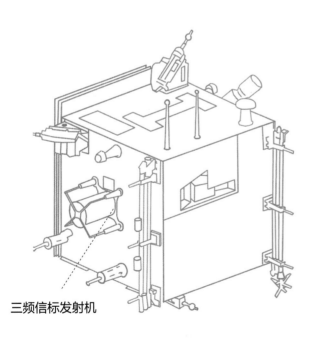

三频信标发射机

▲ "张衡一号"卫星收拢状态

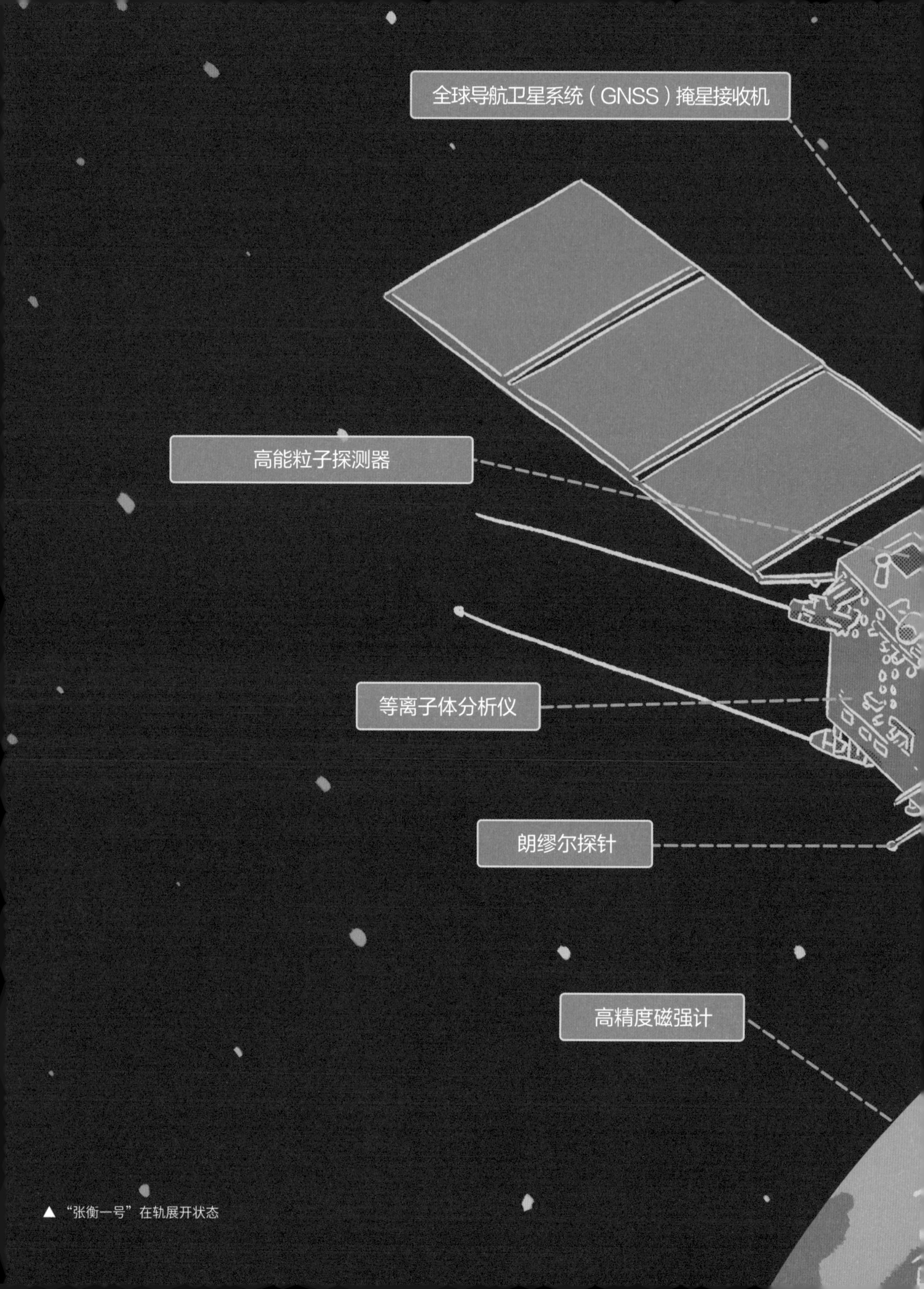

全球导航卫星系统（GNSS）掩星接收机

高能粒子探测器

等离子体分析仪

朗缪尔探针

高精度磁强计

▲ "张衡一号"在轨展开状态

电场探测仪

高能粒子探测器

感应式磁力仪

按照全球地磁场、电磁波和电离层等离子体观测需求，我国科学家研制了全新超小型、低功耗、长寿命、高灵敏的高精度磁强计、三分量电场仪、高能粒子探测器和三频信标发射机，优化完善了其他多种载荷功能性能指标，初步形成体系化的星载地磁场和电磁波环境探测以及电离层三维结构反演能力。"张衡一号"卫星运行于距离地面 500 千米的轨道高度上，地磁场强度大体在 20000 ～ 30000 纳特斯拉（nT），空间电流体系和等离子体背景环境更是瞬息万变。相对如此大的背景环境，一场 7 级地震带来的磁场扰动只有几到几十纳特斯拉，太阳风暴、地磁暴活动也只有几十到数百纳特斯拉的变

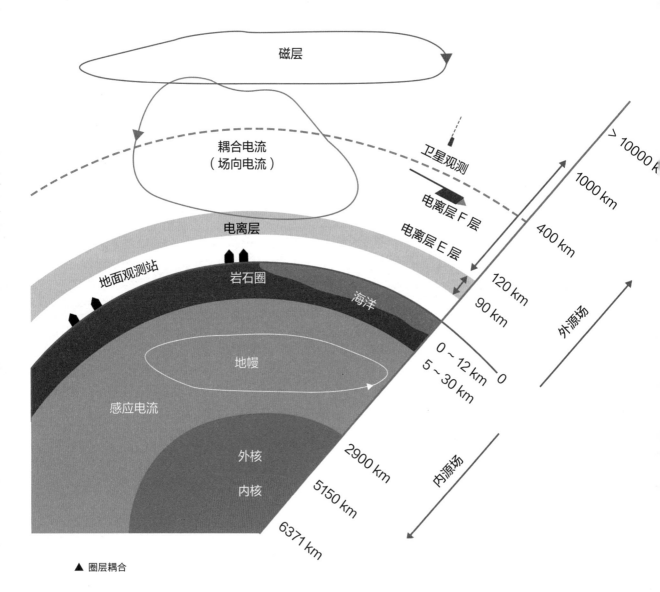

▲ 圈层耦合

化。"张衡一号"在传统技术的基础上，充分吸收和发展了新的数据标定和信息提取方法，保障了复杂大背景下微小信号的提取识别。

"张衡一号"卫星取得了哪些成就？

"张衡一号"卫星入轨以来，已经累计绕地球飞行了两万多圈，我国首次完整记录了全球地磁场、低频电磁波和电离层环境及其动态变化信息。到目前为止，主要取得的研究成果包括：

产出我国首个全球地磁场参考模型 CGGM2020.0。 该模型入选国际地磁场与高空物理协会新一代全球地磁场参考模型 IGRF-13，填补了我国在全球地球物理场百年建模史上的空白。目前正在研制的更高精度、更高分辨率的地磁场模型，将为地磁导航、重特大自然灾害监测预警和全球资源勘探等提供支撑。

产出我国首个全球三维电离层结构模型。 2021 年，"张衡一号"卫星团队公布了我国首个全球三维电离层结构模型。电离层是距离地表 100 千米到数千千米的地球大气层部分，其大气稀薄并且大量中性大气电离形成等离子体，是直接影响卫星通信、导航和遥感信息质量的重要传播媒介，而重特大自然灾害本身可能造成局部电离层环境发生巨大变化从而干扰应急救援行动。高精度高分辨三维电离层模型的研制，是我国通信环境监测预警的重大保障。

记录到全球 6 级以上地震 400 多次，7 级以上地震 40 多次，以及多次火山爆发和空间天气灾害活动。 破坏性地震震例太少，是地震预测难以突破的重要原因。"张衡一号"卫星获取了大量 6 级以上地震记录，为科学家统计分析地震前兆规律和机理提供了宝贵的观测数据。目前已经初步给出了地震电离层前兆的统计特征，为推进地震预测科学突破提供了新技术、新方法支持。

系统建立了地球岩石层－大气层－电离层耦合模型。 "张衡一号"卫星提出了低频电磁波跨圈层耦合传播机理，打破了传统的勘探地球物理关于地球岩石层－大气层－电离层间电磁波传播问题上"高频波出不来，低频波上不去"的认识局限，创新发展了地球岩石层－大气层－电离层耦合模型，并借助稳定的地面低频波通信导航台和散射雷达信号验证了模型的科学性和可靠性，为科学认识地震电离层前兆，理解地球－太阳相互作用，推进地球系统科学和地球关键带灾害环境效应研究提供了理论支撑。

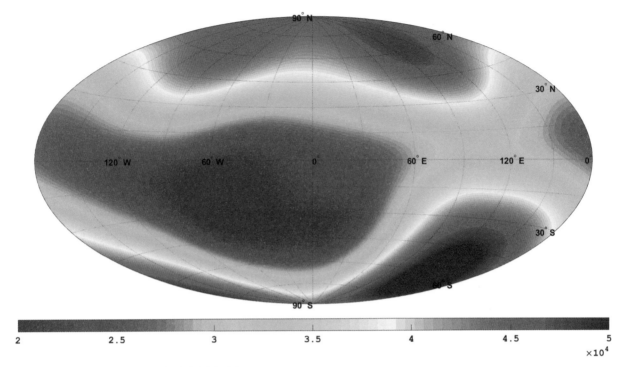

▲ "张衡一号"卫星获取的全球地磁场分布

（单位：纳特斯拉）

"张衡一号"卫星未来有什么规划？

作为地球物理场探测卫星的重要组成单元，"张衡一号"02卫星研制工作进展顺利，预计将于2023年上半年发射入轨。

同为地磁场测量卫星的"澳门科学一号"卫星，预计将与"张衡一号"02卫星同期在轨。2023～2025年，将有"张衡一号"卫星、"张衡一号"02卫星和"澳门科学一号"卫星共3颗中国的电磁卫星同时在轨，可望获取全球领先的科学成果。

"张衡一号"系列卫星数据将持续向国际开放，进一步加强与意大利、奥地利、俄罗斯、欧洲航天局、全球地球观测组织、亚太空间合作组织和国际地磁场与高空物理协会等的合作共享，提升地球系统科学、全球防灾减灾科技水平，服务于国家科技外交。

2003

2月18日

国家国防科技工业局、中国地震局在北京启动了电磁监测试验卫星的规划工作

2013

中国电磁监测试验卫星工程项目被财政部、国家国防科技工业局正式批准立项

2014

11月

由中国国家航天局、中国地震局和意大利航天局共同主办的中国电磁监测试验卫星工程第一届国际学术研讨会在北京召开。同月，三方又联合成立了中国电磁监测卫星计划国际科学家委员会，旨在推广电磁卫星的应用

2016

初样研制完成，并转入正样研制阶段

2018

2月2日

"张衡一号"发射升空并交付使用，卫星设计寿命为5年，其中在轨测试期为6个月

大事记

29

先进的对地观测遥感卫星：
高分五号

　　高分五号卫星于 2018 年 5 月 9 日在太原卫星发射中心由"长征四号"丙运载火箭成功发射，是世界上第一颗兼顾陆表观测和大气观测的全谱段高光谱卫星。高分五号卫星运行在太阳同步轨道，平均轨道高度 705 千米，轨道倾角 98.2°，设计寿命 8 年。

　　2021 年 9 月 7 日，高分五号 02 星同样在太原卫星发射中心由"长征四号"丙运载火箭成功发射，上面搭载了 2 台陆表观测遥感器和 5 台大气监测遥感器。高分五号 02 星对高分五号卫星的观测数据形成了有效补充，进一步提升了我国高光谱遥感卫星对地观测能力。

什么是遥感？遥感的基本原理是什么？

　　遥感（Remote Sensing），顾名思义，即遥远的感知。从广义上来说，凡是不与目标接触，在远距离对目标进行观察和测量的手段都可以称为遥感。从狭义上来说，我们通常把利用卫星、飞机等平台搭载各类相机或测量仪器，在高空对地球表面进行观测，进而获取地物特性与参数的方式称为遥感。现代遥感起源于 20 世纪五六十年代崛起的人造地球卫星技术。在人造卫星上装载成像仪器从而实现对地观测，成为遥感重要的技术手段。

　　电磁波是遥感对地观测的主要媒介，所使用的电磁波波长不同导致了遥感成像原理的不同。据此，主流的遥感主要可以分为光学遥感、热红外遥感和微波遥感。光学遥感所使用的主要电磁波波长范围为 350 ～ 2500 纳米。在这一波长范围内遥感器所接收到的电磁波信号主要来源于地表物体反射的太阳辐射（即太阳入射到地球表面的电磁波）。热红外遥感所使用的主要电磁波波长范围为 8 ～ 14 微米。在这一波长范围内，地表物体反射的太阳辐射可以忽略不计，遥感器所接收到的电磁波信号主要来源于地表物体自身的热辐射（自然界中一切高于绝对零度的物体都在不停地向外辐射能量）。微波遥感所使用的主要电磁波波长范围为 1 毫米至 1 米。微波遥感的成像以主动方式为主，即遥感器先对外发射一束电磁波，接收地表物体对该电磁波的后向散射从而成像。

高分辨率对地观测系统是什么？

高分辨率对地观测系统重大专项（简称"高分专项"）是我国《国家中长期科学和技术发展规划纲要（2006—2020 年）》中规划的 16 个重大专项之一，以卫星、飞机和平流层飞艇为主要的遥感平台，建设时空协调、全天候、全天时的先进对地观测系统。

高分一号至高分七号等高分系列卫星是高分专项的重要建设成果。高分一号（GF-1）是高分系列的首颗卫星，搭载了全色 2 米和多光谱 8 米 /16 米的相机。高分二号（GF-2）卫星搭载了全色 1 米 / 多光谱 4 米的相机。高分三号（GF-3）卫星是高分系列卫星中的微波遥感卫星。高分四号（GF-4）为地球静止轨道卫星，在赤道上空与地面保持相对静止，其公转角速度与地球自转角速度相同，是世界上空间分辨率最高的民用地球静止轨道卫星。高分五号（GF-5）是高分系列中唯一的一颗高光谱对地观测卫星。高分六号（GF-6）卫星与高分一号（GF-1）卫星组网运行，提升了高分一号卫星对地表同一区域重复观测的频次。高分七号（GF-7）卫星搭载了双线阵立体相机、激光测高仪等遥感器，可以进行立体像对成像，是亚米级立体测绘卫星，常被喻为卫星中的"游标卡尺"，能够高精度地测量地表物体的位置和高度。

高分五号卫星高光谱遥感的主要原理是什么？

太阳的电磁波入射穿透大气层到达地球表面以后，地表物体对入射到其表面的电磁波具有反射、透射和吸收三种作用。单位时间内地表物体反射的电磁波能量占入射能量的比例可以称为反射率，且同一物体对不同波长的电磁波具有不同的反射率。例如，绿色植被对绿光波长电磁波（530 纳米）的反射率高于对红光波长电磁波（650 纳米）的反射率，而对近红外波长电磁波（如 800 纳米）的反射率又高于对绿光波长电磁波的反射率。自然水体（如清澈的湖泊、河流等）对近红外波长电磁波的反射率低于对红绿蓝等可见光波长电磁波的反射率。将地表物体在不同波长的反射率连接绘制成一条曲线（即

总重量：2.7 吨
设计寿命：8 年
配置 6 个先进载荷

采用SAST-ML1卫星公用平台

大气环境红外甚高光谱
分辨率探测仪

全谱段光谱成像仪

大气气溶胶多角度
偏振探测仪

▲ 高分五号卫星

大气痕量气体差分吸收光谱仪

可见短波红外高光谱相机

大气主要温室气体监测仪

反射率随波长的变化曲线），可以形成光谱反射率曲线。不同物体的光谱反射率曲线各不相同，这是因为不同物体由于物质组成及其含量不同，而对同一波长电磁波的反射、透射、吸收等作用大小不同。换言之，光谱反射率曲线对具有固定物质组成的同一地物而言是独一无二的，是代表物体类别与物质组成的一张"身份证"。

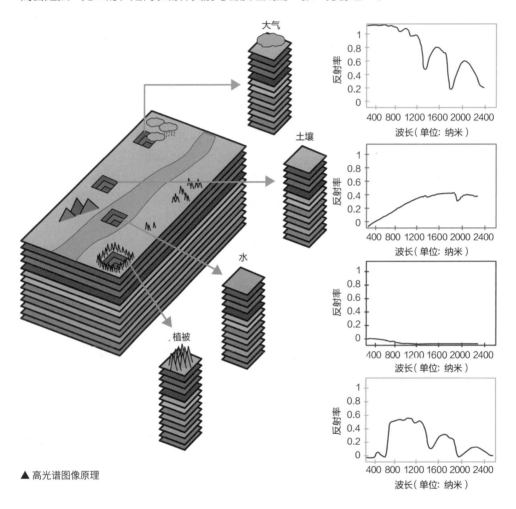

▲ 高光谱图像原理

　　高分五号卫星搭载了6台遥感器，是高分专项中搭载遥感器数量最多的卫星。其中，可见短波红外高光谱相机是高分五号卫星用于获取高光谱图像数据的遥感器，是其重要特色，其性能指标在国际现役民用高光谱遥感卫星中达到了领先水平。

　　高光谱遥感相机对地表同一观测区域可以进行很多幅成像，例如高分五号卫星的高光谱相机对同一地区能够一次性获取330幅图像。这330幅图像的地理范围完全重合，区别在于分别采用了不同波长的电磁波进行成像。也就是在同一区域，高分五号卫星能够在 400 ～ 2500 纳米范围内每隔 5 纳米（可见光—近红外波段）或者 10 纳米（短波红外波段）成像一次，共成像 330 次。在每个像素位置都记录下了 330 个不同波长的反射率，每个像素位置都可以绘制出该像素的光谱反射率曲线，于是可以轻松地鉴别出每个像素位置的地物类别，甚至可以推算出该地物中某一物质的含量。

高分五号卫星发射以后在各行业有哪些应用？

地质找矿。岩矿识别是高光谱遥感技术应用最早，也是最成功的领域之一。不同矿物的化学组成与晶体结构不同，对电磁波选择性吸收和反射的波长特征也不同。通过高分五号卫星高光谱相机获取的图像可以提取出多种矿物的光谱反射率曲线，进而识别与成矿关系密切的绢云母、方解石、绿泥石、白云石等蚀变矿物，发现矿产资源富集区，提高矿产资源勘察效率。

土地利用监测。由于不同地物类别具有不同的光谱反射率曲线，利用高分五号卫星获取的高光谱遥感数据能够对地表耕地、林地、裸地、水体、建筑、道路等土地利用类型进行精确区分，服务于城乡土地利用规划与非法土地利用识别。

大气质量监测。高分五号卫星搭载了 4 台大气观测遥感器，能够对二氧化碳和甲烷等温室气体、高浓度二氧化硫排放、对流层二氧化氮柱浓度、大气气溶胶、臭氧总量等大气质量参数进行定量监测。

地表温度监测。热红外遥感是大面积快速获取地表温度的唯一手段。高分五号卫星搭载的全谱段光谱成像仪具有 4 个热红外通道，能够获取地表的热红外遥感图像，进而推算地表温度，服务于城市热岛效应、工业热废水排放等地表热环境监测。

此外，高分五号卫星在农作物长势监测、林业调查、内陆水域水质监测等行业领域也具有广泛的应用。

大事记

2010 ── **2016** ── **2018** ── **2021** ──

3 月 10 日 **5 月 9 日** **9 月 7 日**

经国务院批准，高分专项工程启动实施

高分应用综合信息服务共享平台正式上线运行

高分五号卫星在太原卫星发射中心成功发射

高光谱观测卫星（高分五号 02 星）成功发射

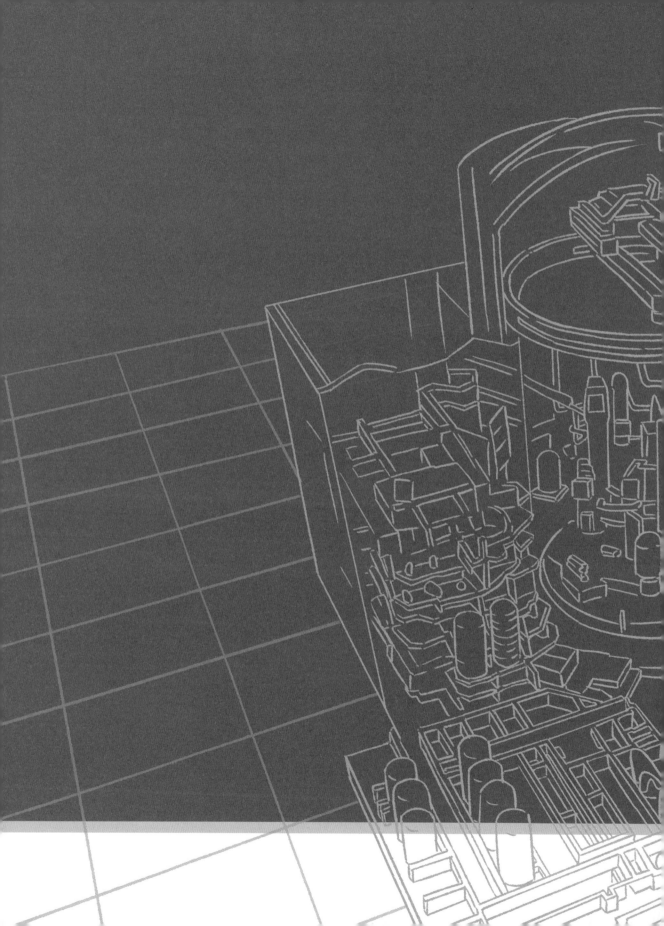

3

经济助力篇

30

中国人自己的卫星导航系统：
北斗

卫星导航系统是重要的空间信息基础设施，各航天大国都在发展拥有自主知识产权的卫星导航系统，以占据导航领域的制高点。我国着眼于国家安全和经济社会发展需要，决定自主建设、独立运行卫星导航系统，同时为全球用户提供全天候、全天时、高精度的定位导航和授时服务。

2020 年 6 月 23 日，"北斗三号"最后一颗组网卫星顺利发射升空，这标志着北斗全球系统星座部署工作完成；同年 7 月 31 日，习近平总书记向全世界宣布"北斗三号"全球卫星导航系统正式开通，中国正式成为世界上第三个独立拥有全球卫星导航系统的国家。

北斗卫星导航系统的全面建成，进一步确立和巩固了中国在卫星导航领域的国际地位，对提升我国航天能力、推动航天强国建设意义重大。

北斗卫星导航系统与全球其他导航系统有哪些不同？

目前全球有四大卫星导航系统：美国的全球定位系统（GPS）、俄罗斯的格洛纳斯（GLONASS）系统、欧洲的伽利略（Galileo）系统和中国的北斗卫星导航系统。但是各个国家的导航系统还是有一些参数指标方面的差别，让我们一起来看看。

针对大家最关心的定位精度，北斗卫星导航系统在全球范围内民用定位精度在 10 米以内，亚太地区精度在 5 米以内，在增强系统加持下，其定位精度可达 1 米，已优于全球定位系统均在 10 米以内的精度水平。此外，北斗卫星导航系统除了拥有和全球定位系统一样的卫星精确定位功能以外，还具备了通信功能，领先于全球定位系统、格洛纳斯系统以及伽利略系统。

四大系统的主要数据对比如下表所示。

四大导航系统数据对比

名称	北斗	全球定位系统	格洛纳斯	伽利略
所属国家（地区）	中国	美国	俄罗斯	欧洲
建成时间	2020 年	1994 年	1996 年	2020 年
现发射卫星数量	55 颗	32 颗	29 颗	26 颗
功能	定位、导航、授时、短报文通信、国际搜救	导航、测量、授时	定位、导航、测速、授时	定位、导航、授时、搜救
抗干扰性	强	弱	强	强
覆盖范围	全球	全球（98%）	全球	全球
优势	短报文通信	民用市场占有率高	北极附近定位性能强	非军方控制，实时高精度定位

北斗卫星导航系统面临过哪些挑战？有哪些创新技术？

中国导航系统的发展不是一蹴而就的，我们以 26 年的时间基本追上美国 40 余年的发展进度。北斗卫星系统是复杂的系统性工程，各个环节都存在很高的研制难度，有些难题也是预先没有想到的。

第一阶段的"北斗一号"系统，主要面临了信号"快捕精跟"技术问题，1998 年 5 月，我们国家解决了这一难题。研制团队创新性地提出了双星定位的卫星实现方法，建立了国际上首个基于双星定位原理的区域有源卫星定位系统。这个"快捕精跟"技术设备也获得了国家科技进步二等奖。

第二阶段的"北斗二号"系统，主要面临了导航系统的"心脏"——原子钟难题。原子钟是一种计时装置，最初是用来探索宇宙本质的，后来应用于导航系统上。我们国家的研制团队突破了区域混合导航星座构建、高精度时空基准建立的关键技术，实现星载原子钟国产化，攻克了这一难题。2007 年，误差达到 300 万年只差 1 秒钟的"中国心"的原子钟随着"北斗二号"卫星成功发射，标志着第二阶段顺利实施。

第三阶段的"北斗三号"系统，主要面临了美国、欧洲不愿意中国在它们的地界上建立地面站的问题。如果海外无站可用，那么这个问题只能通过"星间链路"方案解决。星间链路是指卫星之间通信的链路，可以实现卫星之间的信息传输和交换。我们的科学

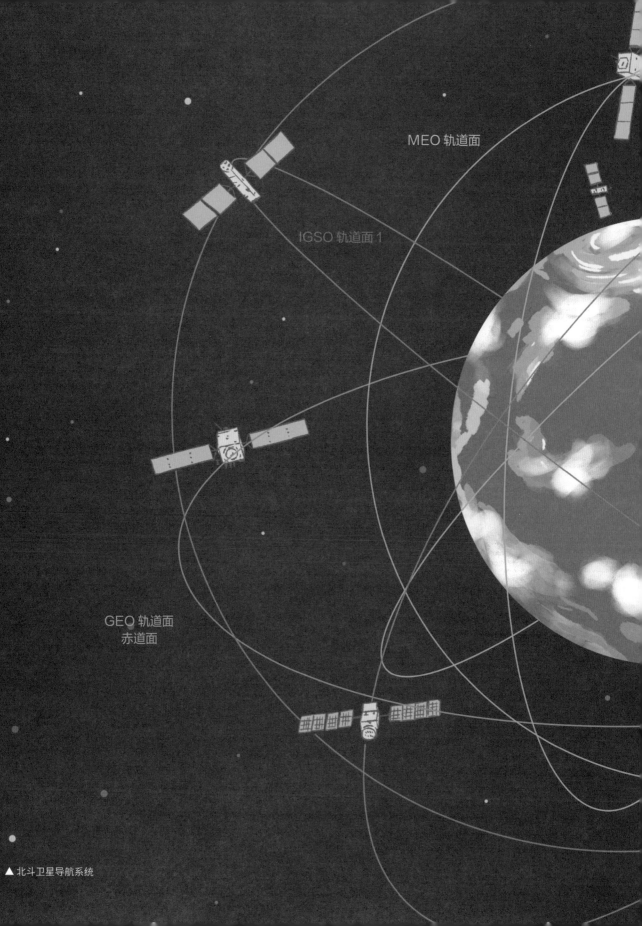

MEO 轨道面

IGSO 轨道面 1

GEO 轨道面
赤道面

▲ 北斗卫星导航系统

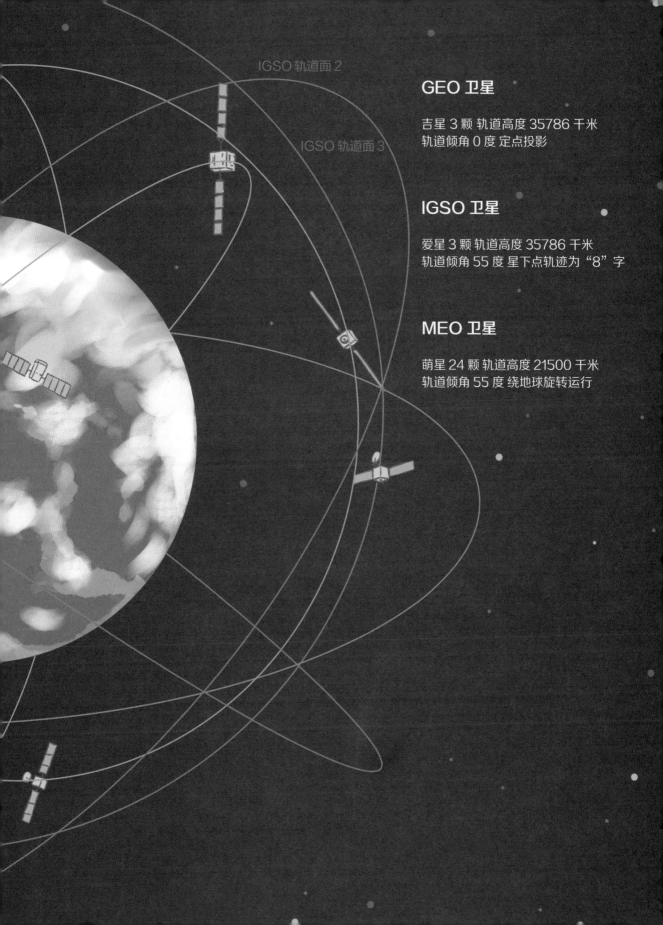

IGSO 轨道面 2

IGSO 轨道面 3

GEO 卫星

吉星 3 颗 轨道高度 35786 千米
轨道倾角 0 度 定点投影

IGSO 卫星

爱星 3 颗 轨道高度 35786 千米
轨道倾角 55 度 星下点轨迹为 "8" 字

MEO 卫星

萌星 24 颗 轨道高度 21500 千米
轨道倾角 55 度 绕地球旋转运行

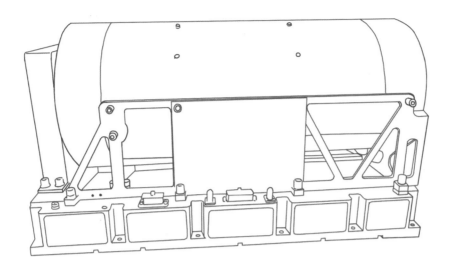

▲ 星载氢原子钟

北斗卫星三阶段关键数据

阶段	试验阶段	区域服务	全球组网
启动时间	1994 年	2004 年	2009 年
系统名称	北斗一号	北斗二号	北斗三号
建成时间	2003 年	2012 年	2020 年
卫星数量	3 颗	14 颗	35 颗
定位方式	有源定位	有源定位、无源定位	有源定位、无源定位
覆盖范围	中国及周边	亚太地区	全球
功能	定位、单双向授时、短报文通信	定位、测速、授时、短报文通信	定位、导航、授时、全球短报文通信、国际搜救
定位精度	20 米	10 米	10 米
测速精度	\	0.2 米 / 秒	0.2 米 / 秒
授时精度	单项 100 纳秒	单项 50 纳秒	单项 20 纳秒
短报文通信能力	1680 比特 / 次	1680 比特 / 次	亚太地区 14000 比特 / 次；全球 560 比特 / 次

家提出了国际上首个高中轨道星间链路混合型新体制,形成了具有自主知识产权的星间链路网络协议、自主定轨、时间同步等系统方案。此外,我们国家还大量应用了国产化关键元器件和部组件,实现了核心器部件自主可控。

北斗卫星导航系统的工作原理是什么?

北斗卫星导航系统采用了三种轨道的混合星座设计,分别是地球静止轨道(GEO)卫星、倾斜地球同步轨道(IGSO)卫星和中圆地球轨道(MEO)卫星,采用独立的双向时间同步观测体制,支持星间链路观测,具备导航定位和通信数据传输两大功能,提供 7 种北斗系统应用服务。

地球静止轨道(GEO)卫星分布在赤道平面上,对地面的覆盖范围广且恒定,但由于卫星经常进行机动变轨,其轨道精度较低;倾斜地球同步轨道(IGSO)卫星为区域卫星,覆盖范围为亚太地区,与 GEO 卫星具有相同的运行周期和轨道高度,但其星下点轨迹呈现为以赤道为对称轴的"8"字形;中圆地球轨道(MEO)卫星与国外其他全球定位系统的导航星座类似,均匀分布在 3 个轨道面上,轨道倾角为 55 度。

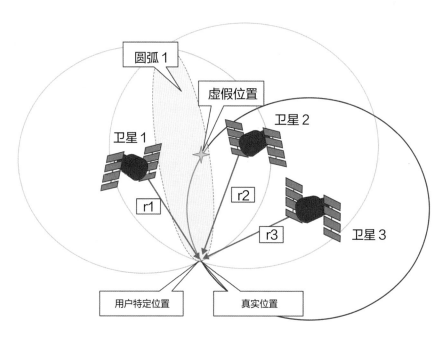

▲ 北斗卫星定位原理示意

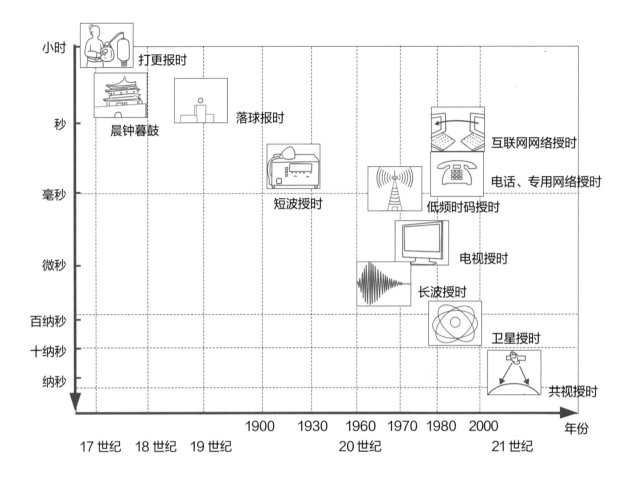

小时

秒

毫秒

微秒

百纳秒
十纳秒
纳秒

打更报时

晨钟暮鼓

落球报时

短波授时

低频时码授时

互联网网络授时

电话、专用网络授时

电视授时

长波授时

卫星授时

共视授时

1900　1930　1960　1970　1980　2000　年份

17 世纪　18 世纪　19 世纪　　　20 世纪　　　21 世纪

▲ 授时发展的历史

北斗卫星导航系统的应用成效如何？

目前在轨服务的卫星共计 45 颗，包括北斗二号卫星 15 颗，北斗三号卫星 30 颗。其工作状态良好，在轨运行稳定，在空间质量、空间信号精度、坐标基准与时间基准方面均符合预期。

我国的北斗卫星导航系统已全面服务于交通运输、公共安全、救灾减灾、农林牧渔等许多行业，电力、金融、通信等大型基础设施中也有它的身影。北斗卫星导航系统已经广泛进入大众消费、共享经济和民生领域，并且逐渐向智能手机、智能穿戴设备等智能化、小型化领域发展。

　　2021 年第一季度，在中国入网的智能手机，有 79% 以上提供北斗定位服务；共享单车配装北斗终端实现精细管理；牧民在家就能通过北斗项圈放牧牛羊；支持北斗系统的手表、手环、学生卡，让人们日常生活更加便利；在新冠疫情阻击战中，北斗系统的贡献有目共睹；全国各地数十万台北斗终端进入物流行业。北斗卫星导航系统深刻改变着人们的生产生活方式，产生了显著的经济效益和社会效益。

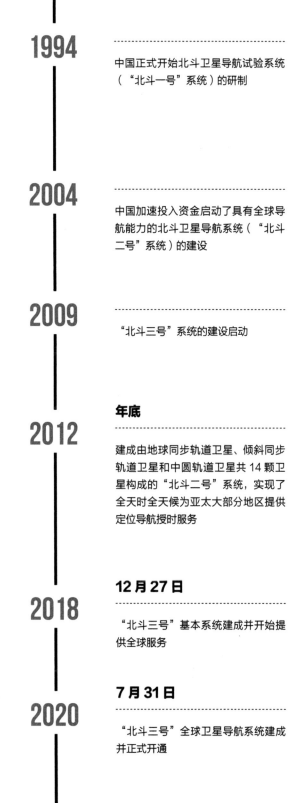

大事记

1994
中国正式开始北斗卫星导航试验系统（"北斗一号"系统）的研制

2004
中国加速投入资金启动了具有全球导航能力的北斗卫星导航系统（"北斗二号"系统）的建设

2009
"北斗三号"系统的建设启动

2012
年底
建成由地球同步轨道卫星、倾斜同步轨道卫星和中圆轨道卫星共 14 颗卫星构成的"北斗二号"系统，实现了全天时全天候为亚太大部分地区提供定位导航授时服务

2018
12 月 27 日
"北斗三号"基本系统建成并开始提供全球服务

2020
7 月 31 日
"北斗三号"全球卫星导航系统建成并正式开通

31

中国大飞机：C919

2017 年 5 月 5 日下午 2 时，我国新一代大型客机 C919 在万众瞩目中，从浦东机场四跑道升上蓝天。C919 从总体设计到分项设计，从过程到结果，百分之百由中国人自己完成，多项专利在手中，具有完全的知识产权，是中国航空业的里程碑。

大飞机的历史

每天，全球约有 17000 架航班飞行在天空中，其中多数为大飞机。大飞机主要依据两种鉴定标准：按载重区分，起飞总重量超过 100 吨的运输类（载人或载货）飞机；按座级分，客舱座位在 150 座以上的干线客机。1955 年，美国波音公司开发出大型喷气式客机波音 707，在商业上获得巨大成功。同年，苏联生产的图 -104 首秀蓝天。1969 年，英、法、德等欧洲国家联合研制出与波音比肩的大飞机——空中客车 A300。

经过几十年的大浪淘沙，当前大飞机主要由波音和空中客车两家寡头垄断，代表产品有欧洲空中客车公司的 A320、A330、A350、A380，美国波音公司的 B737、B747、B777、B787 等，其中 A350 和 B787 为目前最新型的大飞机。

1970 年 8 月，中国开启了一项代号为"708"的工程——制造自己的大型喷气客机。来自全国各大科研院所、高校、军队、工厂的 300 多个单位的各路精英云集上海，参与研制任务，该飞机被命名为"运 10"。

1980 年 9 月 26 日，运 10 在上海大场机场首飞升空。运 10 最远航程达到 8600 千米，最大时速 930 千米，最大起飞重量 110 吨，最高飞行升限 12000 米。运 10 是我国第一款按英、美适航条例设计、自主研发、具有完全知识产权的大型喷气客机，飞遍全国各大城市，其中七次飞赴被称为"空中禁区""死亡航线"的西藏拉萨，运送救灾物资。

运 10 使我国成为继美国、苏联和西欧之后第四个跨入 100 吨级飞机俱乐部的国家及地区。遗憾的是，由于时代和其他种种原因，运 10 最终没能量产。

C919 的技术指标有哪些？

C919 客机属中短途商用机，实际总长 38.9 米，翼展 35.8 米，高度 11.95 米，其基本型布局为 168 座。标准航程为 4075 千米，最大航程超过 5500 千米，经济寿命达 9 万飞行小时。

C919 采用先进气动布局和新一代超临界机翼[1]等先进气动力设计技术，达到比现役同类飞机更好的巡航气动效率[2]，并与设计指标后十年市场中的竞争机具有相当的巡航气动效率；先进的发动机以降低油耗、噪声和排放；先进的结构设计技术和较大比例的先进金属材料和复合材料，以减轻飞机的结构重量；先进的电传操纵和主动控制技术，以提高飞机综合性能，改善舒适性；先进的综合航电技术，以减轻飞行员负担，提高导航性能，以及改善人机界面；先进的客舱综合设计技术，以提高客舱舒适性；先进的维修理论、技术和方法，以降低维修成本。

C919 共有全经济级、混合级、高密度级三种客舱布置构型，与同类的 B737 和 A320 相比，C919 更人性化。一般旅客乘坐飞机时，都不愿坐中间，C919 特意将中间座位的尺寸加大 2.54 厘米，给中间位的客人以舒适度和心理上的补偿。可别小看这 2.54 厘米，这小小的改动会影响机舱整体的空间和布局，连外型尺寸也得跟着变。C919 驾舱采用 4 块风挡玻璃，而不是常规的 6 块，不仅风挡面积更大，视野更开阔，也减少了飞机头部气动阻力。

我国具有 C919 完全的知识产权吗？

C919 在总体设计、气动设计、强度设计等方方面面都是中国创意。C919 核心部件之一的超临界机翼，先后设计了 2000 多种图纸，优中选优，最终定型，获得了技术发明奖。

根据国际贸易规则，C919 采取主制造商 - 供应商模式，飞机的许多子系统购买的

---

1 超临界机翼，一种特殊翼剖面（翼型）的机翼，可改善飞机的气动性能、降低阻力并提高姿态可控性。
2 气动效率，即空气动力效率，是指以很小的阻力产生较大升力的能力。

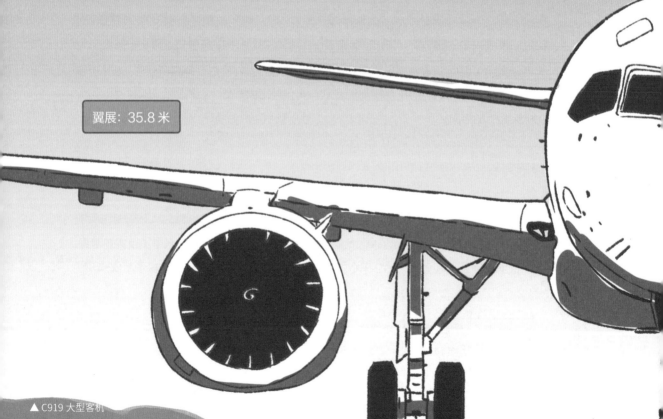

标准航程：4075 千米
巡航行速度：0.78 ~ 0.8 马赫
最大飞行高度：12131 米
最大载油量：19560 千克
座位数：158 个（2 舱等）
最大起飞重量：20500 千克

机身长度：38.9 米

机身宽度：3.96 米

翼展：35.8 米

▲ C919 大型客机

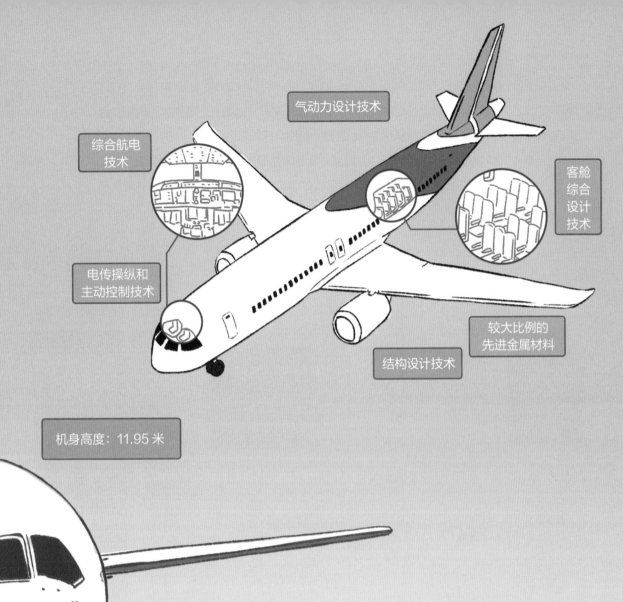

气动力设计技术

综合航电技术

客舱综合设计技术

电传操纵和主动控制技术

较大比例的先进金属材料

结构设计技术

机身高度: 11.95 米

是国外设备，这是制造业的国际共通。之所以选国外的产品，一是快，如果样样自己开发，周期太长；二是按国际规则，飞机的零部件都是全球采购，比如 B787 梦想飞机，波音公司只负责 10% 的总装合成，其余 90% 的构件都是全球外采。

一架飞机有 300 万至 600 万零件，局部外包是常规做法，不代表不是我们的东西。C919 购买国外的系统，并不是附人骥尾，所有的供应商都是按中国商用飞机有限责任

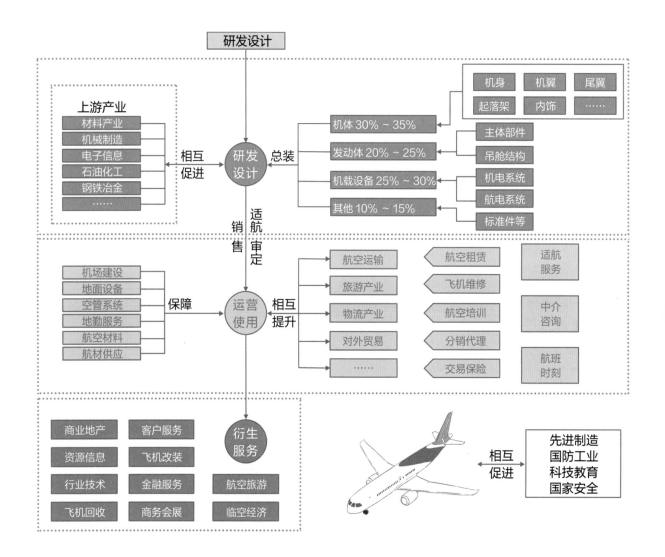

▲ 大飞机产业链

公司（以下简称"商飞"）的设计要求来研制的产品。发动机由中方提出技术指标，外方按要求研发，其他零配件也是如此，但总体专利是商飞的。换句话说，在商飞的总体产权下，局部用别人的东西，这样能少走许多弯路。比如集成用的复合材料——铝锂合金，商飞和供应商已进行了十多年的共同研究，其强度要求、疲劳要求、弹性要求、磨亮要求等技术指标，都由中方提出。过去我们选用外方飞机上的材料，而C919用的是研制的新材——主体材料为第三代铝锂合金同位替换，可减重7%。

随着大飞机项目的前推，国内的复合材料进步明显，有的双方成立合资公司一起做，有的国内公司单独做。一架机和另一架机也有区别，C919第一、第二架机使用外方的材料，第三、第四、第五架机有国外的也有国内的，到第六架机（106号机）时，主体结构全部使用国产的铝锂合金新材。钢的技术也获重大突破，106号机使用的全是国产钢，使用宝钢研制的300M特种钢制作起落架，技术完全达标。

拿人们最关心的发动机为例，C919对外公布的有两款发动机，一款是美、法合资的利普（LEAP）；另一款是国产的长江1000A（CJ-1000），它完全由中国自主研发，也已点火成功。

我国大飞机下一步有什么计划？

继C919大飞机后，中俄合作研发的CR929也在稳步推进。

CR929机长63.3米，翼展61.2米，高度17.9米，其机翼下发动机短舱[1]的直径就与ARJ21的机舱宽度相当。1架CR929的重量等于6架ARJ21，或者3架C919。CR929的航程可达到12000千米，从北京或上海出发能轻松抵达北美的温哥华、西雅图、洛杉矶等地，满足中国航空市场95%左右的航线需求；从莫斯科出发，能满足俄罗斯现有航线及独联体国家航线的全部要求。CR929常规的三舱布局为280座，如果采用紧凑的全经济舱，最多可容纳440名乘客。此外，CR929还有缩短型和加长型，后者的航程可达到15000千米。

CR929中方总设计师说："ARJ21、C919、CR929就是充满中国特色的自主设计，我们有方法、有能力，也有工具。我国有最大最快的计算机，用来超算设计；我国的实验风洞无论是尺寸还是水准，都是世界先进的。凭借在气动方面的优势，CR929的飞行

1　短舱是指飞机上安放发动机的舱室。

阻力将进一步减小。"

　　随着 C919、CR929 按计划推进，我国航空工业将实现三大跨越：从窄体单通道向宽体双通道的跨越；从中短程内陆飞行向远程跨洋飞行的跨越；从金属材料为主向复合材料为主的跨越。

满载航距：12000 千米
巡航行速度：0.85 马赫
座位数：261 ～ 291 个（2 舱等）
最大起飞重量：208800 ～ 234000 千克

机身长度：63.3 米

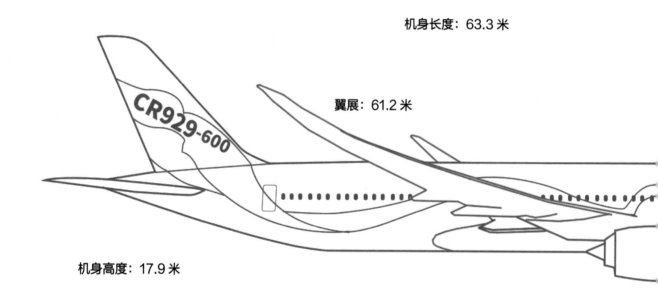

翼展：61.2 米

机身高度：17.9 米

▲ CR929

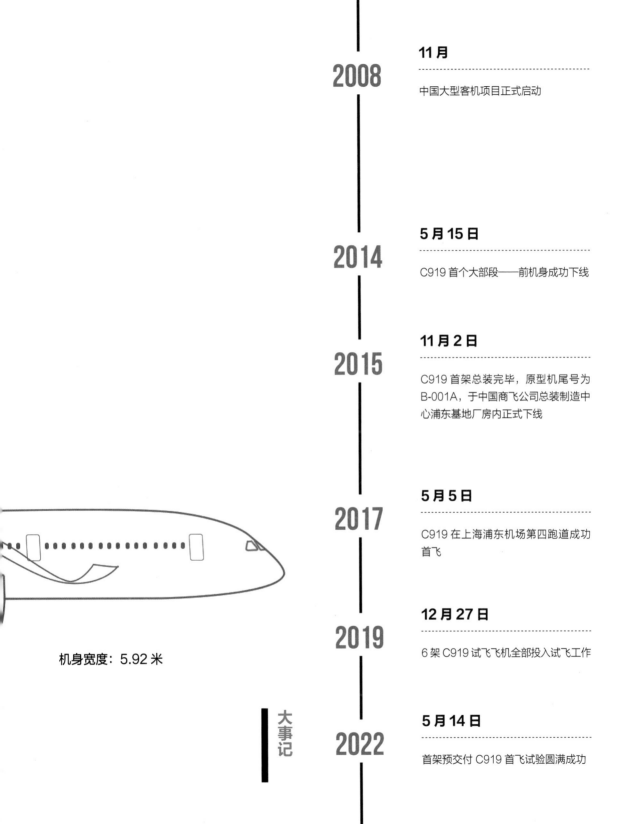

2008

11 月

中国大型客机项目正式启动

2014

5 月 15 日

C919 首个大部段——前机身成功下线

2015

11 月 2 日

C919 首架总装完毕，原型机尾号为 B-001A，于中国商飞公司总装制造中心浦东基地厂房内正式下线

2017

5 月 5 日

C919 在上海浦东机场第四跑道成功首飞

2019

12 月 27 日

6 架 C919 试飞飞机全部投入试飞工作

大事记

2022

5 月 14 日

首架预交付 C919 首飞试验圆满成功

机身宽度：5.92 米

32

国产大型特种用途水陆两栖飞机："鲲龙"AG600

2017 年 12 月 24 日，"鲲龙"AG600 水陆两栖飞机在广东珠海陆上首飞成功；2018 年 10 月 20 日，在湖北荆门水上首飞成功；2020 年 7 月 26 日，在山东青岛海上首飞成功。"鲲龙"兼具森林灭火、水上救援等多重功能，是我国自主立项研制的大型特种用途民用飞机，也是国家应急救援体系和自然灾害防治体系建设急需的重大航空装备。

"鲲龙"的设计难在哪里？

"鲲龙"机长 38.9 米，翼展 38.8 米，机高 11.7 米，最大起飞重量 60 吨，最大实用航程大于 4000 千米，巡航速度 480 千米 / 小时，最小平飞速度 220 千米 / 小时。

从外表看，"鲲龙"飞机长得怪怪的，它的上半身是飞机外形，而下半身则像在水里航行的船舶，在左右机翼外侧还各配了一具浮筒。其实这是众多水陆两栖飞机最经典的模样，是为了保证飞机能在水面安全起降，同时还要具备优秀的飞行性能。

"鲲龙"是水陆两栖飞机，作为飞机，它在设计上必须满足飞机设计的各项技术要求，跟一般的陆基飞机没有差别；但是因为它还要在水上起降，所以在设计上远比陆基飞机困难。

首先，陆地跑道是"硬"的，飞机起飞时，滑跑加速，达到了离地速度之后，驾驶员一拉操纵杆，飞机就会离地爬升。但是，两栖飞机在更多的场合下是要从江河湖海的水面上起飞的，而水面是"软"的，存在着不同程度的波动，会对飞机的运动姿态带来干扰。风浪一大，水面的扰动就会加剧，飞机如果控制不住，就可能一头钻进水里。

其次，两栖飞机在水面滑行起飞阶段，水所产生的阻力远大于空气，所以这时飞机就需要有足够的动力去克服不同阶段的水阻峰值，达到合理的离水速度。否则，飞机就只能像一艘快艇那样，始终贴着水面滑行。

最后，两栖飞机在水面高速滑行时，水面会对飞机产生高频的冲击，而飞机在高速接水降落的过程中，所受冲击力又非常大，其受力特性远比在陆地跑道上起降复杂得多。

因此，两栖飞机的设计需要经过更复杂的计算和测试。比如"鲲龙"作为两栖飞机，其重心在水面以上才可顺利离水，但此时飞机可能会侧倾，就需要在左右机翼分别增加浮筒，以保持横向的稳定。"鲲龙"机首还增加了抑波板，将迎面水流分开向下，避免水流喷到发动机和螺旋桨上，以保证飞行安全。另外，为了克服空气压力，让飞机顺利离开水面起飞，"鲲龙"的机身中间还特别设计了"断阶"，这个设计相当于在水面和机身之间垫进一个"空气层"，这样就避免了两栖飞机像船舶那样被牢牢"吸附"在水面上的问题。

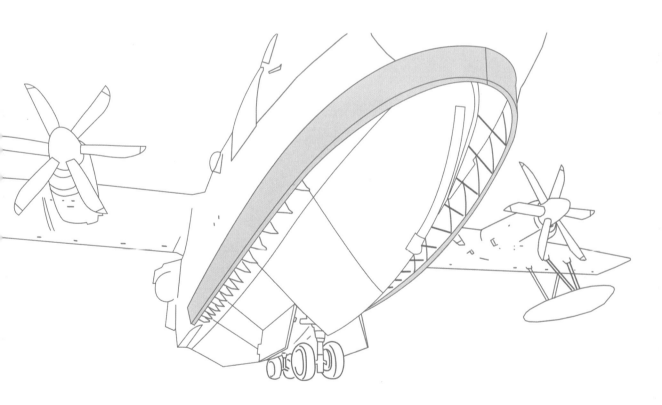

▲ 抑波板

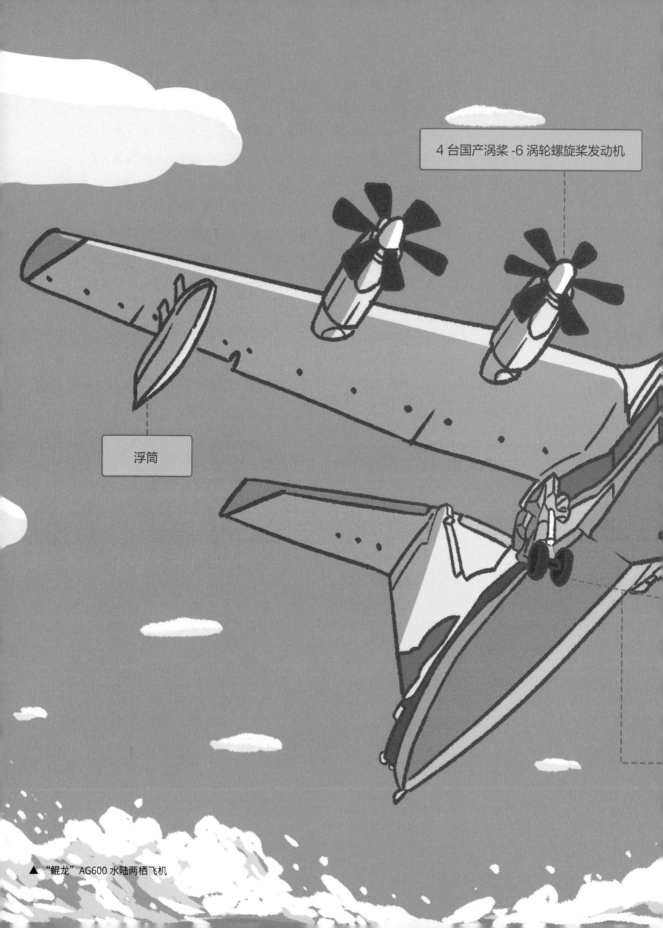

4 台国产涡桨 -6 涡轮螺旋桨发动机

浮筒

▲ "鲲龙" AG600 水陆两栖飞机

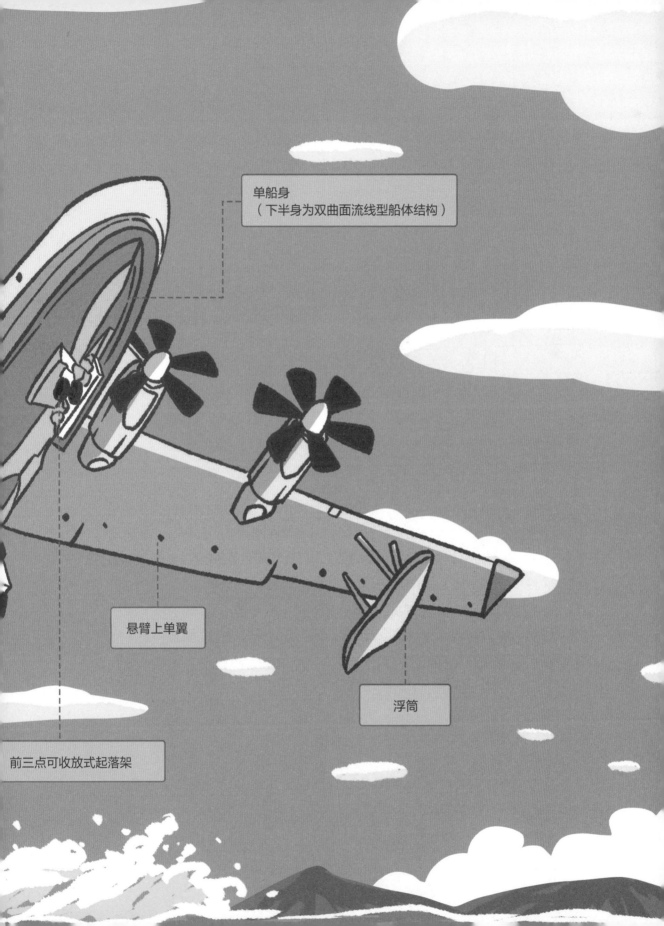

单船身
（下半身为双曲面流线型船体结构）

悬臂上单翼

浮筒

前三点可收放式起落架

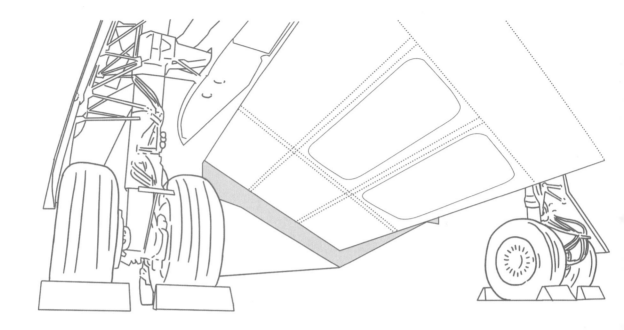

▲ 断阶，两栖飞机离水的关键设计

　　为了克服水阻顺利起飞，"鲲龙"机身狭窄，这样留给主起落架的空间就非常狭小，可谓"螺蛳壳里做道场"。"鲲龙"的起落架放下时，需要像悬臂一样外伸，以便增大轮距，并增加降落时的稳定性；收起来时则需要先向后摆，然后收并到起落架舱里。这样，起落架的传力过程就多出很多环节，这些问题一度让设计人员大费周章。

　　从总体气动布局上来看，"鲲龙"采用了上单翼、"T"形尾，所有翼面远离水面，这就避免了"浪拍机翼""浪打螺桨"的现象，保证了飞行的安全、稳定。设计人员必须兼顾水和空气的流体动力学特性，特别要考虑水面起降过程当中可能产生的气水耦合现象，所涉问题跨越不同学科，计算量也非常庞大。

"鲲龙"的制造难在哪里？

　　"鲲龙"的制造难度高于传统的运输类飞机。为了减小水波的阻力，"鲲龙"机身细长，长度达到了 38.9 米，断阶部分的宽度只有 2.9 米，术语叫作"大长宽体"机身，就像龙舟。通常类似吨位的运输类飞机机身是一个圆筒，直径都在 4 米以上。"鲲龙"的截面是双曲线"船身"，而且从头到尾每个舱段的截面形状都不同，设计参数既要满足空气动力学的要求以减小阻力，又要保持船体水上滑行的稳定性，还要实现飞机的可操作性。这些因素对制造工艺也提出了很高要求，强度、水密、机舱增压、防腐等性能绝对不能出问题。

"鲲龙"中段机身内含 8 个水箱，此外，机身外侧还要留出起落架舱的空间，安装机翼，机腹下则设有断阶。结构复杂带来的是部件制造工艺复杂。所有部件的气密、喷水及灌水水密三项试验要达到 100% 一次性合格。

"鲲龙"中后机身、后机身长度大，水动外形变化大，空间相对狭窄，装配协调关系复杂，这些对铆接工艺、相关组件协调提出了很高要求。此外，它的中央翼段是成形难度较大的薄壁高筋结构，采用了喷丸¹ 成形、喷丸强化工艺。发动机短舱、发动机支架等部分的零件从原材料选用到铆接、焊接、热处理，都实现了工艺创新。

为什么说"鲲龙"生逢其时？

中国人民解放军海军在 20 世纪 50 年代首次装备两栖飞机，用于近海侦察反潜，机型是苏联别里科夫设计局的别 -6，数量仅为 6 架。1968 年，我国在别 -6 的技术基础上开始研制水轰 5 水陆两栖飞机。1989 年 8 月 12 日，山东省青岛市黄岛老油库区的储油罐遭雷击爆炸，水轰 5 飞机被用于消防灭火，初步展现了两栖飞机的多用途潜力。此后，水轰 5 机体逐渐老化，性能也已落后，后退出中国人民解放军海军现役。

进入 21 世纪，我国航空装备制造业迎来了新的发展契机。专门负责研制两栖飞机的航空工业特种飞行器研究所（605 所）于 2006 年上马了"海鸥"300 轻型两栖飞机项目，为研发未来大型水陆两栖飞机做好铺垫。

2008 年初，我国南方遭受冰灾；5 月 12 日，四川省发生了汶川大地震。在应急救灾领域，大型航空装备的重要价值体现了出来。研发一款大型水陆两栖飞机，以满足森林灭火、海上救援的迫切需要，成为业内外共识。在国家的倾力支持下，"鲲龙"AG600项目于 2009 年启动，2012 年通过可行性评审，2014 年上半年进入工程制造阶段。

"鲲龙"AG600 项目得以把本已流散的水陆两栖飞机研发力量重新凝聚起来，其设

---

1 喷丸是指使用丸粒轰击工件表面并植入残余压应力，提升工件疲劳强度的冷加工工艺。

计和制造填补了我国大型水陆两栖飞机的空白，为未来同类产品的研发奠定了更坚实的基础。

"鲲龙"应急"牛"在哪儿？

"鲲龙" AG600 选装了 4 台国产涡桨 -6 发动机，采用双驾驶体制，载重量大、航程远、续航时间长。针对我国森林火险高发的情况，"鲲龙"在设计之初就考虑了"吸水吐水"的能力，可在短短 20 秒内汲水 12 吨，然后迅速飞往火场投水灭火，是妥妥的"消防之龙"。

一些由常规运输飞机改装的消防飞机虽然航速很快，但其在火场的投水面积通常比较大，也容易分散，灭火效果受到一定影响。而"鲲龙"投水时的速度一般在每小时 220 ~ 250 千米，投放 12 吨水仅需 3 秒钟，大约可覆盖 3000 ~ 4000 平方米的火场，相当于在瞬间形成 3 ~ 4 毫米的局部降水，在火灾初期比较容易压制火势。如果几架"鲲龙"飞机连续作业，对控制火情就更为得力。

"鲲龙"还具备执行水上应急救援任务的能力，飞机最低稳定飞行高度 50 米。优异的低空低速性能便于机上救援人员发现救援目标，加之它可在水面停泊，一次最多可救护 50 名遇险人员。目前"鲲龙"可适应浪高 2 米的海况，能够满足我国海域内安全作业的需求。

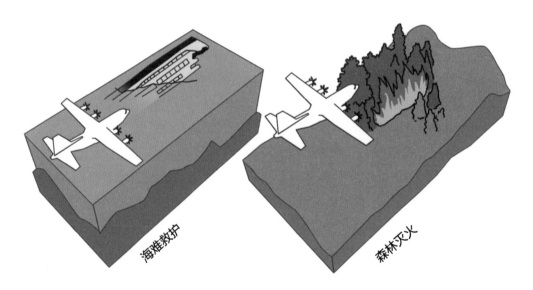

海难救护

森林灭火

▲ "鲲龙" AG600 的应用场景

对于 500 千米以外的中远海海域,救援船舶抵达需要十到二十几个小时,直升机的航程通常不够。"鲲龙"航程超过 4000 千米,救援半径为 1200 ～ 1500 千米。假设遇险船舶和人员离岸 1000 千米,"鲲龙"仅需 2 小时左右就可以赶到现场,航程远、速度快的优势就体现出来了。

此外,"鲲龙"还可以向我国沿海岛礁、石油钻井平台运输补给物资,必要时还可承担海上丝绸之路的安全防护,应用前景非常广阔。

"鲲龙"的研发坚持自主创新,立足国产配套,提升了国产大型特种民机设计能力和制造水平,促进了我国应急救援航空装备体系建设的跨越式发展,对助推国民经济发展,建设航空强国、海洋强国,都具有重大意义。

大事记

2009

9 月 5 日

中国航空工业集团公司正式对外宣布,启动大型灭火 / 水上救援水陆两栖飞机研制项目

2016

7 月 23 日

"鲲龙"AG600 在中航工业通飞珠海产业基地总装下线

2017

12 月 5 日

大型水陆两栖飞机"鲲龙"AG600 通过首飞技术质量评审和首飞放飞评审

2020

7 月 26 日

"鲲龙"AG600 在山东青岛附近海域,成功实现海上首飞

2021

3 月 4 日

"鲲龙"AG600 001 架机在湖北荆门漳河机场顺利完成灭火任务系统首次科研试飞

33

全球首座 10 万吨级深水半潜式生产储油平台：深海一号

2021 年 4 月 15 日，我国首个千亿立方米自营深水大气田陵水 17-2 气田所有开发井的钻完井作业全部完成，顺利投产在即。此举标志着我国已完全具备深水、超深水海域的油气勘探开发能力。而"深海一号"10 万吨级深水半潜式生产储油平台将用于开发我国首个 1500 米深水自营大气田。该气田投产后，将依托海上天然气管网，每年为粤港琼等地供应 30 亿立方米深海天然气，可以满足大湾区四分之一的民生用气需求。

"深海一号"有多大？

"深海一号"是由我国自主研发建造的全球首座 10 万吨级深水半潜式生产储油平台，是我国最新一代海洋工程重大装备。

"深海一号"半潜式钻井平台，是一种大部分浮体没于水面下的小水线面的移动式钻井平台，从坐底式钻井平台演变而来，由上部组块和船体两部分组成。该平台按照"30 年不回坞检修"的高质量设计标准建造，设计疲劳寿命达 150 年，可抵御百年一遇的超强台风。能源站搭载近 200 套关键油气处理设备，同时在全球首创半潜平台立柱储油，最大储油量近 2 万立方米，实现了凝析油[1]生产、存储和外输一体化功能。

"深海一号"能源站尺寸巨大，总重量超过 5 万吨，最大投影面积有两个标准足球场大小；总高度达 120 米，相当于 40 层楼高；最大排水量达 11 万立方米，相当于 3 艘中型航母。其船体工程焊缝总长度达 600 千米，可以环绕北京六环 3 圈；使用电缆长

---

1 凝析油，是指从凝析气田或者油田伴生天然气凝析出来的液相组分，又称天然汽油。凝析油的特点是在地下以气相存在，采出到地面后则呈液态。

度超 800 千米，可以环绕海南岛一周。

　　"深海一号"在建造阶段实现了 3 项世界级创新，即世界首创立柱储油、世界最大跨度半潜平台桁架式组块技术、世界首次在陆地上采用船坞内湿式半坐墩大合龙技术，同时运用了 13 项国内首创技术，攻克了 10 多项业界难题。

"深海一号"的水下生产系统有哪些创新？

　　"深海一号"能源站所在的陵水 17-2 气田采用"半潜式生产平台 + 水下生产系统 + 海底管道"模式开发。前面介绍过了"半潜式生产平台"，下面就来介绍一下"水下生产系统"。

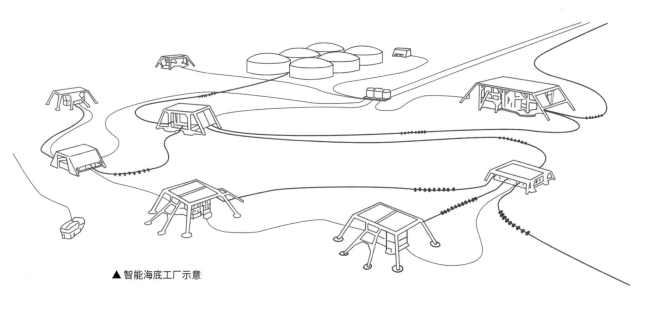

▲ 智能海底工厂示意

　　水下生产系统是在东西跨度超过 50 千米的 7 个深水井区共部署 11 口开发井，其核心装备是 11 株"水下采气树"，包括 9 株标准水下采气树和 2 株智能水下采气树，面临作业水深大、井区状况差异大、极端天气频发等诸多挑战，其完整设计和质量控制过程极为复杂，同类型作业在全球范围内几乎没有可借鉴的成功案例。

　　"深海一号"还多次刷新了世界深水钻完井作业单项纪录，项目团队采用自主研发的表层规模化建井技术、上下部一体化完井等创新作业模式，填补了我国在深水探井转开发井、深水智能采气树应用、深水智能完井等多项作业纪录的空白，使项目运行效率

排水量：11 万立方米

= 3× 中型航母

能源站总重量：5.3 万吨

使用钢铁量 > 7× 埃菲尔铁塔

▲ "深海一号" 10 万吨级深水半潜式生产储油平台

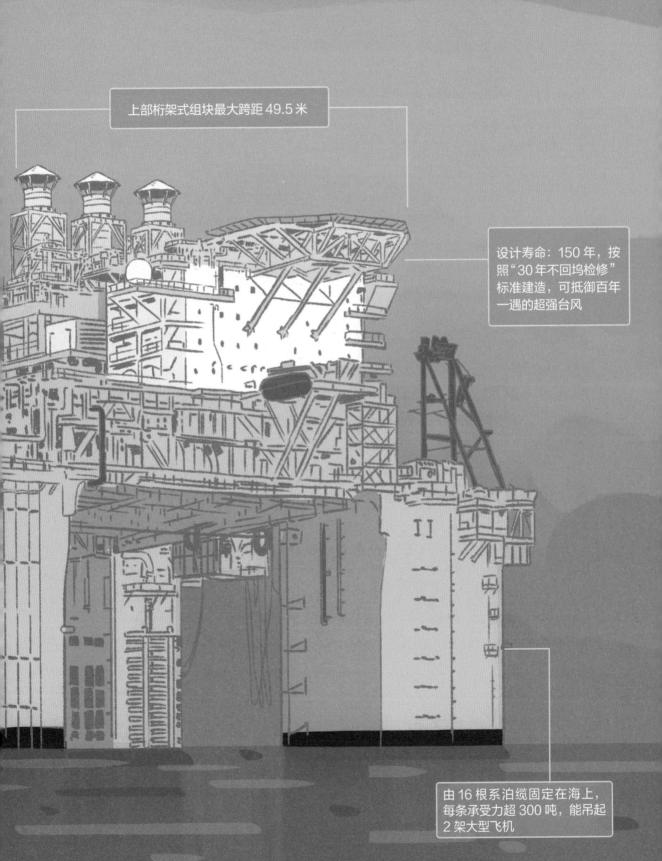

上部桁架式组块最大跨距49.5米

设计寿命：150年，按照"30年不回坞检修"标准建造，可抵御百年一遇的超强台风

由16根系泊缆固定在海上，每条承受力超300吨，能吊起2架大型飞机

提升了 30%，天然气产量较设计提高了 20%，项目总用时较计划减少了近三分之一。

陵水 17-2 大气田有多大潜力？

陵水 17-2 气田位于琼东南盆地，地处南海北部大陆架西区，北部为海南岛，是在前新生代基底上发育起来的陆缘拉张含油气盆地，总面积 $6×10^3$ 平方千米，其中面积约 $4.5×10^3$ 平方千米的深水区是盆地主体，盆地中部沉积了厚逾万米的古近纪（66 ~ 23 Ma[1]）、新近纪（23 ~ 2.58 Ma）以及第四纪（2.58 Ma 至今）地层。盆地构造演化可分为裂陷期（始新世至渐新世）和坳陷期（中新世至第四纪）两个阶段。

陵水 17-2 气田是盆地内陵水凹陷深水区中央峡谷发现的第一个商业性大型岩性气田，也是中国南海深水自营勘探发现的首个超千亿立方米大气田，由多个浊积水道砂岩圈闭组成，水深 1350 ~ 1450 米，主要储集层为中新统上部黄流组浊积水道砂体，井深 3100 ~ 3300 米（含水深）。整体来看，陵水凹陷油气成藏[2]属"古生新储、纵向运移、晚期成藏"的成藏模式。油气主要来自崖城组烃源岩，储集体为莺歌海盆地黄流组峡谷水道砂体，底辟[3]带及相关裂隙是油气运移的重要通道。

陵水 17-2 气田已探明地质储量超过千亿立方米，高峰年产气可达 33.9 亿立方米，超过全国 15 个省市的年天然气消耗量。

从 300 米向 1500 米超深水挺进

在油气勘探领域，国际上通常将水深超过 300 米定义为深水，将水深超过 1500 米定义为超深水。深水是油气资源重要的接替区，全球约超过 70% 的油气储量蕴藏在海洋之下，其中约 40% 来自深水。中国南海油气资源极其丰富，70% 蕴藏深海，但深海勘探难度极大。在深水区，水体环境、海底稳定性和沉积地层岩石强度与浅水区差异明显。受海床不稳定、坡度大、岩石强度低、温度低等条件影响，技术难度和投入呈几何倍数增长。

---

1 Ma 为百万年。

2 油气成藏是指在沉积盆地中，石油、天然气生成后，通过在输导层中的运移，最后充注进入圈闭之中，聚集形成油气藏的地质过程。

3 底辟，位于地下较深处、密度较小的高塑性岩石（如岩盐、石膏、黏土等）在差异重力作用下向上拱起，刺穿上覆岩层而形成的一种构造。

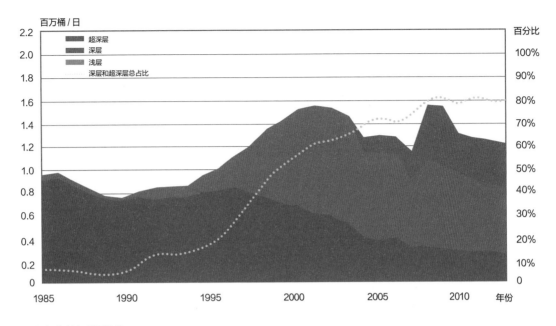

百万桶／日

- 超深层
- 深层
- 浅层
- 深层和超深层总占比

百分比

▲ 深海油气储量比重

　　"深海一号"的成功使我国深水油气开发能力和深水海洋工程装备建造水平取得重大突破，标志着我国已全面掌握打开南海深海能源宝藏的"钥匙"，实现从 300 米深水向 1500 米超深水挺进的历史性跨越。目前"深海一号"能源站的生产管线已经与环海南岛海底清洁能源供应网络完成连接。气田投产后，将成为保障海南自贸港和粤港澳大湾区清洁能源供给的主力气田。

大事记

2014 ——— **2021**

8 月

中国海洋石油集团有限公司勘探发现陵水 17-2 气田

1 月 14 日

"深海一号"能源站在山东烟台交付启航

5 月 29 日

"深海一号"能源站完成全部设备安装工作

6 月 25 日

陵水 17-2 气田正式投产

11 月 24 日

陵水 17-2 气田日产天然气 1000 万立方米，达到设计产量顶峰

34

助力我国可燃冰试采：
"蓝鲸1号"半潜式钻井平台

2017年2月13日，由中国国际海运集装箱集团旗下山东烟台中集来福士海洋工程有限公司建造的超深水双钻塔半潜式钻井平台"蓝鲸1号"命名交付。"蓝鲸1号"是全球最大的海上钻井平台。5月18日，在距离大陆300多千米的南海北部的神狐海域，海洋深处的可燃冰稳定产气所点燃的火焰燃烧60天后，中国向全球宣布：中国首次可燃冰试采在产气时长和产量两个领域均创造了新的世界纪录。在试采结束后，"蓝鲸1号"依靠自身的动力系统，以每小时18.5千米的速度长途跋涉，回到了自己的母港。

"蓝鲸1号"有多大？

"蓝鲸1号"是目前全球最先进一代（第七代）超深水双钻塔半潜式钻井平台，采用福瑞斯泰（Frigstad）D90[1]基础设计，由中集来福士海洋工程有限公司完成全部的详细设计、施工设计、建造和调试，配备DP3动力定位系统，入级挪威船级社[2]。"蓝鲸1号"钻井平台长117米，宽92.7米，高118米，甲板面积相当于一块标准足球场大小。它的最大作业水深为3658米，最大钻井深度为15250米，是目前全球作业水深、钻井深度最深的半潜式钻井平台，适用于全球95%海域作业。钻井平台取名"蓝鲸"，寓意它将成为代表人类海洋工程装备领域最高科技水平的平台。

---

1 一种钻井平台模板。
2 海上运营船舶必须入级，这是评定船舶技术状态的重要手段。挪威船级社是国际著名的船级社之一。

"蓝鲸 1 号"采用了哪些先进技术？

配有"双钻塔"，这是"蓝鲸 1 号"钻井平台与传统的单钻塔平台相比最大的不同。

通常的钻井平台都是一个钻塔，一套钻井系统。而"双钻塔"顾名思义，就是两个钻塔，两套钻井系统。这两套钻井系统是一模一样的，不是传统钻井平台的"一备一用"模式。

传统的单钻塔式钻井平台只用一个顶驱钻井，工作时需要停下来接钻杆，计划钻的井越深，需要的钻杆就越长，顶驱接管时间也就越多。"蓝鲸 1 号"钻塔高达 67 米，拥有 48 米的提升高度，以及双井芯的配置。当一个井芯钻探时，另外一个井芯就可以把 3 根 15 米长的钻杆连接成一根 45 米长的钻杆，源源不断地提供给钻井的井芯使用，钻井效率至少可以提高 30%。

为了实现大钻井深度，工程师们对平台的钻井系统做了很多改动，比如，为尽可能多地存放几十米一根的钻杆、套管而专门开辟出一个空间。"蓝鲸 1 号"一次出航最多可以携带近 200 根隔水套管、1000 多根钻杆，比第六代钻井平台多了 30%。

要带动钻井平台航行、维持双钻塔正常工作，就需要更为强大的动力。"蓝鲸 1 号"的 8 台发电主机能够产生一个 50 万人口城市的用电量，这套全球领先的西门子闭环动力系统把"蓝鲸 1 号"上的 8 台主机连接起来，不断根据实际的动力需求，自动安排 8 台主机哪些启动、哪些关闭，甚至能够精准地调节每台主机动力输出的大小。它能够降低 11% 的油耗，减少 35% 的氧化氮和 20% 的二氧化碳排放，并将主机维修费用降低 50%。

另外，"蓝鲸 1 号"的空船重量达到了 43000 吨，因为深海钻井平台需要很好的抗风浪、抗浪涌的能力。在执行深海钻探作业时，"蓝鲸 1 号"漂浮在海面上，连接的细细的钻杆深深地钻进海底，这就要求即使遭遇强烈的台风、海流或者其他恶劣海况，"蓝鲸 1 号"也必须牢牢停留在原地，否则就会发生钻杆折断的惨剧。"蓝鲸 1 号"之所以能够被称为全球最先进的深海钻井平台，就在于它配备了全球最先进的 DP3 动力定位系统。

动力定位系统中的 DP3 级是国际海事组织的最高动力定位级别，它可依靠自身的自控系统和卫星定位，自动测定风向等海况，将船稳稳停泊在作业点。在"蓝鲸 1 号"钻井平台上，DP3 动力定位系统的作用就是，通过收集其底部 8 个推进器的转速、方向，以及风、浪、海流等环境参数，进行精密计算和分析，并实时控制 8 个推进器的转速和方向，以确保"蓝鲸 1 号"保持在台风、海流的袭击下也能岿然不动。

双井架

2 台 100 吨甲板吊

2 台 14 吨折臂吊

▲ "蓝鲸 1 号"超深水双钻塔半潜式钻井平台

锚泊系统

DP3 动力定位系统

2 台 1134 吨顶驱

液压双钻

200 人生活区

主控室

直升机平台

救援艇

8 台 4500 千米推进器

"蓝鲸1号"开采的可燃冰为什么这么重要？

可燃冰，又叫天然气水合物，也称作固体甲烷，是水和天然气在高压低温情况下形成的类冰状结晶物质。由于这种物质的外观看起来非常像冰，且遇到火就可以燃烧，所以才被叫作可燃冰。早在1778年，英国化学家约瑟夫·普里斯特利（Joseph Priestley）就开始研究形成可燃冰的温度和压强了。1811年，英国化学家汉弗莱·戴维（Humphry Davy）在实验室里获得含氯的水合物，首次提出了"水合物"一词。

到了1965年，苏联人尤里·马科贡（Yuri Makogon）在西西伯利亚北部的麦索亚哈永久冻土带又一次发现了这种熟悉的物质。人们意识到，原来天然气水合物可以在自然界中形成矿藏。1969年，苏联开始在麦索亚哈商业开采可燃冰。麦索亚哈气田是人类第一个，也是迄今为止唯一一个进行商业开采的可燃冰气田。

1970年，美国在布莱克海台、苏联在黑海发现了海洋可燃冰，日本、加拿大也纷纷加入了可燃冰勘探的队伍中。迄今为止，全球有30多个国家和地区在进行可燃冰的研究与调查勘探。科学家们也得出结论，在海洋中，尤其在外陆架边缘，沉积了大量有机物的区域，天然气资源丰富，加之以海底的低温高压环境，可燃冰广泛存在。

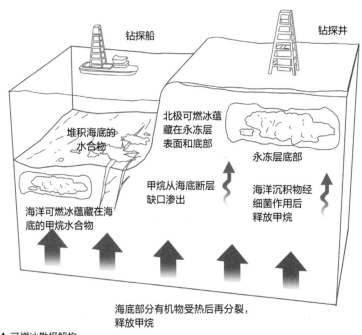

▲ 可燃冰勘探解构

我国开采可燃冰有什么重要意义？

2005 年，我国在南海北部东沙群岛以东海域发现了大量"冷泉"自生碳酸盐岩。这是海洋中天然气水合物存在的重要证据，它的形成被认为与海底天然气水合物系统和生活在冷泉喷口附近的化能生物群落的活动有关。

2007 年，我国在南海北部钻取可燃冰首次采样成功，证实了这里有丰富的可燃冰资源。

2013 年 12 月 17 日，我国首次在珠江口盆地东部海域钻获高纯度的新类型天然气水合物，这也是我国首次钻获高纯度可燃冰。我国对于海洋可燃冰的全面勘察就此起步。

2017 年 5 月 18 日，我国成功在珠海东南方向的神狐海域可燃冰矿藏中开采出天然气。试气点火 60 天后，我国首次可燃冰试采在产气时长和产量两个领域都创造了新的世界纪录，成为全球第一个在海域可燃冰试采中获得连续稳定产气的国家。

助力我国可燃冰的首次试采，"蓝鲸 1 号"超深水双钻塔半潜式钻井平台功不可没。"蓝鲸 1 号"代表了当今世界海洋钻井平台设计建造的最高水平，将我国深水油气勘探开发能力带入世界先进行列。高端海洋工程装备已然成为保障国家战略能源供应和经济持续增长的重要支撑。

大事记

2013

8 月 28 日

"蓝鲸 1 号"建造基地开工

2016

9 月 4 日

"蓝鲸 1 号"开始试航之旅，仅用 17 天就完成试航任务

12 月 28 日

"蓝鲸 1 号"顺利取得挪威船级资格证书

2017

2 月 13 日

"蓝鲸 1 号"在烟台建造基地正式命名并交付

5 月 18 日

"蓝鲸 1 号"完成我国全球首次海域可燃冰大规模试开采任务

35

创造世界纪录的海底钻机系统：
海牛Ⅱ号

2021 年 4 月 7 日 23 时左右，湖南科技大学领衔研发的"海牛Ⅱ号"海底大孔深保压取芯钻机系统（以下简称"海牛Ⅱ号"），在南海超 2000 米深水成功下钻 231 米，刷新了世界深海海底钻机钻深纪录。这一成果填补了我国海底钻深大于 100 米、具备保压取芯功能的深海海底钻机装备的空白，标志着我国在这一技术领域已达到世界领先水平，可有效满足我国海底天然气水合物（可燃冰）资源勘探的任务。

"海牛Ⅱ号"有哪些关键技术？

"海牛Ⅱ号"属于我国国家重点研发计划"深海关键技术与装备专项"课题，目标是研制出一套作业水深不小于 2000 米、钻进深度不小于 200 米、保压成功率不小于 60% 的海底大孔深保压取芯钻机系统。"海牛Ⅱ号"高 7.6 米，腰围 10 米，体重 12 吨，水下重量 10 吨，看似很笨重，实际上到了海底就像一条泥鳅一样灵活。

"海牛Ⅱ号"是目前世界上唯一一台海底钻深大于 200 米的深海海底钻机，它采用全新的基于海底钻机绳索取芯技术的水合物保压取芯原理、保压取芯技术与工艺、轻量化设计技术以及海底复杂地层智能钻进专家系统，使得钻探效率、取芯质量、保压成功率显著提高，钻机重量较国外同类钻机大幅减少，水下收放作业难度大幅降低，并且所有关键技术均为我国自主研发。

海洋钻机有哪些类别？各有什么特点？

钻机又称钻探机，其主要作用是带动钻具破碎孔底岩石，以及下入或提出在孔内的钻具，可用于钻取岩芯、矿芯、岩屑、气态样、液态样等，以探明地下地质和矿产资源等情况。石油钻机为钻机的一个重要门类。

按照作业区域可以将石油钻机划分为陆地钻机与海洋钻机两类。携带海洋钻机的装备可称为海洋钻井装备，大概又可以分为固定钻井装备和可移动钻井装备两大类。

固定式钻井装备一般作业于固定海域，多为综合处理平台，配备钻机模块，在项目前期提供钻井作业，在油气田生产过程中提供钻调整井及修井服务。

可移动钻井装备的主要功能是钻修井，可以往返于不同油气田实施钻修井作业。其中半潜式钻井平台、单柱体钻井平台、钻井船多配备动力定位，具备自航能力（少数比较老的半潜式钻井平台需要依靠其他船只拖动）；而自升式钻井平台不具备自航能力。

然而，海底钻机与上述钻井平台类装备不同。海底钻机有着钻探成本低、效率高，样品扰动小、易保压，设备体积小、易操作和船舶适应性强等优点，是海底资源勘探、海洋地质调查和海洋科学考察不可或缺的重要技术装备，目前在各海洋强国都受到了重视和应用。

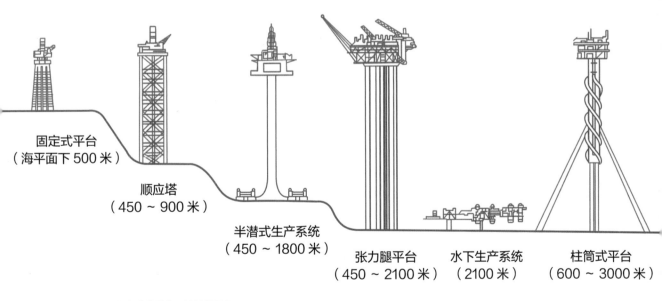

▲ 各种类型的石油钻井平台

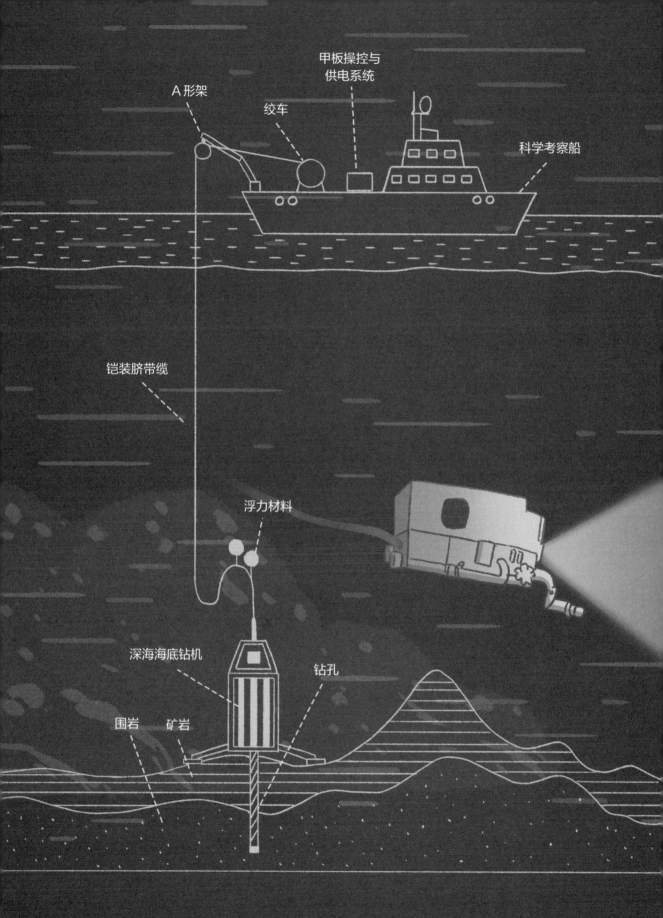

甲板操控与
供电系统

A 形架

绞车

科学考察船

铠装脐带缆

浮力材料

深海海底钻机

钻孔

围岩

矿岩

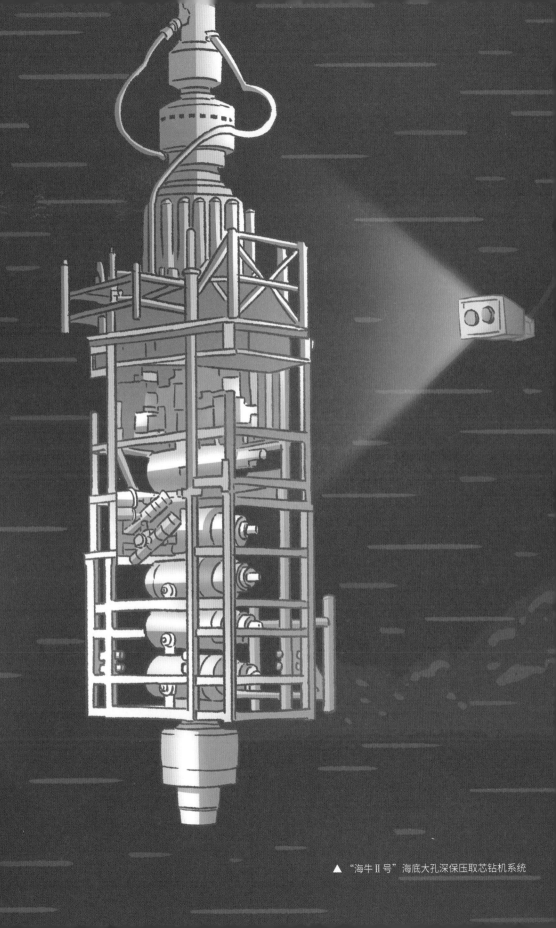

▲ "海牛Ⅱ号"海底大孔深保压取芯钻机系统

海底钻机经历了怎样的发展历程?

海底钻机的发展大致经历了四次变革。第一代海底钻机以浅海、浅钻、功能单一、智能化低为主要特点,广泛应用于 20 世纪 50 年代。其钻探目的以及供能方式多种多样。

第二代海底钻机诞生于 20 世纪 90 年代之后,以深海、浅钻、智能化为主要特点,随着钻探、机电、测控、通信、传感器等技术的发展和融合,海底钻机在适水深度、钻探深度、智能化等方面均发生了质的飞跃。第二代海底钻机的作业水深可达 6000 米,钻探深度相比于第一代的 10 米增大至 50 米。第二代海底钻机放弃了燃料供电,多采用电池或电驱供电,采用通信总线、光纤及声学等通信方式,并增加了可视化、姿态仪、推进器、调平支腿等监视和控制装置。

2007 年前后至今,第三代海底钻机出现了。这一时期的海底钻机以中深钻、绳索取芯、多功能测试和智能化柔性控制为主要特点。除了工作效率显著提高外,绳索取芯技术的应用使得井下的缆式原位测试成为可能。缆式原位测试是一种利用绳索打捞器下放自容式原位测试仪至井孔底开展测试的方法,而更加先进的则是直接使用独立的小型水下绞车与承载电缆下放和回收原位测试仪。除此以外,为了获取钻探地层更多信息,简单的随钻测井仪器、井口的测试分析仪器以及样品的保压处理也获得应用。第三代海底钻机工作水深对比第二代虽然没有显著提高,但是钻探深度已经突破了 100 米。

第四代海底钻机出现于近几年,以高投入、大规模、深层钻探为主要特点。第四代海底钻机的体型庞大,设计思路高度模块化,各个模块在陆地上均可由标准集装箱装载和运输,下放到海底后则完全由遥控潜水器(ROV)进行组装、更换和维护。工程人员为第四代钻机设计了一套专门的自动运行软件和处理水下故障的专家系统,确保钻机在海底的工作效率和可靠运行。

我国的海底钻机研发有哪些里程碑?

我国开展海底钻机的实质性研究始于 21 世纪初,为满足我国深海富钴结壳勘探区调查的需要,以万步炎教授为首的科研团队开始了我国第一台深海浅地层海底钻机的研制,并于 2004 年正式投入使用。

2012 年,"海牛号"深海钻机的研发正式启动,该钻机采用绳索取芯方法,具备软泥和硬岩的取芯能力,配备多功能原位测试仪器,可以对地层的端阻力、摩擦力、孔隙水压力、温度开展原位测试，并能对土体颗粒进行摄像，已成为我国第三代海底钻机的代表。2015 年 6 月，"海牛号"深海钻机于南海海试成功，实现了国内海洋矿产资源探采装备的新突破。

2021 年 4 月 7 日，"海牛 II 号"在南海超 2000 米深水成功打钻 231 米。这一成果也填补了我国在海底钻深大于 100 米、具备保压取芯功能的深海海底钻机装备的空白。

尽管已取得如此巨大成功，但万教授及其团队仍把目光转向了 11000 米水深的马里亚纳海沟。科研团队预计在未来几年内实现 11000 米级深海地质钻探取样，以期为揭示海沟扩张演化规律和独特的生态系统及生命过程演化规律提供可靠装备。

大事记

2003

中国首台深海浅层岩芯取样钻机研制成功，并成功在海底下钻 0.7 米，钻获第一个岩芯样品，开启了中国自主研发深海海底钻机的历程

2010

深海中深孔岩芯取样钻机研制成功，海底钻探深度 20 米

2015

"海牛号"海底多用途钻机研发成功，改写了中国深海海底钻机钻探深度纪录

2017

"海牛号"完成技术升级

4 月 7 日

2021

"海牛 II 号"海底大孔深保压取芯钻机系统，在南海超 2000 米深水成功下钻 231 米

36

创造 18 个世界第一：
金沙江白鹤滩水电站

2021 年 6 月 28 日，当今世界在建规模最大、技术难度最高的水电工程——金沙江白鹤滩水电站首批机组投产发电，引领我国水电工程设计建设和高端装备制造技术领跑世界。

我国的水电站是如何发展的？目前在世界水电工程领域处在什么地位？

我国第一座自行设计、自制设备、自己施工建造的大型水电站，是位于浙江省建德市的新安江水电站。新安江水电站 1957 年开工、1960 年投产发电，锻炼出了我国第一支水电工程设计建设力量。

至 1980 年，我国建成了刘家峡、三门峡、龙羊峡、丹江口、葛洲坝等一大批现在人们耳熟能详的水电站，我国的水电工程队伍不断学习、吸收发达国家的设计建设理论，提升自己的能力。

1980—2000 年，我国水电工程开发建设体制逐渐与世界接轨，科技水平也逐步提升，建成了鲁布革、漫湾、二滩、隔河岩、岩滩、小浪底等大型水电站，开建了举世瞩目的三峡水利枢纽工程，管理、设计、监理和施工队伍进一步壮大，水电工程总体水平逐步追上发达国家。

进入 21 世纪，随着我国科技水平的进一步提升，水电工程总体走向世界先进水平，西部大江大河上一大批巨型水电站已经进入技术"无人区"：锦屏一级、小湾和溪洛渡的 300 米级特高拱坝，双江口、两河口和糯扎渡的 300 米级特高土石坝，锦屏二级、向家坝和乌东德的深埋大跨度地下空间等不断挑战人类工程极限，达到世界领先水平。到了 2017 年主体开工、2021 年投产发电的白鹤滩水电站，其 300 米级非对称特高拱坝、世界最大地下洞室群、100 万千瓦水轮发电机组和一系列智能建设运行管理系统等科技水平已经在世界上遥遥领先。

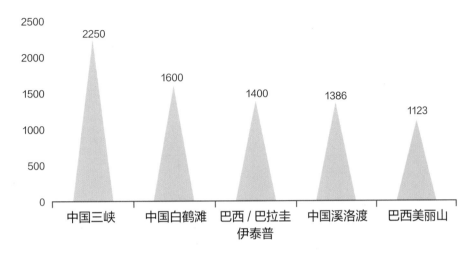

▲ 世界装机容量前五位水电站数据对比（单位：万千瓦）

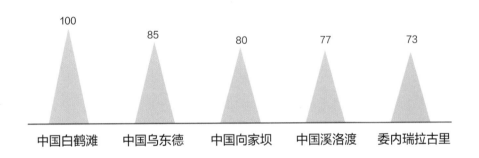

▲ 水电机组单机容量（最大值）世界排名（单位：万千瓦）

白鹤滩水电站有哪些作用？

首先，白鹤滩水电站的建成标志着金沙江下游水电基地开发完成，将为我国实现 2030 年碳达峰、2060 年碳中和战略目标发挥重要作用。白鹤滩水电站总装机容量 1600 万千瓦，平均每年发电 624 亿度，相当于每年节约了 2000 万吨标准煤，相应减少 5000 万吨的二氧化碳排放，具有极高的生态环境效益。这些清洁电能通过两条 800

单机容量 100 万千瓦

总装机容量 1600 万千瓦

地下洞室总长 217 千米

▲ 金沙江白鹤滩水电站

千伏特高压线路送往江苏省、浙江省。

其次是防灾。白鹤滩拥有一座 206 亿立方米的巨大水库，在长江流域仅次于三峡和丹江口水库，其中可用作防洪的库容达到 75 亿立方米，能够大大减轻长江中下游的防洪压力。

再次是航运。白鹤滩水库形成后，金沙江下游四座水库相接，让原本水流湍急、险滩遍布、无法通航的金沙江成为深水航道，通过翻坝转运可将从上海到四川攀枝花的路线彻底打通。

最后是脱贫。白鹤滩有近 800 亿元的资金直接投向了民生工程。受水库淹没影响的 6 个县原来有 4 个是国家级贫困县，白鹤滩为 10 万移民新建了 47 个村镇、16 条公路、800 多千米电力线路和一大批学校医院等公共设施，大幅提高了当地群众的生活质量，助力脱贫攻坚。

同时，为了消除工程建设对环境的影响，设计单位耗时 10 年，系统论证和建立了珍稀鱼类和珍稀鸟类保护、古树名木综合保护、后期生态修复提升等综合方案，还对水库 200 千米边坡的滑坡、塌岸、泥石流等地质灾害风险进行了系统治理或监控，大幅提高了沿线地区抵御自然灾害的能力，在当地产生了巨大的生态效益。

白鹤滩水电站创造了多少世界之最？

白鹤滩水电站的主要技术指标有 18 个世界第一，可分为三类：

最大建造难度的大坝工程：
椭圆线形拱坝高度世界第一；
特高拱坝抗震参数世界第一；
反拱水垫塘规模世界第一；
大坝浇筑缆机群规模世界第一；
全坝采用低热水泥世界第一；
地形地质复杂程度世界第一 。

最大的地下电站：
主厂房尺寸世界第一；

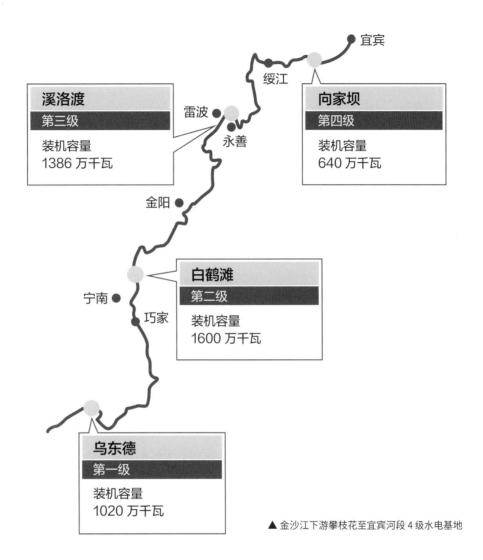

溪洛渡
第三级
装机容量
1386 万千瓦

向家坝
第四级
装机容量
640 万千瓦

白鹤滩
第二级
装机容量
1600 万千瓦

乌东德
第一级
装机容量
1020 万千瓦

宜宾
绥江
雷波
永善
金阳
宁南
巧家

▲ 金沙江下游攀枝花至宜宾河段 4 级水电基地

尾水调压室尺寸世界第一；

500 千伏出线井尺寸世界第一；

尾水管闸门室高度世界第一；

无压泄洪洞尺寸世界第一；

发电进水塔尺寸世界第一。

最强的水电装备：

单台机组功率世界第一；

单相变压器功率世界第一；

桥式起重机规模世界第一；

门式起重机规模世界第一；

三支臂弧门尺寸世界第一；

叠梁式闸门数量世界第一。

其实，中国很多水电站都能展现出一两项指标世界第一，但像白鹤滩这样几乎所有主要指标都是世界第一或者世界前三的（总装机、发电量、水推力、泄洪功率世界前三）就非常罕见了。这些指标相叠加，增加的设计建设难度是难以想象的。

在长达 30 年的论证和建设历程中，仅华东勘测设计院一家就实现了百余项技术突破，获得发明专利 200 余个，发表核心期刊论文 300 余篇，获得省部级以上科技进步奖 30 余项，攻克了工程地质、建筑结构、流体力学、建筑材料、金属结构、电气工程领域等一系列世界级核心科技难题，把大国重器牢牢掌握在了自己手里。

白鹤滩水电站是如何一步步规划、设计、研究并最终建成的？

1954 年，长江流域发生洪水之后，国家就开始部署研究在长江干流或主要支流上兴建水利工程以防治水患。1959 年，中外联合专家组首次来到金沙江下游，寻找建坝位置，当地勘察单位开展了初步选点勘察，完成了 31 个钻孔和 32 个平洞，编制了第一本白鹤滩工程地质报告（选点阶段）。1961 年，勘探工作中止，队伍全部撤出。此后，白鹤滩水电站开发工作陷入沉寂。直到 1991 年，《长江流域综合利用规划简要报告》获国务院批准实施，同年底水利部部署金沙江下游河段开发，明确白鹤滩后续工作由华东勘测设计研究院承担。从此，长达 30 年的论证研究和勘测设计工作拉开了序幕。

1992 年春节刚过，华东勘测设计研究院首批 10 余名勘探队员从九江出发，翻着地图，乘船辗转武汉、重庆，转火车经成都到达西昌，坐公共班车到达宁南县，在县水利局协助下租车来到六城镇（今白鹤滩镇），在当地乡村党员干部的帮助下找到白鹤滩坝址所在河段，将工作面逐渐铺开。他们修建了勘测基地、跨江索桥、岩芯库、炸药库、气象站、水尺和一些必要的连接道路，对沿线 60 千米河段进行了初步研究，完成了岩壁探洞、江心钻孔等高难度地质勘察工作，将白鹤滩世所罕见的复杂工程地质环境展现在世人面前。

2001—2010 年，华东勘测设计研究院相继完成预可行性研究和可行性研究，编制各类报告 2000 余项、图纸 20 余万张，完成 4700 个地质钻孔（总长 20 万米）、440 个勘探平洞（总长 5.5 万米）及大量现场试验，地下勘探量超越三峡工程。其间还联合 80 余家顶级科研机构高效完成了 200 多项技术攻关课题，解决了数不清的世界级关键技术难题，形成了稳妥可行的设计方案。可以说，是全中国顶尖的科技力量打造了这项世界顶尖的水电工程。

大事记

2010

白鹤滩水电站进入筹建阶段，华东勘测设计研究院与三峡集团、中国电建（承担 80% 施工任务）、葛洲坝、安能集团、中交集团、中铁集团等全中国顶尖的施工团队，将宏伟蓝图一点点变成了美好现实

2012

边坡开挖

2014

洞室开挖

2015

大江截流

2017

大坝浇筑

2019

机组安装

6 月 28 日

2021

在中国共产党成立 100 周年纪念日前夕，左岸 1 号、右岸 14 号机组安全准点投产发电

37

地下蛟龙中国造，盾构机强国终炼成：运河号

2021年9月29日，一台"巨无霸"盾构机"运河号"在中交天和机械设备制造有限公司（以下简称"中交天和"）顺利下线。"运河号"盾构机是中交天和历史上完全自主研制的第九台超大直径盾构机，将应用于北京东六环工程隧道项目施工。隧道掘进采用2台外径16米级超大直径复合泥水平衡盾构机，自北向南始发，同向施工，盾构机均采用国产装备，标志着中国超大直径盾构隧道施工依靠国外装备的时代就此终结，中国昂首进入了盾构机强国行列！

盾构机是什么？它的工作原理是什么？

盾构机是进行隧道挖掘的专用装备，你可以把它想象成一条钻入地下的蛟龙，它可以吞泥吐石，可以钻穿山体，可以贯通江河。有了它，人们在地下施工时，就不用挖开地面和堵截江河，可以在尽量不影响人们生产、生活和外部环境的情况下静静完成地下施工。盾构机目前已广泛用于地铁、铁路、公路、市政、水电等隧道工程，被称为"工程机械之王"，而超大直径盾构机更是堪称工程机械的"王中王"，体现着一个国家的基建工程技术水平。

盾构机主要由9大部分组成，分别是刀盘系统、壳体、拼装机、输送系统、推进铰接系统、电气控制系统、液压系统、导向系统、后配套系统。如果盾构机是一条蛟龙，最前面的切削刀盘是它的"血盆大口"，刀盘上的各式刀具是它的"牙齿"；输送系统是它的"肠道"，它可以把地下的泥沙和石头吞进"嘴里"，通过各种"消化器官"（输送系统）排出体外；电气控制系统是它的"大脑"和"神经"；主驱动是它的"心脏"，液压系统相当于它的"血管"，推进铰接系统就是它的"脖子"，管片拼装机是它的"手"，导向系统是它的"眼睛"，后配套系统是它的"尾巴"。

我国为什么要研发自己的超大直径盾构机？

行业内将刀盘直径小于 8 米的盾构机称为"小型盾构机"，将刀盘直径大于等于 8 米、小于 14 米的盾构机称为"大直径盾构机"，将刀盘直径大于等于 14 米的盾构机称为"超大直径盾构机"。从 19 世纪世界第一台盾构机问世，直到中国改革开放，在将近 200 年时间里，中国连小型盾构机都不能制造。而 2010 年以前，中国工程建设所需的大直径、超大直径盾构机完全依赖国外进口。

2010 年开建的南京纬三路过江隧道是当时我国首个复合地质条件下的超大型隧道工程，也是当时世界上同类隧道中规模最大、距离最长、水压最高、地质条件最复杂的隧道。该工程需要两台开挖直径超过 15 米的超大直径盾构机，我国只能向外国厂商购买。而外国厂商一台机器开价就要 7 亿元人民币，且制造周期远超工程建设预期。此外，外国专家的盾构机检修时薪竟然超过 5000 元人民币，且不允许中国人参与和观摩检修过程。

没有技术就要任人宰割。中国人奋发图强，决心研发和制造自己的超大直径盾构机。

中国超大直径盾构机如何走向世界？

2010 年 11 月，中交天和接下南京纬三路过江隧道工程两台开挖 15 米级超大直径盾构机的研制任务。经过 14 个月的研制，中国首台超大直径泥水气压平衡复合式盾构机"天和号"诞生了，它是当时世界上最大的复合式盾构机。同年 12 月，它的孪生兄弟"天和一号"盾构机也顺利诞生。这两台盾构机的成功研发，共为国家节约资金近 8 亿元，并在国际上首创多项新技术，结束了大型、超大型盾构机完全依赖国外进口的尴尬局面。

"运河号"是中交天和完全自主研制的第九台超大直径盾构机，由 10 万多个零部件组成，国产化率 98% 以上，总长度达 145 米，刀盘开挖直径达 16.07 米，约 6 层楼高，重量达 4500 吨。"运河号"盾构机不仅开创性地采用了全智能化管片拼装系统、智慧化远程安全监控管理系统、绿色环保管路延长装置、泥水分层逆洗循环技术等国际最新科技，并首次采用了国产常压换刀装置、刀具全状态监测系统、刀盘伸缩摆动装置等新技术，可连续掘进 4800 米不换刀，远超国外 3000 米最高纪录。

自 2016 年始，中国超大直径品牌积极向外突破，让中国超大直径盾构机服务全世界。2018 年 3 月 13 日，孟加拉国卡纳普里河河底隧道用超大直径盾构机下线仪式如约而至。继中国市场之后，由欧、美、日垄断的超大直径盾构机海外市场的局面也被中国打破。

运河号

▲ "运河号"超大直径盾构机及其内部结构

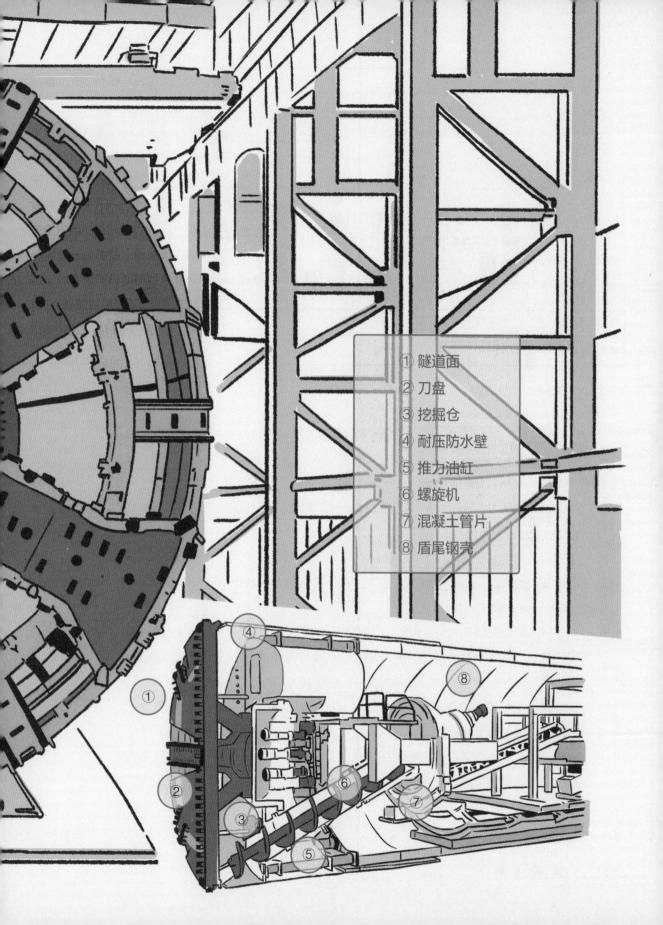

① 隧道面
② 刀盘
③ 挖掘仓
④ 耐压防水壁
⑤ 推力油缸
⑥ 螺旋机
⑦ 混凝土管片
⑧ 盾尾钢壳

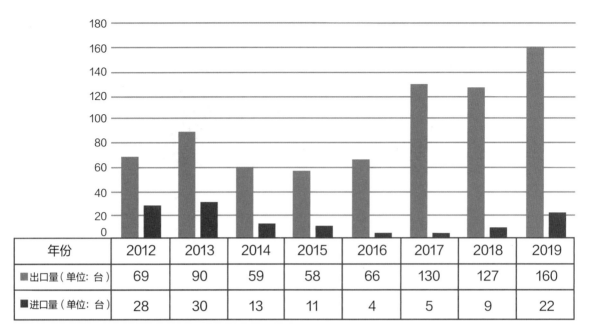

年份	2012	2013	2014	2015	2016	2017	2018	2019
■出口量（单位：台）	69	90	59	58	66	130	127	160
■进口量（单位：台）	28	30	13	11	4	5	9	22

▲ 中国盾构机进出口量统计

2020 年 8 月，孟加拉国历史上首条超大直径隧道贯通。2021 年 10 月，孟加拉国第二条超大直径隧道贯通。

2018 年 9 月，用于中国和印度尼西亚两国元首亲自推动的印度尼西亚雅加达－万隆高铁工程项目 1 号隧道的超大直径盾构机下线，刷新中国出口海外超大直径盾构机纪录，成为亚洲铁路建设中最大的盾构机。2020 年 11 月，印度尼西亚雅加达－万隆高铁工程项目 1 号隧道被中交天和盾构机顺利贯通，为中国高铁全方位走出去奠定了坚实的基础。国产盾构机已占据全球市场三分之二的份额，不论从数量、质量还是技术上看，我们已经是名副其实的盾构机大国。

这些年中交天和坚持自主创新、坚韧攻关，形成了一系列具有中国自主知识产权的核心技术，引领盾构机的研制不断迈向新高点。2021 年 10 月，江阴靖江长江隧道所用盾构机"聚力一号"顺利下线。该盾构机开挖直径 16.09 米，长 140 米，重 5000 吨，再破纪录，成为目前国内直径最大，也是最先进、智能化水平最高的盾构机。"聚力一号"用于国内在建承受水压最高的超大直径盾构隧道，最大可承受 1.2 兆帕水压，相当于一个指甲盖大小承受 12 千克的重量；在长江江底可实现连续掘进 5000 米不换刀，在世界盾构史上属首例，同时还配备多项智能化系统，确保整个盾构隧道掘进"可视、可测、可控、可达"。

盾构机的未来是无人化，中国有望率先实现这一目标

在城市深邃的地下，无须工程师手动操作，重达数千吨、长达百米的盾构机就能通过人工智能，在无人驾驶情况下自动挖掘出一条条地铁、公路隧道，这是所有盾构人长期以来的梦想。传统盾构机实现无人化、数字化的难点在于人工智能算法的开发、盾构周边环境的数据感知。

2019 年，中交天和已为中国首台复合地层超大直径泥水平衡盾构机"振兴号"配备全智能化管片拼装系统，只需一个按钮，就能实现隧道内管片的自动运输、抓举、拼装，可以大幅提高管片拼装质量，更能减轻工人的劳动作业强度。智慧化远程安全监控管理系统可实时记录盾构机掘进数据、管理风险边界、及时报警并提供解决措施预案，还可实现盾构机远程故障诊断及运行控制，实现对盾构机的全生命周期管控。"振兴号"盾构机在南京和燕路过江通道已施工两年，目前采用自主拼装技术完成的 2000 多米隧道，管片错边量控制在 2～3 毫米，远低于 12 毫米行业标准，十几万平方米隧道"滴水不漏"。2021 年 4 月，中交天和又在天津地铁 11 号线开展盾构机"自主巡航"应用，盾构机可在精准感知施工信息基础上，快速判断自身状态并认知周边环境特征，按照既定轴线实现自主掘进，无须人工介入。16 米级无人化拼装盾构机将于 2022 年下半年投入使用。届时，我国将实现盾构机自主掘进、自主拼装一体，让盾构机掘进在世界上率先进入无人化时代。世界盾构机技术，将由中国翻开崭新的一页！

大事记

2020 —— **2021** —— **2022** ——

12 月 15 日

"运河号"盾构机一号台车下井吊装胜利完成

1 月 20 日

"运河号"刀盘顺利下井组装，标志着该工号盾构机组装工作取得阶段性胜利

8 月 10 日

"运河号"在北京市通州区潞苑北大街顺利始发，标志着中国交建参建的北京东六环（京哈高速-潞苑北大街）改造工程全面进入盾构掘进阶段

3 月 27 日

"运河号"顺利穿越运潮减河环境风险源，首次成功完成穿河作业

38

新世界七大奇迹之一：
港珠澳大桥

700 多年前，一首气壮山河的《过零丁洋》，赋予了伶仃洋浓厚的民族色彩和英雄气概，充满了人间正气和家国情怀。2018 年 10 月 23 日，在这片神奇的海域，被誉为"新世界七大奇迹"之一的港珠澳大桥建成开通，从此"伶仃碎梦圆"。

港珠澳大桥跨越珠江口伶仃洋海域，是国家高速公路网规划中的重要交通建设项目。为了保证珠江口国家级战略性航道的畅通且不影响香港大屿山机场的起降安全，经论证采用了桥梁－隧道组合方案，这是一项"桥梁、海底隧道、人工岛"一体化、多专业的世界级超级集群工程，采用 6 车道高速公路标准，设计使用寿命 120 年。项目主线全长约 56 千米，其中海中主体工程长约 30 千米，建成时是全世界最长的跨海大桥，也拥有全世界最长、埋深最大的海底沉管隧道。

港珠澳大桥的发展历程

近代以来，澳门被葡萄牙、香港被英国相继占领和长期租借，从此香港、澳门和内地虽同属神州大地，却相离甚"远"。20 世纪 80 年代以来，三地之间的运输通道、特别是香港与广东省珠江三角洲东岸地区的陆路运输通道建设取得了明显进展，但是香港与珠江三角洲西岸的交通联系却一直比较薄弱。于是在 1983 年，香港方面及珠海市最早提出了兴建连接香港及珠海的跨海大桥计划构想，时称伶仃洋大桥，并由内地组织开展项目前期研究工作。

1997 年、1999 年，香港、澳门相继回归祖国。进入新世纪，中国综合国力日趋强大，大桥建设的各项条件日渐成熟。1997 年亚洲金融危机后，香港特别行政区政府为振兴香港经济，认为有必要尽快建设连接香港、澳门和珠海的跨海陆路通道，并于 2002 年向中央政府提出了修建港珠澳大桥的建议。2003 年 7 月，国家发改委确定兴建港珠澳大桥。2008 年世界金融危机推动了项目进程。2009 年 10 月，国务院批准港珠澳大桥工程可行性研究报告，同时项目勘察设计工作紧锣密鼓开展。2009 年 12 月 15 日，港珠澳大桥正式动工建设。从 1983 年提出兴建构想至 2018 年通车运行，历经 26 年的前期论证、9 年的施工建设，攻坚克难无数，大桥终于傲立在伶仃洋上。

港珠澳大桥的工程美学价值是什么？

全桥的景观设计理念借用了《汉书》"日月如合璧，五星如连珠"的典故，象征桥梁、人工岛及海底隧道各工程节点犹如颗颗明珠和美玉汇聚在伶仃洋上，"两岛如合璧，三桥如连珠"，珠联璧合，熠熠生辉，正是中华民族灿烂悠久的文化底蕴在现代工程中的绝妙体现。"中国结"桥塔寓意三地通力合作，海豚形桥塔寓意人与自然和谐共生，风帆形桥塔寓意扬帆顺行的大湾区建设发展。此外，人工岛还采用了抽象的海洋"蚝贝"外形，寓意建设海洋美丽生态。项目景观设计将美学与工学充分结合，在土木工程领域实现了工程、艺术、文化、环境的完美融合，是伶仃洋连接海峡两岸的精神纽带，创造了粤港澳大湾区独特的新景观、新文化、新文明。

港珠澳大桥有哪些创新？

为了破解港珠澳大桥设计、工艺、设备、管理等方面的诸多难题，项目开展了多项国家级科学攻关研究，取得了丰富的新结构、新材料、新技术、新工艺及新设备技术成果，创新提出了"大型化、工厂化、标准化、装配化"的项目总体建设理念。桥梁方面研发形成了大直径钢管复合桩基础结构和高精度沉桩的施工装备与技术，复杂海洋环境 3000 吨级以上深水埋床法全预制墩台设计施工成套关键技术，以及海上装配化桥梁全预制墩台构件制造、安装精度控制方法与标准；研究提出了长寿命正交异性钢桥面板抗疲劳系统解决方法，建立了钢箱梁板单元制造自动化、智能化生产线；研发形成了 3000 吨级以上钢箱梁整体梁段、大型钢塔结构的整体制造安装成套关键技术，钢箱梁桥调谐质量阻尼器涡激共振抑制技术，建立了自动化生产线以及超大规模钢桥面浇注式沥青铺装设计、施工、质量控制关键技术及装备。

岛隧方面采用软基处理复合地基加固技术，解决了地基不均匀沉降的难题；研发形

珠海口岸

珠海接线

澳门接线

澳门口岸

▲ 港珠澳大桥

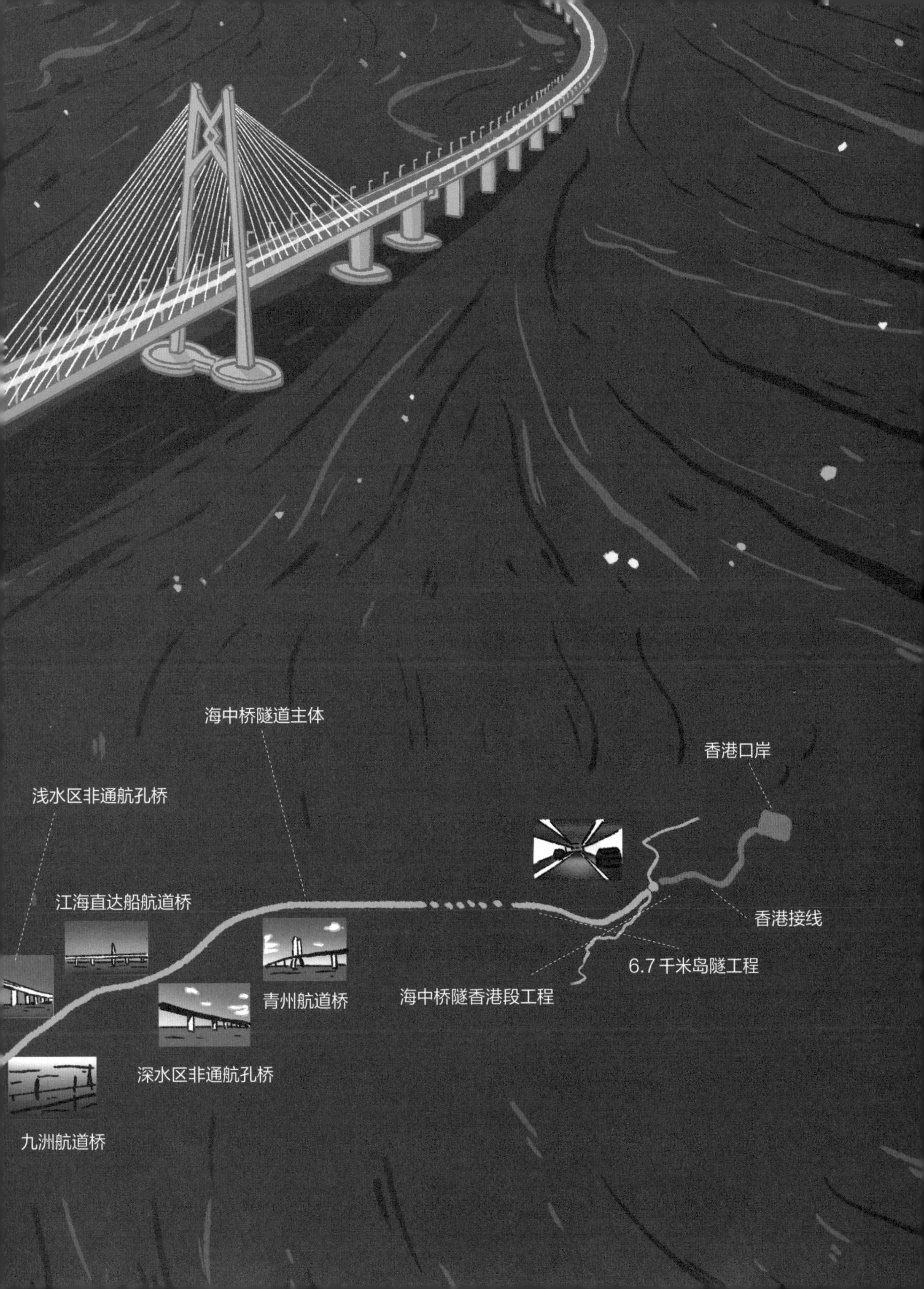

海中桥隧道主体

香港口岸

浅水区非通航孔桥

江海直达船航道桥

青州航道桥

香港接线

6.7 千米岛隧工程

深水区非通航孔桥

海中桥隧香港段工程

九洲航道桥

成了大直径钢圆筒快速筑岛的方法和新型沉管管节"半刚性管段接头"技术；研发了整体吊装钢－混凝土组合沉管最终接头。这些创新技术创造了"滴水不漏"的水下隧道建造奇迹。

技术标准方面，项目在国内率先提出 120 年设计使用寿命标准。为保障工程的耐久性，一系列新材料、新技术、新装备应运而生，在多个领域填补了行业标准和国家标准的空白，成为走向世界的"中国标准"。

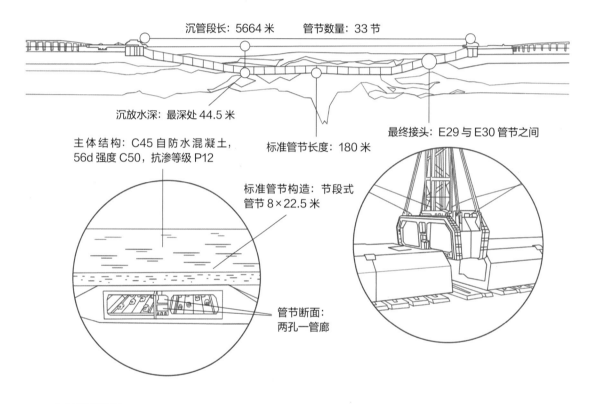

沉管段长：5664 米　　管节数量：33 节

沉放水深：最深处 44.5 米

主体结构：C45 自防水混凝土，
56d 强度 C50，抗渗等级 P12

标准管节长度：180 米

最终接头：E29 与 E30 管节之间

标准管节构造：节段式
管节 8×22.5 米

管节断面：
两孔一管廊

▲ 海底沉管隧道

港珠澳大桥的建成对中国有什么意义，对世界有什么影响？

港珠澳大桥装配化率达 95%，工业化水平达到了空前的高度。中国交通建设集团承建了港珠澳大桥 90% 的设计份额和 70% 的施工份额。桥隧工程建设不是在江河湖海上，就是在高山峡谷中。港珠澳大桥工程建设达到了国际一流水平，是我国桥梁超级工程的精品，它的高质量建成，标志着我国已迈入世界超级跨海通道建设强国行列。中国从桥梁古国到桥梁大国，再到桥梁强国的历程，是中华民族伟大复兴历史进程中的一个华彩乐章。

港珠澳大桥的建成开通，完善了粤、港、澳三地高速公路网络及综合运输体系，构建了三地一小时交通经济生活圈，提升了大湾区的综合竞争力，颠覆了三地之间的时空距离。港珠澳大桥作为沟通珠江东西两岸的关键性工程、建设世界级城市群的重要基础，实现了粤港澳大湾区的互联互通，其影响范围辐射至珠三角、内陆地区乃至世界。

"港珠澳大桥沉管隧道超越了之前任何沉管隧道项目的技术极限，中国从一个沉管隧道建设技术的相对弱国发展为国际隧道行业沉管隧道技术的领军国家之一。"国际专家如是说。港珠澳大桥被英国《卫报》评为"现代世界七大奇迹"之一，它被国内外媒体赞誉为"超级工程"，是国际跨海通道工程建设史上一个重要的里程碑。

大事记

2009

12 月 15 日

港珠澳大桥正式开工建设

2011

12 月 7 日

人工岛主体结构完工

2014

8 月 19 日

大桥岛隧工程第 12 节海底隧道沉管安装成功，工程建设推进至隧道最深处

2016

9 月 27 日

港珠澳大桥主体桥梁正式贯通

2017

7 月 7 日

港珠澳大桥隧道段贯通，标志着大桥主桥（中国大陆段）全线贯通

2021

8 月 16 日

港珠澳大桥口岸珠澳货运通道正式启用

39

攀登冻土公路工程的"珠穆朗玛峰"：共玉高速公路

　　历经 7 年建设，2017 年 8 月 1 日，青海共和至玉树高速公路（以下简称"共玉高速公路"）宣告建成通车。它是建在青藏高原多年冻土地区的首条高速公路，之前没有相应的技术储备，在高原冻土上修高速公路相当于攀登公路工程的珠穆朗玛峰。共玉高速公路作为世界上第一条穿越多年冻土区高速公路，在冻土路基、桥梁、隧道等方向形成了诸多原创性成果，成功突破高海拔冻土区高速公路建设禁区。

什么是冻土？冻土对高速公路建设有哪些影响？

　　在青藏高原腹地大部分地区，分布着一种非常特殊的土体——多年冻土。普通的土体多由土颗粒、水分和空气孔隙组成，而多年冻土还包含冰，青藏高原的低温环境是多年冻土赋存的气候条件。这是一种富有生命力的土体，犹如任性的小孩子，当温度降低（＜0 摄氏度）时，它便平静地酣睡，内部的冰体将土颗粒牢固地包裹起来，坚硬如铁；而当外部温度升高（＞0 摄氏度）时，它就如被打扰了睡眠的小孩子，顿时发起脾气来，内部冰体融化，土体变成一摊稀泥。因此，在青藏高原修路、架桥，必须摸清冻土的脾气。

　　共玉高速公路是玉树震后"生命线"工程，是世界多年冻土区建设的首条高速公路，平均海拔 4000 ~ 5000 米，路线全长 635.61 千米，穿越青藏高原东缘 227.7 千米退化性多年冻土区。多年冻土为地温零下 0.5 摄氏度至零下 1.5 摄氏度，极不稳定，被称为"三高"（高海拔、高寒、高速）公路。在高原冻土地区，高速公路建设比普通二级公路和铁路难得多，因为高速公路具有"宽、厚、黑"的特点。宽，指路基宽。铁路的路基只有 6 ~ 7 米，而高速公路的路基是 24 ~ 26 米；厚，指结构方面，高速公路的路面厚度是普通公路的 3 倍左右，路面越厚，越不容易散热；黑，指沥青面层，高速公路长距离铺筑沥青路面，在高原强辐射条件下，路面强吸热、高储热、长时间热量导入路基下冻土层，加剧冻土升温退化甚至融化。建设共玉高速公路不能将已有冻土区道路工程技术成果直接应用。

共玉高速公路有哪些理论突破和技术创新？

在青藏高原新建高速公路，将面临宽幅路基、厚黑沥青路面强热边界对冻土的"宽厚黑热毯"作用，大断面桥隧对冻土的强热扰动，公路吸热、热融风险剧增。针对这一问题，冻土科研工作者迎难而上，创建了冻土公路尺度效应理论与能量平衡设计方法。

修建在冻土地基上的路基的稳定性与路基自身的尺度关系极大，铁路路基、较窄的二级公路路基、较宽的高速公路路基，其稳定性的形成机理和状态截然不同。高速公路路基的热融风险是铁路和二级公路的数十倍之多。修建工程开始后，天然的冻土能量平衡状态被打破，路基面临失稳风险，需要通过一定的工程措施，使得冻土地基再次达到平衡状态，这样才能保证路基稳定。这种理论克服了传统设计理论只看冻土上限却无法兼顾冻土地温的"顾此失彼"问题，达到了同时兼顾的双控效果。

如何把宽幅路基对冻土的扰动、厚黑沥青路面加给冻土的热量隔离开，不让冻土吸热？共玉高速公路采用"通风换气""隔离遮盖""热量传导"等技术手段，攻克了大尺度路基冻土融沉防控这一世界性技术难题。

黑色沥青路面是冻土路基吸热的主要来源。单向导热路面是通过在路面结构层不同层位添加不同热物理性质的工业添加剂，人为调节路面的导热性能。在路面底层形成"大热容层"，它的储热能力较强，夏季时能储存住路面吸收进来的热量，避免继续下传；在路面顶层形成"强导热层"，它的传热性能较强，冬季时能让路基内的热量较快地散发出去。这样夏藏冬散，就起到了散热器的作用。

共玉高速公路大量采用通风管、片块石等基底通风路基，利用高原丰富的风能资源冷却路基。创造性地将热棒与工业保温材料复合，冬季利用热棒优良的热量传导效能散热，夏季利用保温材料的隔热功能阻断热量的导入。热棒结构与桩基复合形成的"桩棒一体"结构，可利用热棒快速将水化热导出，减少对冻土层的扰动。

针对冻土地基开挖暴露后热融难题，工程人员将原有开挖的草皮先集中养护，待施工完成后，再铺筑在路基边坡表面，既恢复了原始地表、保护冻土，又与当地生态环境融为一体，沿线群众称赞共玉高速公路为"草原上'长'出来的公路"。

▲ 共玉高速公路

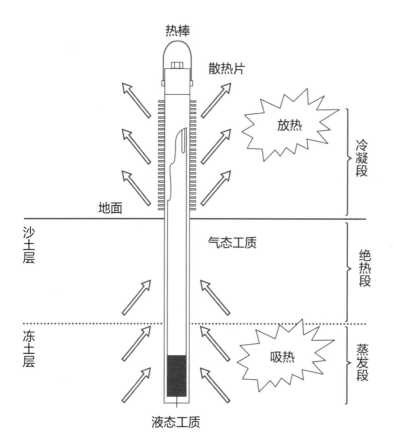

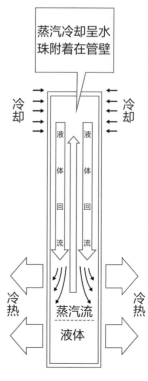

▲ 当冷凝器的温度低于蒸发器，存在一定温差时，热棒启动工作，通过内部工质循环，将外界冷量导入下部冻土层

共玉高速公路的建成取得了哪些成就？

共玉高速公路项目建立的大尺度路基融沉防控能量平衡设计理论与方法，让冻土融沉由国际 100 厘米以上降至 20 厘米以下，运营 5 年，冻土融沉病害率小于 3%。为有效平衡高速公路的"热毯作用"，该项目发明了冷量智能调控的弥散式通风路基等 4 类 12 种热能量导、阻、调路基结构，使冻土高速公路沥青路面吸热减少 12%，裂缝减少 30%。同时，该项目创建了我国独有的高海拔多年冻土公路建设养护技术体系，实现关键技术与施工方法的自主创新，占领冻土高速公路建设技术国际前沿。

共玉高速公路的研究成果在青海、西藏、新疆、黑龙江、吉林、内蒙古等省区 18 个公路工程项目中推广应用 6600 多千米，有效提升了高海拔高寒地区道路工程交通安全和服务水平；持续支撑维养进藏物资主通道青藏公路，促进西藏经济发展。该研究成果形成的技术和标准助力国家战略，支撑"一带一路"沿线近 4 万千米寒区道路建设，助推"一带一路"互联互通。

冻土科研工作人员经历了什么样的困难和考验？

中交第一公路勘察设计研究院（以下简称"中交一公院"）三代科研人员持续开展了 40 余年的冻土科研工作。1973 年，交通部成立了青藏公路多年冻土科研组，武憼民带领青藏公路冻土科研团队第一代工作者，在被称为"鬼门关"的五道梁，开始了在冻土上修筑沥青路的风雪征程。

以汪双杰、章金钊为代表的第二代冻土科研者，是中交一公院第二代研究团队的中流砥柱。1988 年，胸膜炎刚刚痊愈的章金钊就接到了上高原的指令，由于长期奔走在青藏线，他患上了严重的高血压、心脏病。2013 年，年仅 55 岁的章金钊心脏病突发离世。

全国勘察设计大师汪双杰是青藏公路多年冻土科研团队的领军人物，每年多次上青藏线，布置实验方案，现场踏勘测量。他带领年轻的科研团队将数百名科技工作者 34 年的科研心血，形成了《多年冻土青藏公路建设和养护技术》。

进入 21 世纪，一批新鲜的血液补充进青藏公路冻土科研团队。中交一公院研发中心主任陈建兵记得，为了观测埋到青藏路地下的热棒工作情况，在简陋的道班房里，凌晨三四点高原上最冷的时刻，四个大男人挤在一张宽 1.5 米的床上取暖。

多年冻土影响巨大，但变化缓慢，收集和比较一组数据往往需要几年甚至十几年。薪火相传的三代冻土科研人留下的，不止是震惊筑路界的成绩和几辆卡车也拉不完的数据资料，不止是拿下一项项桂冠的科研成果，更是让不朽的"两路"精神在天路不断延伸。

大事记

2010

为提高西宁至玉树公路建设等级和保障能力等要求，青海省交通运输部门立即启动建设共玉高速公路

2014

12 月 18 日

共玉高速公路（一期）基本建成通车，与现有 214 国道构成了通往玉树的高速化大通道，西宁到玉树行车时间缩短 2 小时

2016

12 月

共玉高速公路完成主线交工验收工作

2017

8 月 1 日

我国首条穿越青藏高原多年冻土区高速公路、通往玉树地区的"生命线"公路通道——共玉高速公路通车运营

"魔鬼码头"开港，世界第一大港震惊全球：上海洋山深水港

20 世纪 90 年代初，随着航运业的快速发展，船舶大型化、专业化程度不断提升，没有深水岸线和航道成为制约上海港发展的瓶颈。1992 年 10 月，党的"十四大"做出"以上海浦东开发开放为龙头，加快把上海建成国际经济、金融、贸易中心之一，带动长江三角洲和整个长江流域地区经济的新飞跃"的重大战略决策。随后，上海市提出建设国际航运中心的战略目标，打造出一座东方大港。

从 2002 年洋山深水港一期工程开始，到 2017 年洋山深水港四期全自动化码头正式开港，曾经离陆地逾 30 千米的一座东海上的小岛，陆地面积扩张近 6 倍。洋山深水港四期码头成为全球单体最大的全自动化码头。

上海洋山深水港是如何一步步建成的？

作为洋山港建设的主要力量，中国交通建设集团有限公司（以下简称"中交集团"）提供了从勘察设计到吹填造地、航道疏浚，到码头及配套设施施工，再到港机设备的制造和安装的全产业链服务，在技术上实现了一个又一个突破。回顾上海洋山深水港的建设过程，可以分为四步：

第一步是勘察设计。根据地质勘察和地形测量结果，中交第三航务工程勘察设计院的设计师最终将深水港选址定在上海东南部的浙江省嵊泗县大、小洋山岛上。

第二步是吹填造陆。洋山起初是面积仅有 1.76 平方千米的小岛，现在通过填海造地，面积达到近 10 平方千米。要在水深 39 米的海里填出陆地，洋山港之前，在中国还从来没有实现过。日本的关西机场是深海造田造出来的，最大水深 25 米，被称为"世界上最了不起的深海工程"。中交上海航道局承担了洋山港的全部吹填造陆任务，从深海里"造"

出 800 万平方米土地，相当于 1000 多个标准足球场大小、海拔 11 米的新大陆。

第三步是码头建设。在整个码头建设中，中交第三航务工程局承担了洋山港码头岸线中最艰难、最复杂的部分，那就是码头钢管桩打设。整个洋山港区的建设共使用了 14000 多根桩，其中直径最大的有 2.5 米，最长的有 76 米，相当于 30 层楼高。打好的一根桩可叠放几架大客机而不会被压坏。深水港四期工程海底地形复杂，打入泥沙层的钢桩就像插在稀饭里的筷子一样无法稳定，中交第三航务工程局攻坚克难，最终将全部 210 根嵌岩桩完美嵌在东海海底，成为洋山大港的"定海神针"！

第四步是设备安装。码头正常运行需要集装箱岸桥、轮胎吊等核心设备，自动化码头还需要自动化引导小车、码头管理系统和设备控制系统。中交集团所属上海振华重工（集团）股份有限公司提供了洋山港一期至四期的所有码头设备，包括四期自动化码头的设备控制系统。

在洋山港建设的同时，港口重点配套工程——连接上海市区和洋山港的 32.5 千米长的东海大桥也在同步施工，它是我国第一座真正意义上的跨海大桥。大桥由中交第三航务工程勘察设计院设计，中交第三航务工程局和中交第一航务工程局参建。东海大桥首次提出 100 年设计基准期的标准，能够抵御 12 级台风和 7 级地震。

上海洋山深水港四期为什么被称为"魔鬼码头"？

洋山深水港四期被称为"魔鬼码头"，不单单是因为它是全球单体最大的全自动化码头和全球综合自动化程度最高的码头，还源于它的智能化和高效率。

近年来，无人驾驶技术方兴未艾，但其实洋山四期早就用上了这一技术。整个码头和堆场内空无一人，不仅岸桥，就连集装箱卡车也都实现无人驾驶，直接由自动运行的无人驾驶（AGV）小车把集装箱运到堆场，堆场的桥吊也是无人操作的。原先的码头操作员全部转移到监控室，对着电脑屏幕就能完成全部作业，实现了码头集装箱装卸、水平运输、堆场装卸环节的全过程智能化操作。因此，这座全自动化码头又被称为"魔鬼码头"。

"魔鬼码头"不仅没有人，还实现了魔鬼般的运转效率。自开港以来，自动化码头24 小时不间断作业，生产作业还实现了零排放，人均劳动生产率为传统码头的两倍以上。

是谁在指挥全自动化码头呢？答案是上海国际港务集团自主研发的码头智能生产管理控制系统（TOS）和振华重工自主研发的智能控制系统（ECS），两者组成了洋山深

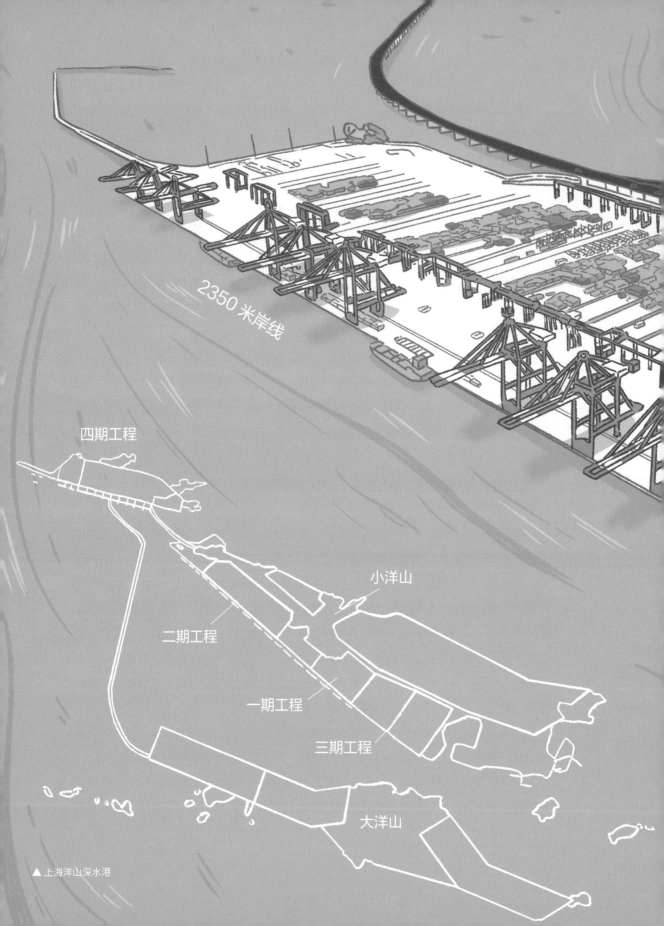

2350 米岸线

四期工程

小洋山

二期工程

一期工程

三期工程

大洋山

▲ 上海洋山深水港

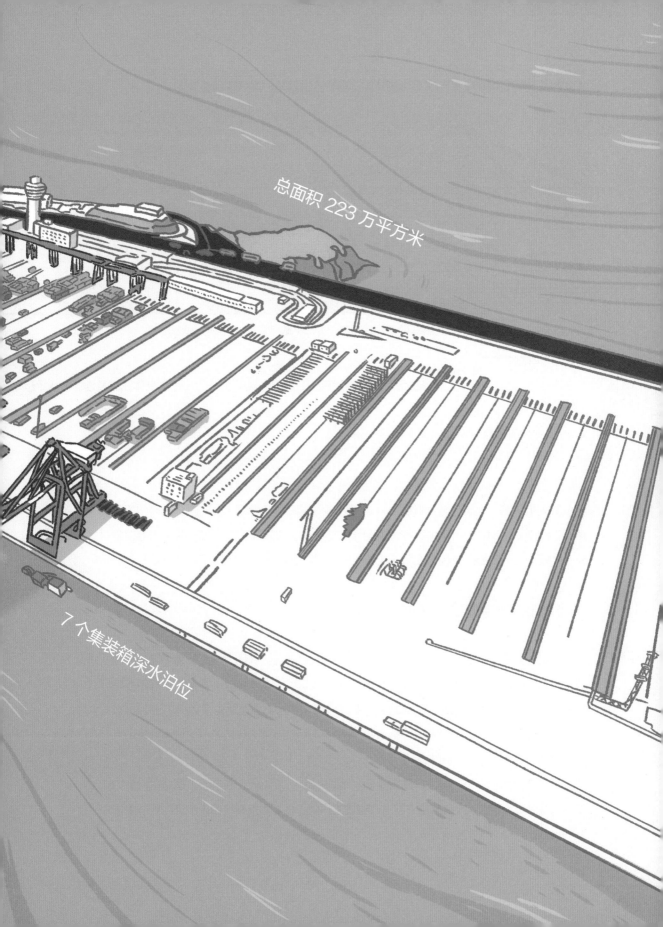

总面积 223 万平方米

7 个集装箱深水泊位

岸式码头＋垂直堆场布置＋水平运输分离，岸桥轨后装卸＋堆场端部装卸

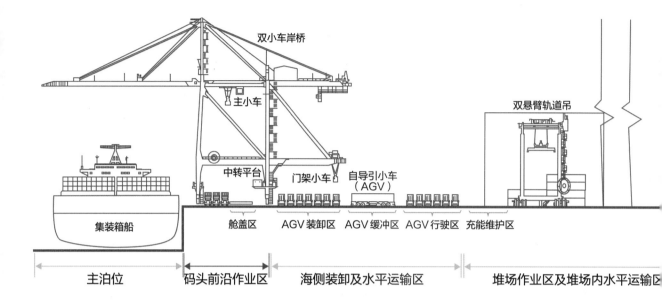

双小车岸桥

主小车

双悬臂轨道吊

中转平台

门架小车

自导引小车
（AGV）

集装箱船

舱盖区　AGV装卸区　AGV缓冲区　AGV行驶区　充能维护区

| 主泊位 | 码头前沿作业区 | 海侧装卸及水平运输区 | 堆场作业区及堆场内水平运输区 |

▲ 洋山深水港全自动码头作业示意

水港四期码头的"大脑"与"神经"。这两套系统的研制与应用，让国内全自动化码头第一次用上"中国芯"！洋山深水港四期全自动化码头的建成和投产标志着中国港口行业在运营模式、技术应用以及装备制造上实现了里程碑式的跨越升级与重大变革。

上海洋山深水港的建成意味着什么？

　　曾经，全球集装箱港口排名前 20 都找不到上海港的名字，别说与新加坡港和香港港口，就是与鹿特丹港和高雄港都无法比肩。有了洋山港，2021 年，上海港的集装箱吞吐量突破 4700 万标准箱，连续 12 年排名世界第一，其中洋山港贡献超过了 2200 万标准箱。洋山港，已经成为国际航运枢纽大港，为上海加快国际航运中心和自由贸易试验区建设、扩大对外开放创造了更好条件。

　　上海洋山深水港是中国港口建设走向深海的标志，也预示着中国港口规划建设能力基本实现全球无禁区。洋山港是中国港口建设的旗舰工程，尤其是洋山深水港四期码头，

全部由中国制造，拥有完全自主知识产权。中交集团牵头的科技项目"离岸深水港建设关键技术与工程应用"获得 2013 年国家科技进步一等奖，新华社评论说："我国有了在全球任何地方建设港口的能力。"

场外集卡

陆侧装卸及水平运输区

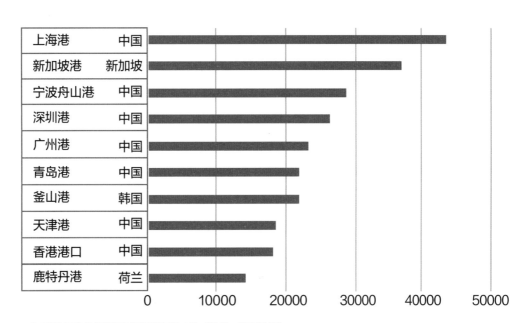

▲ 2020 年世界集装箱吞吐量港口前十位（单位：千标准箱）

大事记

2002 —— **2005** —— **2006** —— **2008** —— **2017** ——

3 月
国务院审批通过上海洋山深水港工程

12 月
一期工程建成使用，年设计吞吐量为220 万标准集装箱

12 月
二期工程建成投产，年设计吞吐量为210 万标准集装箱

12 月
三期工程竣工

12 月
四期自动化码头开港

41

中国核电成为 "大国名片" 的标志：华龙一号

全球第一台"华龙一号"核电机组——福建福清核电站 5 号机组于 2021 年 1 月按照预定计划顺利建成，并正式投入商业运行，标志着我国进入核电技术先进国家行列，成为继美国、法国、俄罗斯等国之后真正掌握三代核电技术的国家。

为什么"华龙一号"称得上"大国重器"？

核电是涵盖物理、化学、生物学、材料学等十余个学科类别和勘探采矿、冶金化工、电力机械等十余个工业门类的复杂系统工程，与航空发动机、集成电路等并称为现代工业王冠上的明珠。核电是名副其实的"大国游戏"，一般国家很难支撑起如此庞大的技术体系和供应链布局，全世界只有不到十个国家拥有自主核电技术。

1970 年，我国核电事业蹒跚起步，而当时国际上核电的发展已近 30 个年头，建成了上百台机组，因为涉及军工技术，他国对相关信息高度封锁。在这样的艰苦条件下，我国优秀的科研和工程人员通过一点一滴的摸索、试验，逐步掌握了从核燃料的生产到核电站的设计、建设、运行，再到燃料的后处理全产业链技术。

进入新世纪后，我国凭借多年积淀的技术经验，以及学习、吸收国际先进设计理念，终于自主研发出符合国际最新三代核电标准的"华龙一号"。这个历经 50 年核电自主创新之路练就的"大国重器"，如今已经出口巴基斯坦，并与阿根廷签订了采购合同，让我国真正跻身世界核电"第一阵营"。

"华龙一号"与以前建设的核电站有什么不同？

从第一个核电站诞生至今，核电主要经历了三代技术的更迭。20 世纪 50 年代，人们开始尝试将核能这种威力无比的能量用于和平用途。1954 年，苏联率先建成了世界上第一座利用核能发电的奥布灵斯克核电站，英、美等国也相继开发出基于不同技术方案的试验电站。这些核电站虽然在技术上和工程上还不是特别完善，但验证了核能发电的可行性，国际上将它们统称为"第一代核电站"。

20 世纪 60 年代后期，人们继续探索、研发标准化的核电站，不断提高核电站的功率。一般来说，发电功率越大，单位发电成本越低。于是，30 万千瓦到百万千瓦不同功率等级的核电站陆续被研发，使核电成为一种重要的能源供应形式。这个阶段统称为第二代核电技术，包括了目前全世界正在工作的绝大多数核电机组（其中一些在技术上有所改进优化，它们被称为"二代改进型"或者"二代加"）。

但是任何技术的发展都不会一帆风顺，核电也经历了一些挫折。美国三哩岛事故（1979 年）、苏联切尔诺贝利事故（1986 年）以及日本福岛事故（2011 年）等历史上几次重大核事故，让人们意识到核电站在预防事故方面还不够完善。于是，美国和欧洲先后提出了新一代核电站的技术准则，要求核电设计中必须把防范与缓解严重事故和改善人为失误等放入考量，满足这些准则的核电被称为"第三代核电机组"。

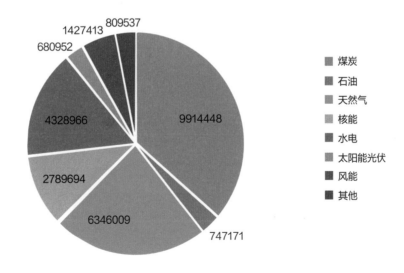

▲ 2019 年全球电力来源（单位：亿瓦时）

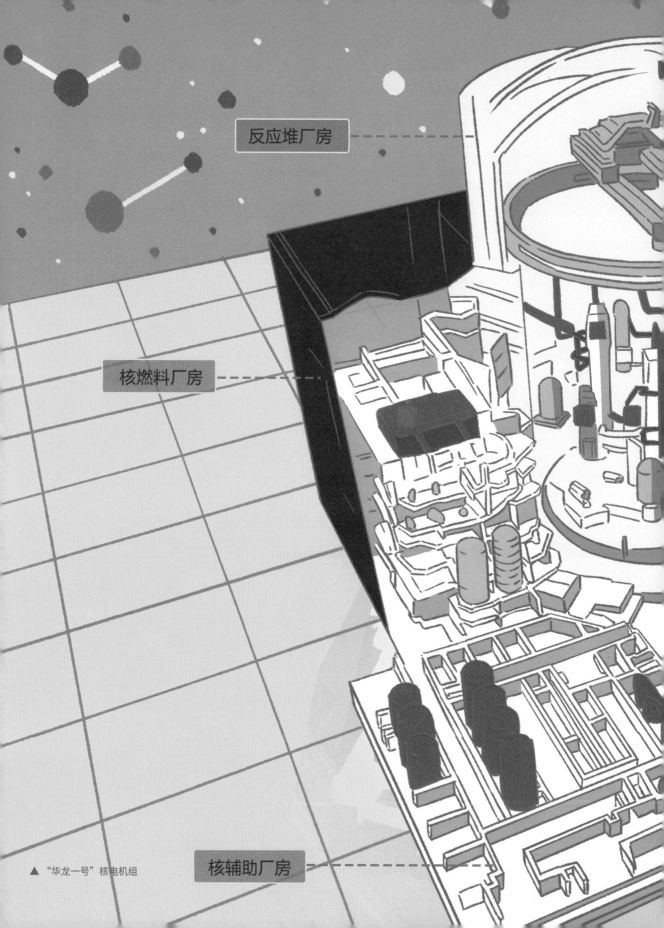

反应堆厂房

核燃料厂房

核辅助厂房

▲ "华龙一号"核电机组

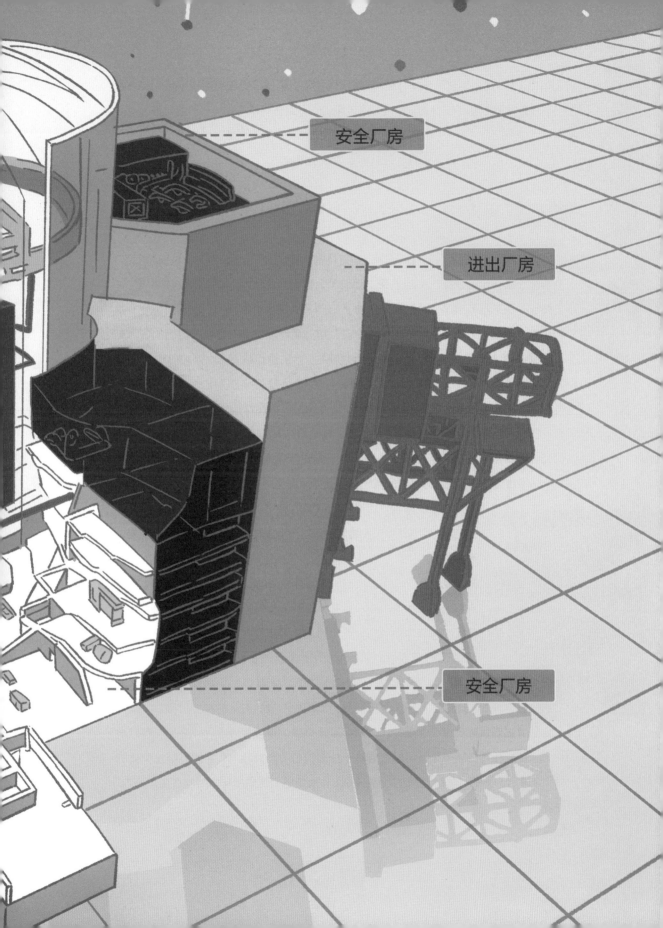

安全厂房

进出厂房

安全厂房

我国自主设计的"华龙一号"就属于第三代核电机组。三代核电对安全性、经济性的要求很高，发生严重事故的概率只有二代核电的十分之一，"华龙一号"的标准更高，即降到二代核电的百分之一，同时它的设计寿命增加了 20 年，核燃料燃烧后产生的废料更少，在提高安全性的前提下也有利于进一步降低发电成本。

"华龙一号"如何实现安全性的大幅提升？

"华龙一号"有三项重大的创新设计，让它具备了更好的安全性。第一个创新是"177 堆芯"。堆芯是核电站能量产生的源头，我们可以把它想成烧水壶里面的"加热棒"，只不过热量不是来自电加热，而是来自由铀 235 等具有放射性的核燃料的自发裂变。这些"加热棒"插在一个叫压力容器的"大水壶"里，后者的特别之处在于里面的压力高达 100 多个标准大气压。根据物理定律，压力越高，水的沸点越高。水被加热到 300 多摄氏度仍保持液态，不发生沸腾。核电站比较常见的设计是在堆芯里排布 157 组燃料组件（每组组件中还包含几百根燃料棒），而"华龙一号"把燃料组件增加到 177 组，加热能力更强，"烧水"更轻松，发电效率更高，核电运行时的安全性更高。

第二个创新是采取了"能动 + 非能动"的双重安全系统。与一般燃料的特性不同，即便核电站停止工作，"加热棒"里的核燃料还会持续产生一定热量，需要持续冷却它，不然就可能引发事故。核电站在堆芯"加热棒"温度过高的情况下，会注入大量冷却介质，但是这些应急安全措施依靠电力等外在能源驱动，一旦发生了类似日本福岛大地震、龙卷风之类的自然灾害导致电力中断，就可能无法工作。而"华龙一号"在保留上述保护系统（专业上称之为"能动系统"）的同时，增加了"非能动"的保护系统，比如在高处设置应急水箱，依靠重力让水流下冷却堆芯，以及依靠温差和压缩空气等自然力来驱动安全系统，通过蒸发、冷凝、自然循环等自然过程带走堆芯热量。能动系统和非能动系统两者融合，确保了核电站即使处在紧急情况下也能保障安全。

第三个创新是主厂房采用双层安全壳的设计。主厂房是核电站中最重要的建筑，安放有容纳反应堆堆芯的压力容器，也是保护具有放射性的堆芯安全的重要屏障。"华龙一号"主厂房由双层混凝土壳体组成，外层混凝土壳体的厚度为 1.5 ~ 1.8 米，可以抗击龙卷风、台风和飞机撞击，强化反应堆对于外部灾害的抵御能力；内层混凝土壳体的厚度为 1.3 米，可以做到即使堆芯发生意外事故，也能把放射性物质牢牢限制在主厂房内，不对外界造成影响。

"华龙一号"有哪些令人瞩目的成果？未来的应用前景如何？

"华龙一号"形成了国内首个完整的核电自主知识产权体系。上千人的研发设计团队、5300多家设备供货厂家、近20万人先后参与"华龙一号"项目的建设，形成了国内专利716件、国际专利65件、海外商标200余件、软件著作权125项、核心科研报告1500余篇，在计算分析软件、反应堆堆芯设计、燃料技术、能动和非能动安全技术等方面实现了重大突破，成功研发了411台核心设备，首堆设备国产化率达88%，确保了"华龙一号"出口自主可控，也带动了高端装备制造业和产业集群的转型升级。

能源行业作为碳排放大户，结构转型势在必行。核电是低碳能源，"华龙一号"机组每年发电近100亿度，相当于每年减少312万吨标准煤消耗和816万吨二氧化碳排放量，或植树7000万棵。未来核电的发展具有广阔的市场空间，通过与风电、太阳能发电等低碳能源相结合，必将有力地推进我国碳达峰、碳中和目标的早日实现。

大事记

2014

8月

"华龙一号"技术方案在国家评审中获得通过

2015

5月7日

福建福清核电站5号、6号机组正式开工建设

12月25日

广西防城港核电二期3号、4号机组正式开工建设

2020

11月27日

福清核电站5号机组首次并网发电成功，同时也是"华龙一号"全球首堆并网发电成功

2021

1月30日

"华龙一号"全球首堆——福清核电站5号机组投入商业运行，并以68.8个月的建设工期，创造全球三代核电首堆建设最短工期纪录

2022

4月18日

"华龙一号"全球第四台、海外第二台机组——巴基斯坦卡拉奇K3机组通过临时验收，标志着"华龙一号"海外首个工程两台机组全面建成投产

42

全球最大的非能动压水堆核电机组：国和一号

2020 年 9 月，国家电力投资集团正式对外宣布，我国具有完全自主知识产权的三代核电技术"国和一号"完成研发，成功打破了国际上多项技术垄断，形成了几千项知识产权成果，实现了高起点的全面创新，它是目前全球最大的非能动压水堆核电机组。

"国和一号"这个名字有什么特殊含义？它是如何诞生的？

"国和一号"是我国一张重要的三代核电技术名片。它的名称很有中国特色："国"代表中国，凝聚中国力量，推动核电发展；"和"代表我国传统文化的核心理念，即和平利用核能，促进人与自然和谐相处。"国和一号"的英文代号是 CAP1400，C 为中国英文（China）的首字母，A、P 分别代表先进（Advanced）和非能动（Passive），CAP1400 的含义为中国研发的装机容量为 1400 MW（140 万千瓦）等级的先进非能动核电技术。

说起"国和一号"的研发历程，我们需要将时间回溯到 2006 年。当时，我国通过国际招标引进了美国西屋电气公司最新开发的 AP1000 非能动技术，在浙江和山东建设了 4 台核电机组。根据我国与美国签订的技术协议，美国虽然向我们转让 AP1000 的全套技术文件，但是规定只能在中国国内建设。我们如果借鉴相关技术开展后续研发，只有当单台机组净功率超过 135 万千瓦才能拥有自主知识产权，以及对外出口。为了消化吸收 AP1000 非能动技术，打造自主知识产权的核电品牌，2008 年，国务院正式批准开展 CAP1400（后来被命名为"国和一号"）的研发，它与高温气冷堆共同构成了 16 个国家科技重大专项之一。项目牵头单位上海核工程研究设计院（以下简称"728 院"），正是中国第一个核电站"728 工程"的设计者。728 院联合了国内 477 家单位、26000

余名技术人员共同开展了 12 年的艰苦攻关，终于研发出最大功率达 150 万千瓦以上的"国和一号"，从而打破了引进技术协议中关于自主知识产权的制约，实现了高起点的全面创新。

"国和一号"的自主创新主要体现在哪些方面？

为了实现自主知识产权，以及大幅提升功率，"国和一号"对反应堆、主泵、蒸汽发生器、安全壳等一系列关键设备及参数都进行了重新设计，堆芯从 AP1000 的 157 组燃料组件变成了 193 组燃料组件，主泵的流量比 AP1000 增加 20% 以上，蒸汽发生器的传热面积比 AP1000 增加 20% 以上，进一步扩大了安全壳直径，最终实现发电功率比 AP1000 高出 20%。其次为了验证设计的可靠性，"国和一号"建设了 22 个具有世界先进水平的试验设施，完成了 6 大试验课题、17 项关键试验。最后，设计要从图纸变成现实，得依靠我国强大的制造能力。从大锻件、核级焊材、690U 形管等关键材料、关键部件的研发，到主泵、爆破阀、压力容器、蒸汽发生器、长叶片大型发电汽轮机等关键设备制造，都历经了无数次的尝试和失败，最终关键设备全部实现国产化制造，总体国产化率达到 85% 以上。

通过不懈努力，"国和一号"打破了国际上的多项垄断，累计形成知识产权成果 7000 余项，新产品、新材料、新工艺、新装置、新软件 300 余项，并通过了国际原子能机构通用的安全评审，获得国际认可。

"非能动的核电站"是什么含义？

"国和一号"选择的是非能动的核电技术路线，采用"做减法"的简化设计，平衡了安全性和经济性。传统的核电站大多采取电力等外在能源驱动的安全冷却系统，需要使用大量的泵、阀和管路，系统复杂，工程量大，而且当出现极端情况导致电力中断时，必须依靠电厂工作人员及时采取救援措施。"国和一号"的非能动技术方案对整个主厂房内部相关安全系统进行重新设计，巧妙地利用重力、热循环和冷凝等自然手段作为动力来排出事故状态下的热量。与二代核电技术相比，它的系统更加简化，泵、阀的数量大幅减少，管道数量减少了一半以上，更加便于建设和维护，提高了发电经济性。当发生紧急事故时不需要依赖交流电源，可以实现 72 小时内无须人为干预保障核电站安全。

举两个"非能动"的例子。为了冷却堆芯中的核燃料，"国和一号"主厂房内高于

建造周期 48 个月

无操纵员干预 72 小时

单机组输出功率 150 万千瓦

设计寿命 60 年

每年减少二氧化碳排放 900 万吨

单机组年发电量 114 亿千瓦时

▲ "国和一号"核电机组

堆芯的位置安装了一个巨大的水箱，里面有换热器通过管路与堆芯相连，在应急情况下，利用高差和温差驱动，可以形成自然循环回路，将堆芯的热量交换给水箱。而当整个主厂房内部的温度过高的时候，"国和一号"还有一个巧妙的设计。主厂房的墙壁是双层壳体，外部是坚固的混凝土壳体，可以抵御大飞机和龙卷风的侵袭；内部是钢制的壳体（也叫安全壳），既可以保障其内部放射性的物质不会泄露，又可以通过大空间的自然循环和壳体金属导热将内部热量散出。为了强化换热，在双层壳体间还设计了自然通风的流道，空气从侧面开孔进入，冷却壳体后从顶部的中央孔道流出。在主厂房的钢制壳体上方还安装了巨大的环形水箱，依靠重力作用向安全壳表面喷水，通过水的相变换热进一步提高冷却效果。

严重事故概率较二代加机组降低 100 倍

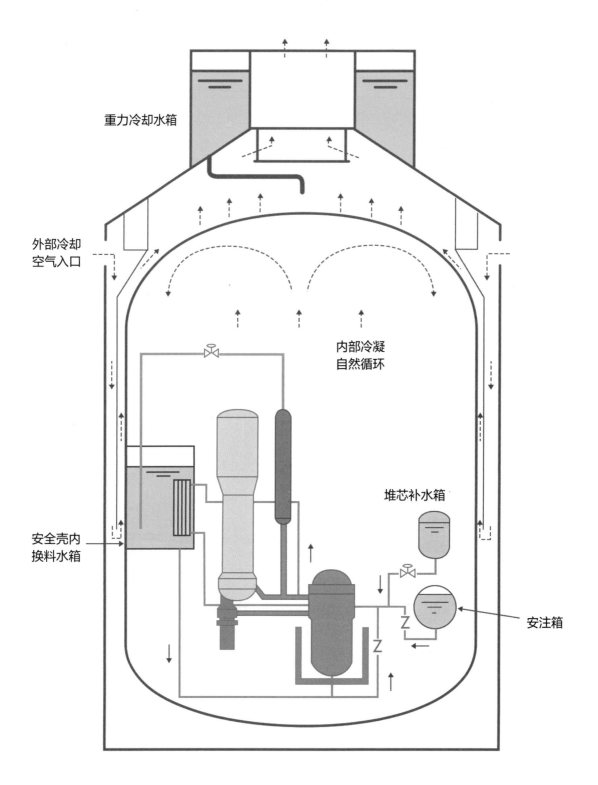

重力冷却水箱

外部冷却
空气入口

内部冷凝
自然循环

堆芯补水箱

安全壳内
换料水箱

安注箱

▲ "国和一号"的运行原理

这也是为什么"国和一号"从外表看起来比以往的核电站多了一顶"小礼帽"。

"国和一号"独特的"模块化建造"技术

"国和一号"所采用的简化设计理念，不仅体现在系统安全保护方面，还表现在电站整体的模块化建造方面。所谓"模块化建造"，就像我们拼"乐高"玩具一样。将一个建筑分解成若干个模块，在工厂里分别预制生产，运输到工地后再进行现场组装。它最大的优点是解决了施工现场作业空间紧张、受风霜雨雪等自然环境条件干扰大的问题，通过在工厂进行批量化的模块制造，提高建筑质量，缩短建筑工期，降低建筑成本。但是对于核电这样复杂的工业系统来说，采用模块化建筑是不小的挑战，需要运用先进的可视化技术精心设计模块单元的划分，重新安排建造工序。

"国和一号"主要由结构模块和设备模块两大类上百个模块构成，超过 100 吨的设备或模块就有 30 多件，最大的模块体积有 5000 多立方米，重达 1400 多吨。工程人员专门研发了 3600 吨级重型履带大吊车，借助这只"巨手"，才能将一个个特殊的模块移动、翻转、连接和组装成更大模块，最后整体放入核电站内，构建起"国和一号"的"身躯"。

通过使用模块化建造技术，"国和一号"的建造周期从以往核电站普遍 60 多个月缩短至 56 个月，未来经过进一步经验反馈和优化有望缩短至 48 个月。这将有助于降低工程造价，提高发电的经济性。

大事记

2008

"国和一号"的研发工作正式启动

2016

4 月

通过国际原子能机构通用安全审评，获得国际认可

2018

11 月

"国和一号"（CAP1400）示范项目一期工程获得核准

2020

8 月

"国和一号"累计形成知识产权成果 6513 项，获得国家授权专利 1052 项，形成新产品、新材料、新工艺、新装置、新软件 392 项。"国和一号"已通过评审，具有自主知识产权和出口权

9 月 28 日

我国具有完全自主知识产权的三代核电技术"国和一号"完成研发

43

下一代核电之星：高温气冷堆

2021 年 12 月，国家科技重大专项的重要成果——华能石岛湾高温气冷堆核电站示范工程 1 号反应堆完成发电机初始负荷运行试验评价，同年 12 月 20 日成功并网并发出第一度电。高温气冷堆是国际公认的第四代核电技术的重要堆型之一。由我国科研和工程人员持续 20 多年不懈努力建成的石岛湾核电站，是全球首个投入商用的高温气冷堆电站，也将成为举世瞩目的"下一代核电之星"。

高温气冷堆是一种什么样的核电技术？

高温气冷堆是我国自主研发的第四代核电技术，它的名字就很好地概括了它的特点。首先是"高温"。这种核电技术使用氦气作为传热介质，在从核能转换为热能的过程中，可以实现更高温度（750 摄氏度）。而一般的核电站由于使用水作为传热介质，即便通过加压提高沸点，温度也只能达到 300 摄氏度左右。根据热力学知识，温度越高，发电效率越高，高温气冷堆的发电效率可以达到 40% 以上，是目前发电效率最高的核电技术。

其次是"气冷"。大多数的核电站都使用水作为传热介质和冷却介质。水将核燃料产生的热量带出，将其加热产生蒸汽，推动汽轮机发电。而高温气冷堆创造性地运用氦气作为介质，氦气的沸点是 −268.93 摄氏度，在常压下几乎始终都是气态，可被加热到更高的温度，而不像水温度过高后就很难保持原有的状态了。正是"气冷"保证了"高温"的实现，使得高温气冷堆不仅可以应用于发电，还可以利用其高温的特性用于制氢或其他高温化工过程。

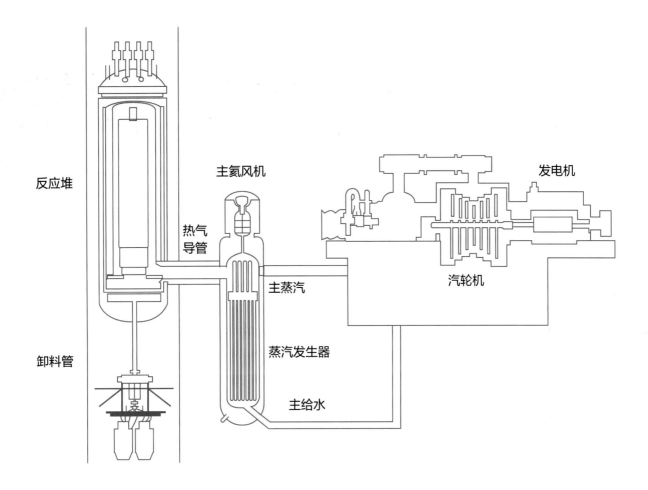

反应堆

卸料管

主氦风机

热气
导管

主蒸汽

蒸汽发生器

主给水

发电机

汽轮机

▲ 高温气冷堆工作示意

高温气冷堆的结构有什么特别之处?

高温气冷堆最大的特色就是采用球形燃料,而不是常见的"加热棒"。高温气冷堆的反应堆里装满了直径 6 厘米的"加热球"。你可以想象一下吃火锅时的热烈场面,滚烫翻腾的火锅汤料里浸满了香喷喷的牛丸、虾丸。高温气冷堆的反应堆里也是类似的样子,只不过这里的热汤不是水,换成了不停循环流动的氦气;"丸子"也不是靠水来加热,而是这些自发热的"丸子"把流动的氦气烧得滚烫。让我们来仔细观察一下这些特殊的"丸子"。如果切开它,你会发现这是个"皮薄馅大"的"珍珠包",它的外皮是 5 毫米的

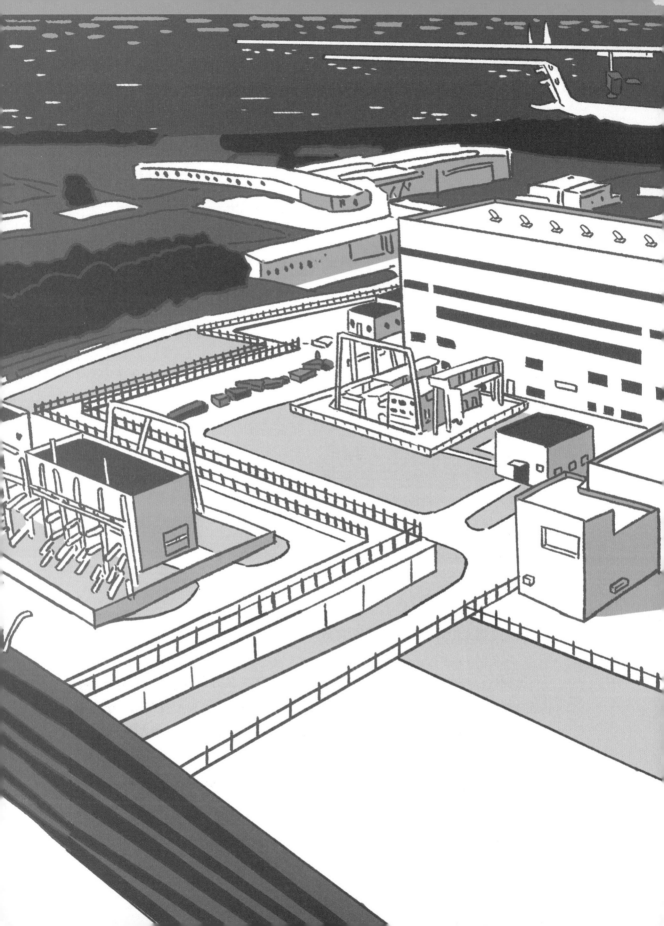

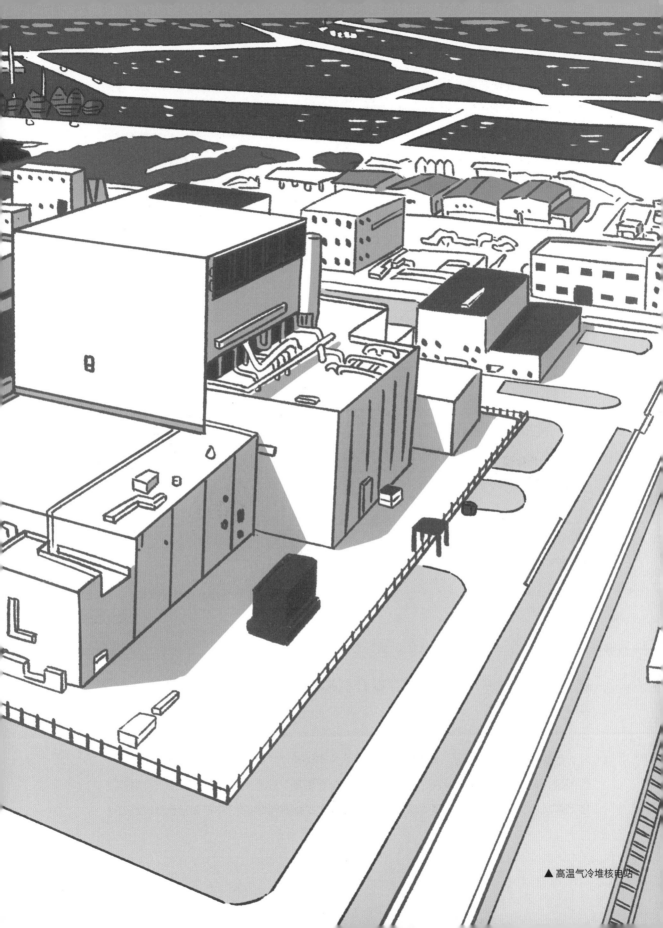

▲ 高温气冷堆核电站

石墨材料壳，里面装满了 8000 多颗直径 0.92 毫米的"小珍珠"。而每颗"小珍珠"又是内藏乾坤，需要用放大镜来一层层观察。"珍珠"小球的最外层是耐高温的石墨，往里一层是碳化硅材料，再往里一层还是石墨，再往里一层是碳保护层，最中心才是产生热量的核燃料。之所以要这样层层包裹，就是为了让核燃料既能高效地将热量传递出去用来发电，也能在不需要任何冷却的情况下，保障小球的最高温度不会超过 1600 摄氏度，小球的石墨外衣始终不会融化解体，从而牢牢包裹住核燃料，始终保持放射性物质不泄露到外界。

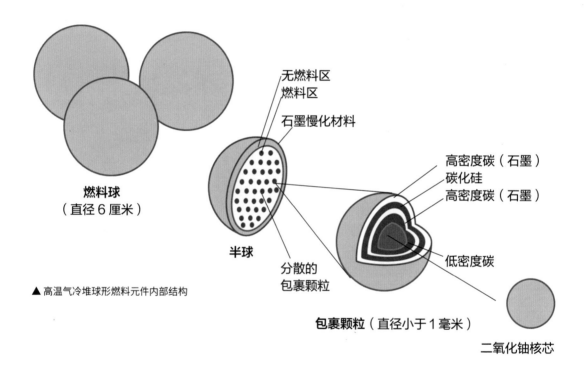

▲ 高温气冷堆球形燃料元件内部结构

第四代核电技术与以前的技术有什么不同？我国高温气冷堆的技术水平如何？

回顾核电技术发展史，最早的第一代核电技术解决了"如何利用核能发电"的可行性问题，第二代核电技术解决了"如何让发电效率更高"的经济性问题，到第三代核电技术要解决"防范与缓解严重事故"的安全性问题。但是科学家们并不满足于此，还在不停地探索如何能实现核电的可持续性和固有安全性，希望跳出传统核电设计的模式，用全新的方案让核电同时满足燃料利用更充分、废料更少，以及遇到突发情况不需要人为干预就能保证安全等条件。

2000 年，美国发起成立第四代核能系统国际论坛（GIF），旨在通过国际合作共同研发第四代核能系统。目前，GIF 成员已从最初的 9 个国家和地区发展到 14 个。GIF 在众多核电创新方案中优选出了 6 种第四代核能系统的堆型：气冷快堆、铅冷快堆、熔盐堆、钠冷快堆、超临界水堆、超高温气冷堆。其中以钠冷快堆和高温气冷堆技术最为成熟，中国对这两项技术也都开展了相关的研发，并实施示范工程的建设。

我国的高温气冷堆技术起步较早，目前处于全球领先地位。1986 年，高温气冷堆研究就被列入国家"863 计划"。1992 年，国家批准在清华大学开工建设 10 兆瓦（1 万千瓦）模块式球床高温气冷实验堆。几代科学家经过 20 多年的持续攻关，不断深入了解并逐步掌握了这项新技术的奥秘。2006 年，高温气冷堆技术再次被列入我国《国家科学和技术中长期发展规划纲要（2006—2020 年）》，成为与北斗工程、航天探月技术并列的 16 个国家科技重大专项之一。2012 年 12 月，我国率先在山东石岛湾开工建设高温气冷堆示范工程，并顺利实现了并网发电。这是世界上首个商业运行的高温气冷堆核电站，代表了中国核电人在第四代核电前沿技术的探索方面已经走在世界前列。

大事记

2012

12 月

华能石岛湾高温气冷堆核电站正式开工

2015

完成核岛、常规岛主体结构施工

2020

10 月

华能石岛湾高温气冷堆核电站示范工程 2 号反应堆的冷试一次成功

11 月

华能石岛湾高温气冷堆核电站示范工程 1 号反应堆冷态功能试验一次成功，完成双堆冷试，核岛核心系统建设质量得到全面检验

2021

9 月 12 日

华能石岛湾高温气冷堆核电站示范工程 1 号反应堆首次达到临界状态，机组正式开启带核功率运行

第四代核电技术开发的
灵魂人物

> 年轻的时候，我们曾喊出用我们的双手来开辟祖国原子能事业的春
> 天的誓言，我一直在践行这样一个誓言，努力做得更多、做得更好。
>
> ——王大中

2020 年度国家科学技术奖授予了清华大学的王大中院士。国家科学技术奖是中国科技界的最高荣誉，主要奖励在当代科技前沿取得重大突破，或者在科技创新和科技成果转化中创造巨大经济或社会效益的杰出科学家。每年获奖者不超过两名，由国家主席在人民大会堂亲自颁奖。截至 2021 年，累计只有 35 位科学家获此殊荣。

王大中院士是清华大学的老校长、国际著名核能科学家，长期从事自主创新的先进核能技术研发，是我国第四代核电"模块式球床高温气冷堆"技术开发的灵魂人物。1958 年，王大中从清华大学工程物理系毕业后，留校工作。在随后 60 多年的学术生涯中，他见证并推动了清华大学在核能技术领域取得的辉煌成果。在远离城市的燕山脚下，王大中一毕业就投入我国第一个屏蔽试验反应堆的设计和建造工作中。当时为了保密，工程对外的编号为"200 号"。从此，"200 号"成为清华大学后来发展起来的"核能与新能源技术研究院"的代号，在核电圈里无人不晓。但在当时，以王大中为代表的清华师生面对的是一穷二白的基础条件。他们这个平均年龄只有 23 岁的创业团队，自己动手重修水渠、架设高压供电线路、

挖地基、搞土建施工，从零起步开始了反应堆各个系统的设计和建设，用了 6 年的时间建成了"200 号"工程。王大中也在这场"实战"中逐渐成长为具有工程实践经验和战略思维的学术领头人。

20 世纪 80 年代，作为优秀教师代表的王大中获得洪堡奖学金的资助，到德国著名的于利希研究中心进修。当时国际上已经提出了高温气冷堆的概念，王大中的指导老师鲁道夫·舒尔滕（Rudolf Schulton）教授正是这个领域的前沿学者。王大中敏锐地意识到这是一种非常有前景的核电技术，便将高温气冷堆作为自己的博士论文方向，深度参与相关研究并提出了很多创造性的设计想法，仅用一年多时间就获得亚琛工业大学博士学位。回国后，他开始积极推动国内高温气冷堆的相关研究工作，在国家"863 计划"的支持下，领导清华大学研究团队建成了 10 兆瓦模块式球床高温气冷堆，标志着我国掌握了该堆型的关键核心技术。

但是王大中并没有停下前进的脚步，在他心中，只有真正实现从"科研实验反应堆"向"工业规模商用堆"的跨越，才能推动我国核能事业迈向世界先进水平。于是他指导清华团队继续攻坚克难，将单一模块反应堆功率放大 25 倍，致力于研发出世界首座工业规模的模块式高温气冷堆，最终这个项目落户山东荣成，成为国家科技重大专项之一，并于 2021 年 12 月顺利建成发电。

王大中院士 60 多年的工作生涯，始终与祖国的核能事业紧紧交织在一起。从矢志建堆报国的青年学子到"现反应堆固有安全的带头人"，王大中坚定地选择了自主创新的先进核能技术研发之路，推动中国以固有安全为主要特征的先进核能技术，实现了从跟跑到领跑世界的转变。

44

神奇的纳米限域催化：
煤经合成气直接制高值化学品

2021 年 11 月 3 日，中国科学院大连化学物理研究所研究团队完成的"纳米限域催化"项目被授予 2020 年度国家自然科学奖一等奖。作为中国原创的催化剂设计概念，该理念用于氧化物－分子筛（OX-ZEO）技术开发，促进了碳基资源向高价值化学品和燃料的定向转化。在此基础上创建的煤经合成气直接转化新技术平台，引领了煤炭高效、清洁利用的新方向。

什么是纳米？

"纳"表示一个单位的十亿分之一（10^{-9}），因此，1 纳米表示 1 米的十亿分之一，即 10^{-9} 米。1 纳米相当于一根头发横截面直径的万分之一，一个红细胞直径的千分之一，约等于原子直径的 10 倍。只要有一个维度在纳米尺度范围，即可称作纳米材料。

当一种材料从 1 厘米的宏观尺度不断切割减小到 50 ～ 100 纳米时，其众多物理及化学性质会发生明显的改变。比如人们在日常生活中见到的金，它是一种贵金属，以饰品存在时呈金黄色。金粒子在直径为 50 纳米时呈蓝色或紫色，在 25 纳米时呈红色，在 1 纳米时呈橘色。

纳米材料有不同的几何结构存在形式，如线、棒、管等。其中，碳纳米管是下文"限域"概念的重要应用之一。将一片石墨（碳原子呈蜂窝状排列结构）卷曲成圆筒状，形成单壁碳纳米管，直径范围 0.7 ～ 1.4 纳米，长度为几微米。卷曲过程造成了石墨结构中大 π 键[1] 发生畸变，导致管内外的电子密度差异，使碳纳米管呈现出区别于其他传统碳材料

1　大 π 键指离域 π 键或共轭大 π 键的简称，在 3 个或 3 个以上原子彼此平行的 p 轨道从侧面相互重叠形成的 π 键。

的特殊的物理和化学特性。这一结构特点也是产生限域效应的重要原因之一。

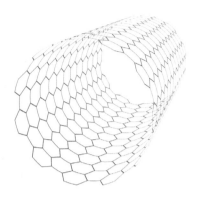

▲ 碳纳米管及其原子结构

什么是催化？

这里的反应特指化学反应，是一个或多个物质（反应物）经过分子拆分和原子重组得到一个或多个新物质（产物）的过程。反应物转变的速度为反应速率。对于氧气氧化反应，一根火柴杆完全燃烧需要数秒，相同体积的铁完全生锈则需要数年，这是由于反应速率不同。

那么有没有可以控制反应速率（快慢）的东西呢？有。这就是催化剂。催化剂既可以加速反应，也可以抑制反应。值得注意的是，催化剂本身在反应后不会被消耗，这是它区别于其他添加剂的本质特征。

催化剂是如何控制反应速率的呢？化学反应的过程类似于爬山，从反应物到产物需要经过一个称为"反应能垒"[1]的山峰。山峰高则翻越它耗时长，山峰矮则耗时短。催化剂的加入就如同"天兵天将"，起到削峰填谷的作用。将反应物原本需要翻越的珠穆朗玛峰变成丘陵，减少了原本需要的时间。

催化作为一种人类可控的手段，已经成为关键化工工艺技术，迄今该领域的研究者中已产生十几位诺贝尔奖获得者，他们在氨工业、石油炼制、精细品合成等国计民生领域发挥了举足轻重的作用。

工业应用催化剂一般需要载体承载，碳纳米管是良好的载体之一。当催化剂尺寸缩小至纳米尺度时，除了自身化学性质发生变化，与载体的协同作用也会带来"1＋1＞2"的额外影响，如限域效应。

▲ 碳纳米管内的限域催化反应示意

---

1 反应能垒指化学反应发生所需要的最小能量。

▲ 煤经合成气直接制低碳烯烃工业试验装置

什么是纳米限域催化？

限域效应（Confinement Effect）表观理解为被约束的作用。以碳纳米管为例，空间被碳纳米管分为管内和管外，且为纳米尺度，其中管内催化剂由于空间被约束产生原子结构和电子态的变化，从而带来催化性能的改变。这就是狭义的纳米限域催化。

限域对催化体系的影响主要有四个方面：① 对于管内负载的纳米催化剂，它可以限制催化剂在反应过程中的迁移和聚集，以防止由于团聚导致的催化剂活性下降甚至失活，而且由于管壁弯曲导致的管内外化学环境（电子密度）差异，使得管内催化剂的化学活性更高；② 对于反应物，由于管壁弯曲导致的管内外化学环境（电子密度）差异，反应物分子在管内外吸附能力不同，引起反应分子在管内局域浓度的变化；③ 对于反应过程，管内独特的化学环境对反应能垒产生特定的影响，呈现反应速率和反应选择性的变化；④ 对于产物分子，其扩散特性也会产生明显变化。

除了碳纳米管结构天然形成的空间约束，研究者们还发现，在被束缚在银催化剂表面凹槽处的次表面上，银原子表现出了更高的化学催化活性，被称作"界面限域"。这就是广义的纳米限域催化。

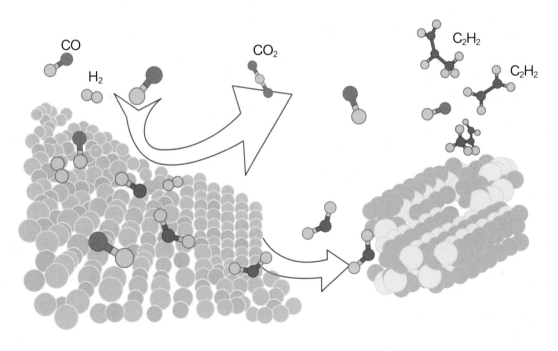

▲ 可直接将煤气化产生的合成气转化为低碳烯烃的新型复合催化剂

纳米限域催化对我国能源利用有什么重要意义？

中国是典型的富煤少油的国家。然而，90% 以上的化工产品来自石油，我国大量依赖进口石油生产液体燃料以及必需化学品，这直接关系到国家能源安全。因此，利用煤等非石油资源合成与生产人们需要的化学品和材料迫在眉睫。

以煤为原料获得乙烯、丙烯、丁烯等低碳烯烃为例，国际上普遍采用的技术是传统费托合成技术，一条路线是先从合成气（一氧化碳和氢气）生产甲醇，再在催化剂上进行脱水偶联生产烯烃；另一条路线是基于费托合成（Fischer-Tropsch process）过程，调高氢比例之后的合成气在费托催化剂作用下再生成烯烃。这种技术不仅技术工艺路线长，而且存在耗水、耗能并排放大量废水等问题。

针对以上问题，我国科学家创造性提出纳米限域催化概念，以此理念开发 OX-ZEO 新工艺，构筑双功能的复合催化剂 ZnCrOx/MSAPO，以合成气为原料直接转化合成具有高达 94% 选择性的 C_2-C_4 烃类（烯烃 80%，烷烃 14%），显著高于传统费托合成的理论选择性。该工艺流程短，解决了耗水耗能问题，且反应过程中不产生废水，引领了煤炭高效、清洁利用的新方向。2016 年 3 月，《科学》发表了这一研究成果，同期刊发了题为《令人惊奇的选择性》的评论文章，认为该种工艺将会受到学术界和工业界的广泛关注。

大事记

2016

3 月

"合成气转化高选择性制低碳烯烃" OX-ZEO 原创性基础研究成果发表于美国《科学》杂志，当年被评为中国科学十大进展

2019

9 月

中国科学院大连化学物理研究所与陕西延长石油（集团）有限责任公司合作，建设了世界上首套基于该项创新成果的千吨级规模的煤经合成气直接制低碳烯烃工业试验装置，完成单反应器试车

9 月 19 日

中国科学院大连化学物理研究所在中国大连举办了"煤经合成气直接制低碳烯烃"技术工业试验成果发布会

2020

11 月 3 日

中国科学院大连化学物理研究所"纳米限域催化"成果荣获 2020 年度国家自然科学奖一等奖

4

健康保障篇

45

科学抗疫：我国自主研发的新冠病毒疫苗和特效药

2019 年底，新型冠状病毒（以下简称"新冠病毒"）SARS-CoV-2 疫情爆发，成为全球蔓延的流行病。在之后的几年里，面对新冠病毒肺炎 COVID-19，无数的医疗工作者、志愿者、科学家化身人类与疾病战斗的利剑、铠甲与坚盾，用他们的汗水、智慧与生命坚守着人类的阵地寸步不退。我国也迅速投入了新冠疫苗和特效药的研发、生产和使用，并积极开展国际合作。

新冠病毒是一种什么样的病毒？

很多人并不知道病毒和细菌的区别，只知道它们都是可以让人生病的微生物。其实两者是完全不同的病原体。首先，细菌的个头更大，是微米级大小；而病毒是纳米级的大小。另外细菌是具有细胞结构的，有生命活动；而病毒实际上就是一个蛋白外壳（核衣壳）包着遗传物质，完全依赖宿主细胞来进行复制，看起来更像一封定点投递到宿主细胞的"敲诈信"。新冠病毒 SARS-CoV-2，就是这样一封定点投递到人类呼吸道上皮细胞的"敲诈信"。

新冠病毒是一种冠状病毒。冠状病毒是人类的老对手，像部分流感、SARS（严重急性呼吸综合征）、MERS（中东呼吸综合征）都是冠状病毒引起的。和这些冠状病毒相比，新冠病毒潜伏时间长、传染性强、毒性一般，它可能是人类遇见的最狡猾的对手之一，所以有人甚至叫它"完美病毒"。它通过蛋白外壳上的刺突 S 蛋白和人类细胞表面的 ACE2 蛋白结合，然后把"信封"留在外面，"信件"（病毒 mRNA）进入人类细胞，劫持细胞的 mRNA 翻译和蛋白表达系统，大量地复制自己和生产病毒蛋白，最终一个被感染的细胞可以释放出大量的病毒进入人体去感染其他细胞。

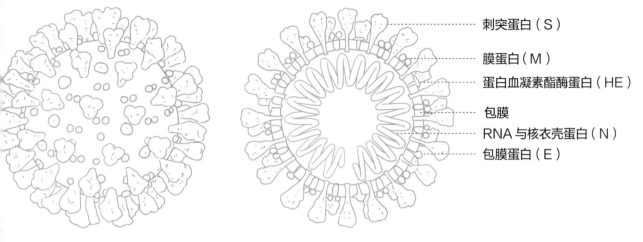

刺突蛋白（S）

膜蛋白（M）

蛋白血凝素酯酶蛋白（HE）

包膜

RNA与核衣壳蛋白（N）

包膜蛋白（E）

▲ 新冠病毒模型及其结构

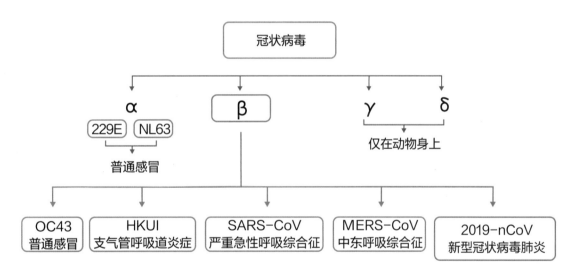

▲ 冠状病毒分类

对抗新冠病毒，我们国家的防控策略是什么？

中国的防控策略简单来讲叫"动态清零"，即追求最大限度地统筹社会经济发展和疫情防控。疫情刚爆发的时候，每个国家都有自己的防控策略。比如英国提出的"群体免疫"，就是不管控，让相当一部分民众感染新冠病毒，从而建立一个免疫墙。先不论

▲ 科技抗疫

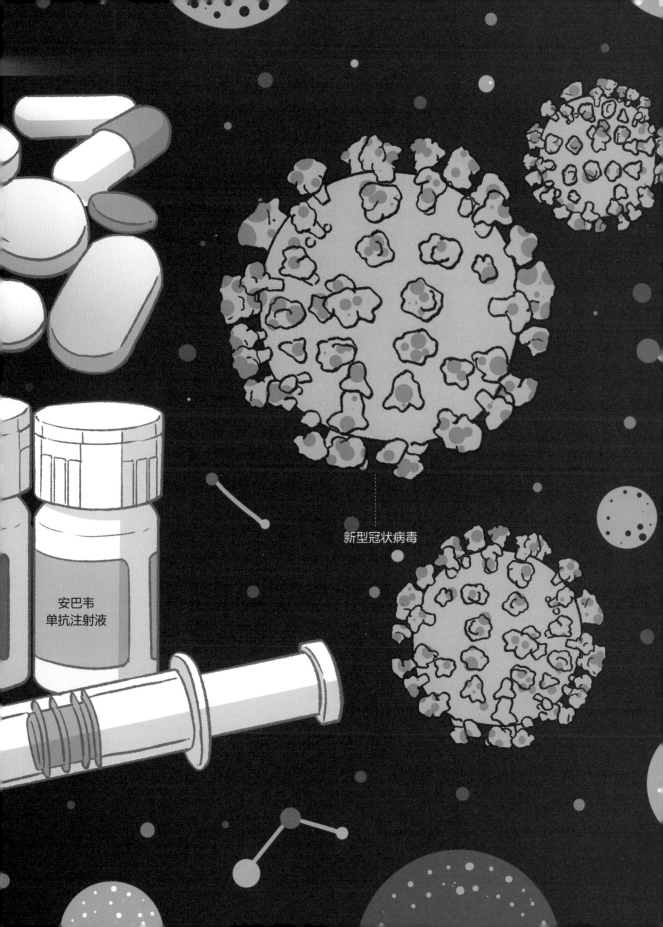

建立群体免疫的过程中对医疗体系的压力和冲击，我们看一下在实际中群体免疫是否可以快速达到。

巴西亚马孙州的小城市玛瑙斯于 2020 年 3 月爆发第一波疫情，到了 10 月，76% 的人口都感染过新冠病毒。在感染过程中，有 1193 人确认死于新冠病毒，1700 人有可能死于新冠病毒，当地新冠病毒感染者的死亡率远高于同期其他主要国家的死亡率。而这个本应达到群体免疫的感染率，也没有阻挡玛瑙斯第二波疫情在 2021 年初爆发。

中国的人口占世界总人口的 19%，而新冠病毒感染人数只占全球总感染数的 0.05%。这是一个了不起的成就。我国的"动态清零"防控是系统工程，既包括了最传统的非药物干预的公共卫生策略，比如戴口罩、实施隔离政策、保持社交距离等，也得到了新技术的支持，比如快速核酸检测技术实现了环境污染的快速检测和病人的快速识别，通过大数据加上实时监控和追踪密切接触者等。

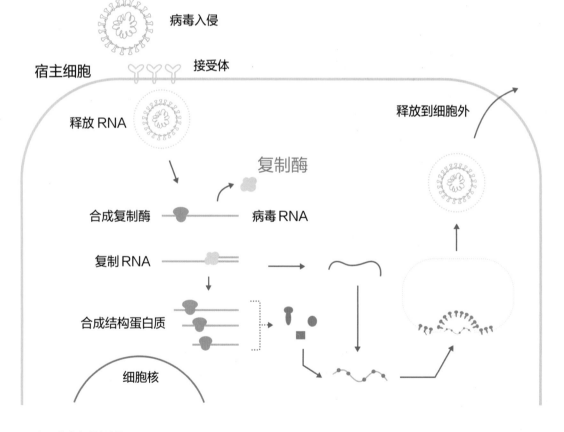

▲ 冠状病毒感染过程

在我们对抗新冠病毒疫情的过程中，有一个非常重要的工具，那就是新冠病毒疫苗。疫苗的作用就是，先提前训练一下免疫系统，让它熟悉新冠病毒这个敌人，提前准备好"士兵"（有免疫记忆的细胞）和"武器"（抗体）。在面对真正的新冠病毒的时候，身体可以快速反应，击退敌人。

虽然目的都一样，但几种不同的疫苗训练免疫系统的手段不一样。我国最常用的疫苗是灭活疫苗，简单地说就是生产出真正的敌人（新冠病毒），然后把敌人缴械（灭活）。让它们虽然还保持了新冠病毒的样子，但又不会感染人。这种疫苗让我们的免疫系统认识完整的病毒的样子。

我国还有一种疫苗是重组蛋白疫苗，也就是直接把新冠病毒感染细胞的"武器"——刺突蛋白在体外生产出来，注射到人体，从而让免疫系统认识新冠病毒特征"武器"，在人体内产生针对新冠病毒"武器"的特异性抗体。

接种过疫苗的人，如果被新冠病毒侵入了体内，会发生什么呢？免疫细胞一看，这敌人我熟，它们会快速动员起来，于是免疫系统产生大量的病毒特异抗体，结合在病毒蛋白上，阻断刺突蛋白和人体受体蛋白 ACE2 的结合，同时抗体也会帮助杀伤性的免疫细胞识别和清除病毒。

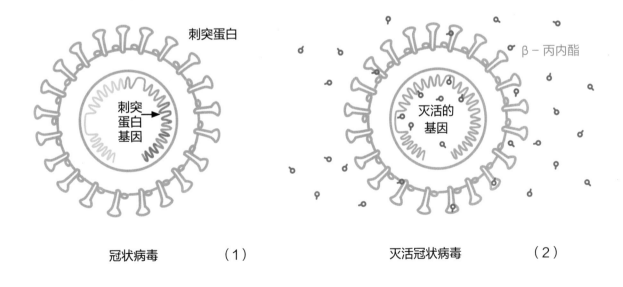

刺突蛋白

刺突
蛋白
基因

β－丙内酯

灭活的
基因

冠状病毒　　　（1）　　　　　　灭活冠状病毒　　　（2）

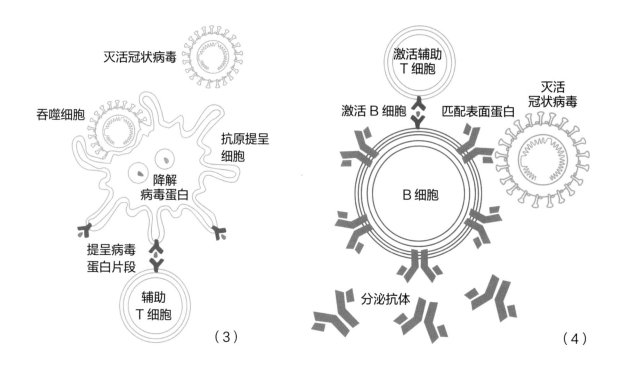

（3）

（4）

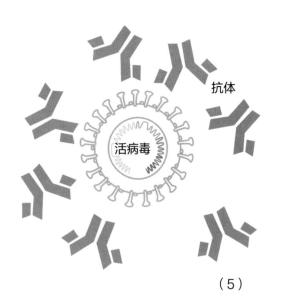

（5）

▲ 灭活新冠疫苗的防治原理

针对新冠病毒有特效药吗？

　　针对新冠病毒已经有多个药物上市了。这些药物可以分成抗体药物和小分子口服药。抗体药物的作用机理有点像刚才提到的疫苗起作用过程中抗体的作用：通过识别和与新冠病毒刺突蛋白结合，阻断刺突蛋白和人体细胞的结合和入侵，同时帮助免疫系统清除病毒。只不过这种抗体药物是体外发酵生产的，常用的发酵用细胞是中国仓鼠的卵巢细胞，这种细胞被人工驯化，专门表达需要的蛋白。我国已经有自主研发的新冠病毒抗体药物获批上市了：安巴韦单抗注射液（BRII-196）及罗米司韦单抗注射液

（BRII-198）的联合疗法。在三期临床试验的 837 例疾病进展高风险的新冠病毒肺炎（COVID-19）门诊患者中，与安慰剂组相比，使用了联合疗法的患者住院及死亡的复合终点降低 78%，非常有效。

另一类对付新冠病毒的药物是小分子口服药，已经有两种机理的小分子药显示了很好的抗新冠病毒效果，一类是核苷类似物，比如莫努匹韦，它可以打乱新冠病毒 mRNA 的复制，从而起到抗病毒作用；另外一种是 3CL 蛋白酶抑制剂，比如 Paxlovid，它的抗病毒机理简单理解就是新冠病毒需要劫持人类细胞的一些酶来复制自己，如果能够抑制新冠病毒复制必需的人类细胞里面的酶，比如 3CL，就可以阻断新冠病毒在人体内的复制。我国也有多个其他机理的小分子抗新冠病毒药物正在进行临床研究，比如 AR 受体抑制剂、XPO1 核输出受体抑制剂，这些药物都在临床前或者临床上看到了不错的抗新冠病毒药效。

一定要坚信，我们是必将战胜新冠病毒的。在过去十几年、几十年、几百年乃至上千年间，人类战胜了无数更可怕的疾病和灾难。在科技更为发达的今天，我们有更多的武器和经验来面对这个狡猾的敌人，并且战而胜之。

大事记

2020 ——————————————— **2021** —— **2022**

1月19日

中国生物成立了由科技部"863"计划疫苗项目首席科学家杨晓明挂帅的科研攻关领导小组，布局各大研究院所，在全病毒灭活疫苗和基因重组蛋白疫苗等多条技术路线上并跑，开发新冠病毒疫苗

4月12日

武汉生物制品研究所全球首家获得新冠病毒灭活疫苗临床试验批件

4月27日

北京生物制品研究所研发的新冠病毒灭活疫苗再获临床试验批准，为新冠病毒灭活疫苗研发加上双保险

12月8日

我国首款抗新冠病毒药物——新冠单克隆中和抗体安巴韦单抗和罗米司韦单抗联合疗法获批上市

5月19日

由中国康希诺生物股份公司研制的重组新冠病毒疫苗克威莎正式通过世界卫生组织紧急使用认证。这是继国药和科兴疫苗后，第三款通过世界卫生组织紧急使用认证的中国新冠病毒疫苗

46

血液里的"黄金救命药"：
重组人血清白蛋白

如果大家有过陪护急救的经历，那么很可能会看到医生给病人输送人血白蛋白，这种神奇的液体为什么能够有着"起死回生"的功效呢？人血白蛋白作为主要的血液制品之一，因其具有广泛和重要的应用价值，临床上一直供不应求，但受限于多种因素，市场扩容缓慢。最近，我国的科研工作者研制了能在水稻胚乳中表达的植物源（重组）人血清白蛋白产品，作为人血白蛋白的目标替代产品虽至产业化仍需时日，但或有望成为生物制品领域的又一重磅级产品。

什么是蛋白？

我们通常所说的"蛋白"，不是指鸡蛋清，而是蛋白质分子的简称。分子的尺寸非常小，例如水分子，只有 0.27 纳米。而蛋白质分子是由很多个氨基酸分子通过化学反应"首尾相接"组成的，堪称分子世界的"庞然大物"，不过它们最大的尺寸也就十几纳米。蛋白质分子分布在人体的每个角落：一个体重为 60 千克的人，体内的蛋白质一般在 10 千克，也就是说蛋白质分子占了人体体重的 15% 之多，含量仅次于水分子。

每种蛋白质都有特定的功能。它们有的构成了我们细胞和组织的结构成分，没有蛋白质，人体就没有皮肤和肌肉"外衣"。除了结构功能之外，许多酶、激素和免疫细胞分泌的活性分子也都是由蛋白构成的，也就是说，没有蛋白质分子，人体就无法从食物中得到能量，无法生长，也无法抵御外来入侵的病原体。

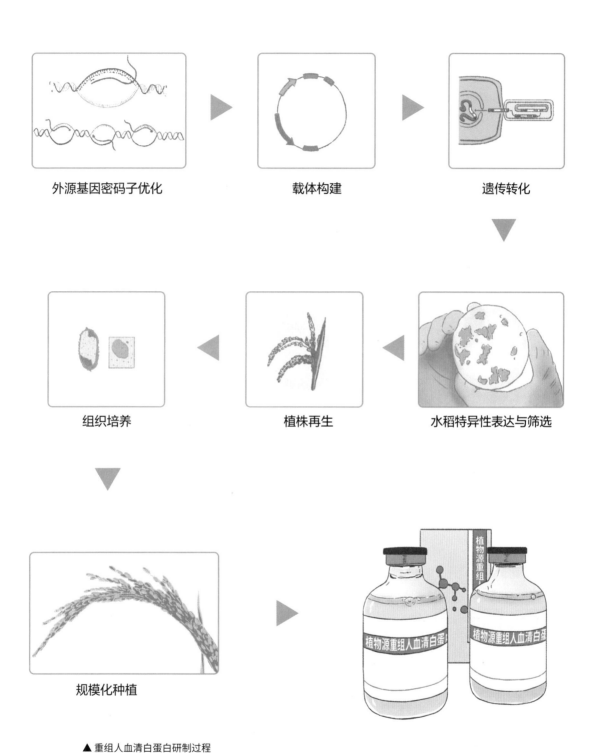

外源基因密码子优化　　　　　载体构建　　　　　遗传转化

组织培养　　　　　植株再生　　　　水稻特异性表达与筛选

规模化种植

植物源重组人血清白蛋白　　　植物源重组人血清白蛋白

▲ 重组人血清白蛋白研制过程

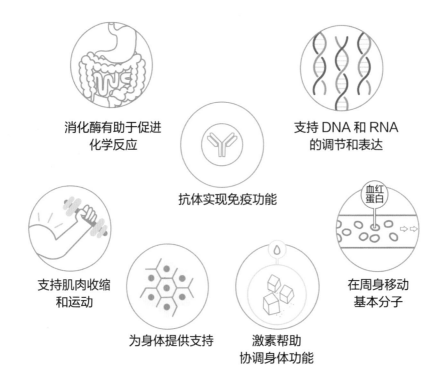

消化酶有助于促进
化学反应

抗体实现免疫功能

支持 DNA 和 RNA
的调节和表达

支持肌肉收缩
和运动

为身体提供支持

激素帮助
协调身体功能

血红
蛋白

在周身移动
基本分子

▲ 蛋白质为人体提供重要功能

蛋白在身体中是如何合成的?

从受精卵开始,我们的发育几乎都是按照一个叫作"分子生物学中心法则"的既定蓝图按部就班地进行的,直到我们死去的那一天为止。概括起来就是说:这是一个细胞中的遗传物质脱氧核糖核酸(也就是我们常说的 DNA)中的基因(也就是 DNA 片段)首先被"转录"成信使核糖核酸(mRNA),然后再被"翻译"成蛋白质,实现细胞生理功能的过程。

好比做菜,我们要想做出食物,首先要找到对应的食谱(转录),然后再根据食谱提供的配方找到食材烹制和装盘(翻译)。"转录"和"翻译"其实都是特殊命名的化学反应,是细胞合成新的分子的过程。从 DNA 片段到蛋白质的过程,叫作"基因的表达"。

那么为什么说 "几乎"而不是 100% 完全按照蓝图来进行呢? 原因有二。第一,在转录和翻译过程中会出现错误,这个错误的原因有内在因素,也有环境因素;第二,转录和翻译出的 mRNA 和蛋白质分子的个数是随机过程,也就是无法预先知道。这两个原因结合起来,就导致了变异的出现。所以说,每个人身体中的蛋白种类以及个数都是有差别的。这也就解释了为什么地球上的 70 亿人没有任何两个人是相同的,包括双胞胎!

什么是重组蛋白？

重组蛋白和天然蛋白在本质上没有区别，两者都是蛋白质分子，遵循一样的中心法则和化学反应，呈现出相同的物理性质，区别只是重组蛋白是通过基因工程改造产生的，而不是通过自然选择进化出来的。

所有的生命体不管差异有多大，其细胞中的化学反应都是相同的，区别主要在遗传物质上。我们如果通过生物工程把人的 DNA 片段放在胡萝卜的细胞里，萝卜的细胞就会按照中心法则把人的蛋白质合成出来，这就叫作"重组蛋白"。这就好比一个厨师每天按照同一本烹饪书做菜，但是某一天我们偷偷地把一个新的食谱夹在烹饪书中，这个厨师碰到这个新的食谱，也会做出新的菜肴，毕竟做菜的技巧和食材都是类似的。这个过程听起来简单，但是在实际操作中还是有一定的难度的，尤其是如何能够把新的食谱（基因）"夹"在烹饪书（DNA）中，以及让细胞这个厨师更多地去"烹制"（合成）更多的重组蛋白，而不是天然蛋白。这都需要科学家们长年累月的探索和钻研，以及工程师们精巧的设计。

要得到重组蛋白，第一个环节就是重组 DNA 的制备。重组 DNA 的概念和重组蛋白类似，是通过拼接（生物学上叫作"融合"）通常不会天然存在于某个生物体中的 DNA 片段而产生的。由于不同的生物体共享相同的 DNA 化学结构以及化学反应，生物学家们

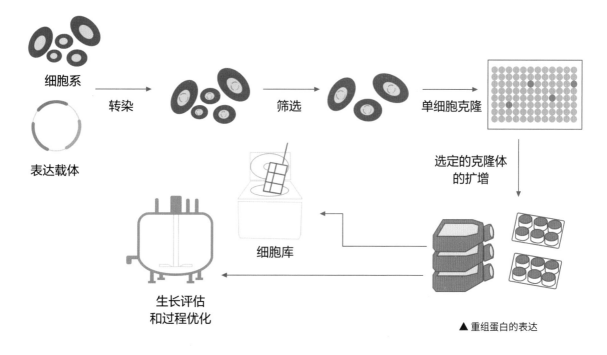

▲ 重组蛋白的表达

就可以随意"剪切"和"复制"某个生物的 DNA 片段到另一个不同物种的 DNA 中去。而表达重组蛋白的策略主要是把含有重组 DNA 片段的 DNA 引入特定的细胞，这个过程生物学上叫作"转染"。做个不恰当的比喻，这就好像病毒"感染"宿主。由于转染效率并不是 100%，所以要先把转染成功的细胞筛选出来，然后培养这些含有重组 DNA 片段的细胞，这样就可以利用这些细胞的中心法则来转录和翻译我们需要的蛋白质了。第二个环节就是要裂解或破坏这些细胞，释放表达出的蛋白质分子，然后对其进行纯化和分离，得到纯的蛋白产品。

用于表达重组 DNA 的系统可以是原核生物[1]，也可以是真核生物[2]。这种选择通常基于蛋白质类型、功能活性以及所需的产量，可以用的生物体系包括哺乳动物、昆虫、酵母、细菌、藻类，甚至是无细胞环境的生产。

可用于表达重组 DNA 的生物体系及其优缺点

名称	优点		缺点
细菌	简单的载体构建； 简单的培养方法； 产量高； 易于扩展		无翻译后修饰； 折叠不当的产物； 容易聚集； 潜在的内毒素污染
酵母	能够进行真核生物的翻译后修饰； 可能有高产量； 培养简单		需要发酵以提高产量； 可发生高糖基化
昆虫细胞 - 杆状病毒	翻译后修饰情况与哺乳动物细胞相似； 有效的蛋白质折叠； 比哺乳动物细胞更具可扩展性		病毒生产可能很耗时； 培养起来很麻烦； 感染可能会诱发过早裂解
哺乳动物细胞	人类蛋白质的最真实产品； 对原始结构、功能和翻译后修饰的保存最好； 可以创建稳定的产品细胞系		复杂的培养条件； 昂贵的设置和维护； 产量低； 扩大规模困难

1　原核生物，一些由无真正的细胞核的细胞组成的单细胞或多细胞的低等生物。相对于真核生物而言，它们一般没有细胞内膜和细胞核膜，但依然有遗传物质，例如 DNA、RNA 等。

2　真核生物，所有单细胞或多细胞的、其细胞具有细胞核的生物的总称，包括所有动物、植物、真菌和其他具有由膜包裹着的复杂亚细胞结构的生物。

为什么我国需要大量的重组人血清白蛋白？

由肝脏产生的人血清白蛋白是血浆中最丰富的蛋白质，约占血清蛋白的一半（成年人约 35 ~ 50 克 / 升），负责维持渗透压，运输激素、脂肪酸和其他化合物，维持血液酸碱度，解毒等功能，所以人血清白蛋白一般用于防治低蛋白血症以及严重受伤、出血、手术或烧伤后的休克反应等一些严重的疾病。另外，人血清白蛋白不仅可以作为药物直接静脉注射使用，而且还可以作为高效安全的药物载体，实现药物在人体内的长效作用。

由于人口基数大，我国每年需要大量的人血清白蛋白产品，2022 年预估行业市场规模为 300 亿元左右，而且随着人口老龄化，需求量会持续增加。目前获批的医用人血清白蛋白都属于人源血液制品，依赖血液捐献，产能非常有限。为了弥补需求空缺，目前这些产品严重依赖进口，在日趋紧张的国际形势下，很可能成为安全隐患。同时，由于血液中存在多种传染性疾病病原体的潜在危险，国内外均将重组人血清白蛋白作为主要攻克方向。

最近，我国的科研工作者研制了能在水稻胚乳中表达的植物源（重组）人血清白蛋白产品，与血浆来源的人血清白蛋白有相同的结构和生理生化性质。目前，我国企业在重组白蛋白赛道已经形成一定的企业梯队，多家企业已有产品获批临床，如武汉禾元和通化安睿特先后完成一期临床试验，并有多家企业处在临床前研究阶段。

大事记

2011 — **2017** — **2020** — **2021**

		7 月	**8 月**
华北制药研发的"药用辅料级基因重组人血清白蛋白"获得国家食品药品监督管理总局"药品生产许可证"	武汉禾元生物科技股份有限公司在《美国科学院院报》（PNAS）发表高效表达的研究文章，突破了重组人血清白蛋白的产量、纯化工艺和规模化的瓶颈	武汉禾元生物科技股份有限公司重组人血清白蛋白获批开展一期临床	武汉禾元生物科技股份有限公司在美一期临床实验完成	通化安睿特重组人白蛋白注射液正式进入二期临床试验

47

实现水稻种植 60 天收获：
无人植物工厂水稻育种加速器

"民以食为天"，自古以来粮食安全在大国博弈中一直起着决定性作用。中国农业科学院研制的"无人植物工厂水稻育种加速器"技术，运用工业化的方式解决育种的难题，在人工环境下培育植株，完全控制影响植物生长的光照、温度、湿度和一些营养成分等因素，成为今后解决粮食安全的一项重要尝试。

目前农业的现状是怎样的？为什么需要改变？

自 20 世纪中期以来，以化肥、农药和机械为代表的现代农业成为世界经济发展的基本条件之一。在短短的 70 年中，农业产出支撑了增长超过三倍以上的全球人口。然而，越来越多的迹象表明，目前的农业发展将会遇到前所未有的危机。

首先，在全球范围内，农业用水占人类淡水消耗量的 70%。专家预测，到 2050 年，全球人口将增加到约 100 亿，为了让不断增长的人口能吃饱饭，农业取水量可能会再增加 15%。从美国加利福尼亚州的中央山谷到南欧干旱的地中海盆地，再到中国的长江中下游平原，世界上许多生产力最高的农业区都依赖于大量灌溉。其次，化肥虽然能够显著提高作物的单位产量，但也导致了整个环境中的活性氮的水平大幅提高，营养物质变成了污染物。化肥中大约一半的氮从施肥的田地中逸出，进入土壤、空气、河流和降雨中。氮是湖泊有毒藻类大量繁殖的一个重要原因，会威胁生物多样性以及本地植物物种和自然栖息地的健康。最后，户外农业不可避免地会遇到病虫害问题，长期过度使用农药也会为生态环境带来灾难性的变化。例如全球的蜜蜂种群正在大规模地走向灭绝，而害虫正在对各种农药变得具有抗性；有些农药还会流入食物链，危害人类的健康。除了这三个显而易见的问题，全球的气候变化以及地表水体污染问题也可能导致在未来几十年内可耕种面积大幅减少，直接威胁全人类的食品安全。

目前农业还面临的一个重要问题就是人口的迁移和集中。再过 30 年，全球将会有 70% 以上的人口居住在城市。城市化增加了人们对肉类、水果和鸡蛋的需求，同时减少了对谷物和蔬菜的需求。也就是说，农业的结构也在跟随城市化的进度而发生变化，特别是对蛋白质需求的增加，无疑加重了对水和能源的需求压力。同时，城市化导致农业用地持续流失，这就需要单位产出持续增加。如果不做出改变，现代农业这种农业模式是不可持续的，甚至可能无法保证全球增加的粮食和肉类需求。

中国科学家最近在垂直农业领域取得了什么样的进展？

最近两三年，很多资本涌向一些专注于城市中"垂直农场"的初创公司，这种种植方式可能代表了未来农业的一部分。所谓"垂直"，就是作物彼此在空间上立体重叠种植，而不是像传统方式那样只在土地上种一层作物，这就好比把作物从"住平房"改为"住楼房"。从理论上说，垂直种植可以节省空间，从而提高单位土地的作物产量。同时，"垂直农场"可以放置在各种城市空间中，例如废弃的仓库、车间、学校以及平时不太常用

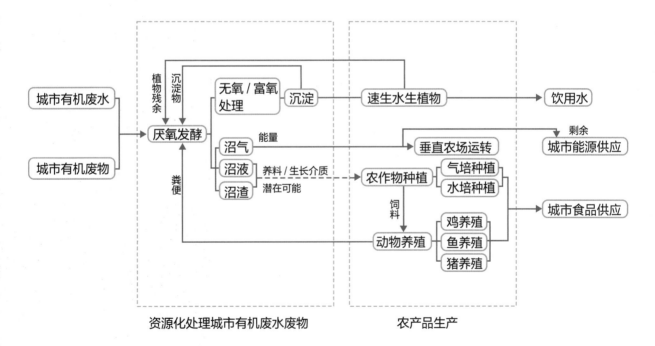

▲ 垂直农场能源和物质流动图

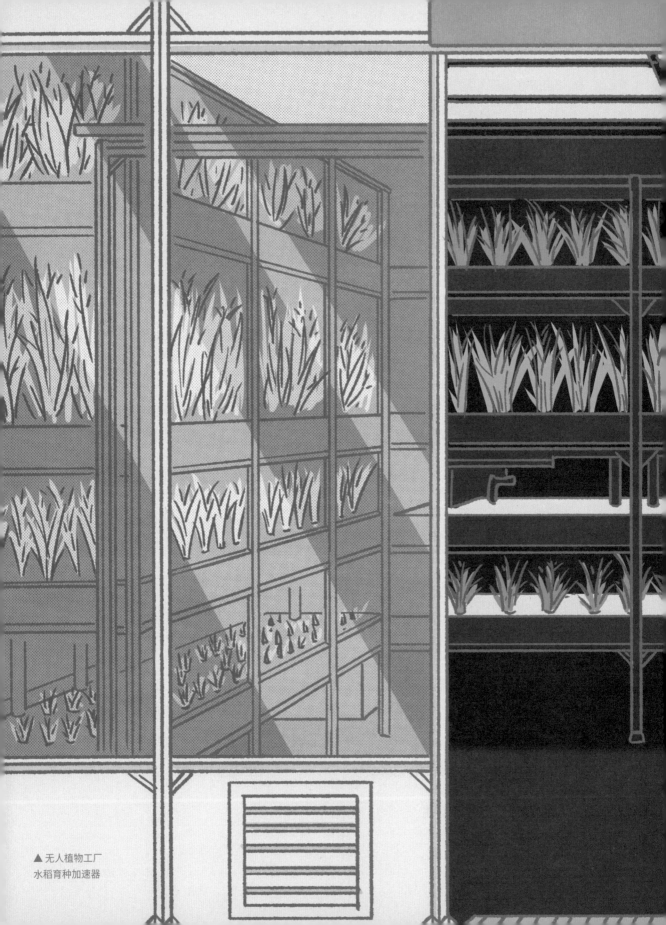

▲ 无人植物工厂
水稻育种加速器

的公共场所。

中国农业科学院都市农业研究所植物工厂创新团队与中国水稻研究所钱前团队合作，在植物工厂环境下成功实现水稻种植 60 天左右收获的重要突破，将传统大田环境下 120 天以上的水稻生长周期缩短了一半。这次水稻种植试验是在有 4 层栽培架的全人工光植物工厂进行的，采用定制光谱的发光二极管（LED）光源为水稻不同生育期提供最佳的光环境，将水稻种植在营养液栽培槽中，根据不同时期的营养需求精准供给养分。同时，植物工厂内部的环境要素，如光照、温度、湿度、二氧化碳浓度等都受到精准调控，为各生育阶段提供最佳生长环境。

比起自然中的农业，垂直农业的一个重要优势就是可以利用人工光源和人工环境，加速和改变作物的生长周期以及植株性状。水稻育种是一个关乎国家食品安全的领域，而水稻在自然生长的情况下生长周期很长，那么利用现代化的垂直农业技术进行育种就是非常好的应用场景，把育种周期缩短一半就意味着培育潜在优质新品种的速度能够呈指数增加，为中国的水稻基因库带来重大利好。

"垂直农场"是否可以看成未来农业的范式？

事实上，垂直种植并不是当代文明的发明，建于近 2500 年前的古巴比伦空中花园被认为是最早的垂直农场原型。中国南方和东南亚的很多丘陵地区的梯田，从某种意义上来说，也属于垂直农业的一部分。然而，城市中的垂直农业运用了众多的现代科技。例如纯自动化技术的使用，把传统农业中最重要的人力环节几乎完全消除，从育种到收获，都由机器人全线完成；各种人工智能算法和传感器的精准使用，能够让不同的作物在每个生长阶段都获得最佳的湿度、温度和养分组成，大大缩短了作物的生长周期，节约了灌溉用水；不同波段（颜色）的 LED 灯源的使用，可以调控作物的光合作用和生理性状，做到精准育种。

不过，从目前的数据来看，城市中的垂直农业虽然有各种高科技加持，离大规模开展并且解决城市人口的食物来源问题还有很长的路要走。这是因为目前这种农业模式完全依赖人工光源，作物的产出受制于最基本的光化学反应：要产生 1 克干作物，植物需要大约 1 摩尔的光子，也就是 6.02×10^{23} 个光子。一个非常亮的激光笔差不多功率是 100 毫瓦，每秒钟大约释放 3×10^{17} 个光子，按照这个关系，需要 2×10^6 秒，也就是 555 个小时才能释放 1 摩尔的光子。从这个角度来看，比起免费的太阳光，用人工光源

来进行农业生产的成本确实很高，但是
垂直农业的方向肯定是有重要意义的。

▲ 垂直农场想象图

2019

2021

大事记

1 月

中国农业科学院都市农业研究所研发的首个"月球微型农场"经"嫦娥四号"送上月球背面，上面搭载了中国农业科学院培育的棉花、油菜和马铃薯种子，完成了人类首次在月球培育植物幼苗的试验，拉开了农业走向太空的序幕

6 月

国家成都农业科技中心一期建设已基本完成，成都"农业硅谷"即将投入使用

10 月

中国农业科学院都市农业研究所植物工厂创新团队研发的"无人植物工厂水稻育种加速器"作为农业科技成果在国家"十三五"科技创新成就展中展出

48

筑造世界医疗强国的基础：基因测序仪

刑侦片中警察是如何根据犯罪现场的一根头发最终抓到坏人的？疫情常态化后，我们习以为常的核酸检测如何帮助医疗工作者辨别谁感染了病毒？未来就医，什么技术可以让医生在第一时间内获得病人的所有潜在疾病的信息？这些都得益于强大的基因测序技术。在过去十几年中，中国科学家弯道超车，在商业基因测序的开发和生产上取得了重要的成就，为我国成为世界医疗强国奠定了坚实的基础。

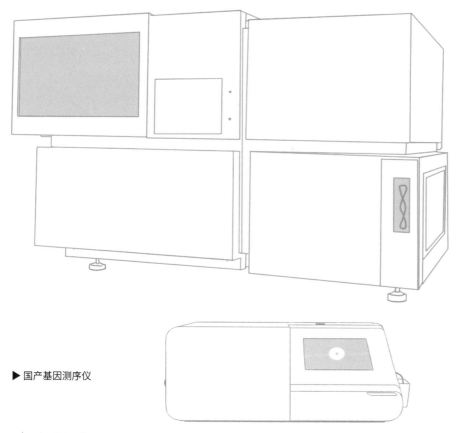

▶ 国产基因测序仪

什么是基因和基因的序列？

我们的遗传物质叫作脱氧核糖核酸，简称 DNA，由四种化学碱基分子组成，分别为腺嘌呤（A）、鸟嘌呤（G）、胞嘧啶（C）和胸腺嘧啶（T）。DNA 碱基相互配对，A 与 T 配对，C 与 G 配对，形成称为"碱基对"的单位。人类的 DNA 由大约 30 亿个碱基对组成，而这些碱基对出现的顺序决定了可用于构建和维持生命活动的信息，这就非常像字母表中的字母以特定顺序出现以形成单词和句子（例如 A、E、M、S 这四个字

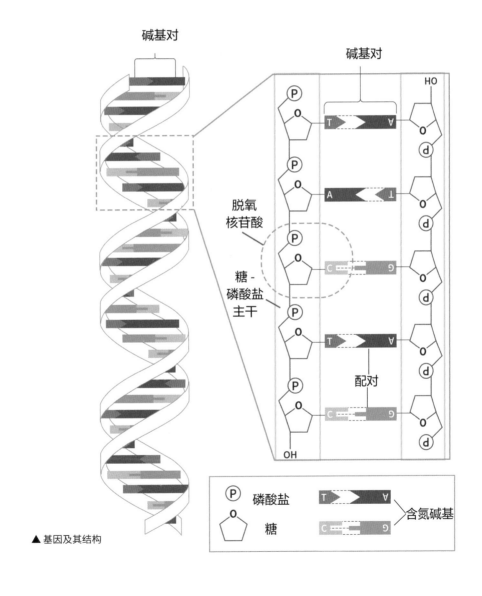

▲ 基因及其结构

母可以构建成不同的单词 AMES、MESA、SAME、MASE、SEAM 等 ）。

在一个人的身体中，每个基因都有两个拷贝，从父母双方各继承一个。基因就好比"遗传天书"中的一个有意义的章节或者段落，大小从几百个 DNA 碱基对到超过 200 万个碱基对不等。DNA 中的一部分基因是用来制造蛋白质分子的指令，而还有相当一部分基因和蛋白质合成无关。2000 年初，"人类基因组计划"的国际研究测定了人类基因组的序列并识别其中包含的基因，估计人类有 20000 ~ 25000 个基因。大多数基因在所有人中都是相同的，但少数基因（不到总数的 1%）在人与人之间略有不同，而正是这些微小的差异促成了每个人独特的身体特征。

每个生命个体都有自己独特的基因序列，这些序列就好比不同生命体的"指纹"。通过解析和比较生命个体的基因序列，我们不仅能够判断该生物的种类，而且能够推演出其进化历史和其他物种之间的亲缘关系。基因测序已经在社会生活的各个方面广泛使用，例如农业育种、犯罪现场调查、亲子鉴定、精准医学、产前畸形儿筛查、流行病传播的追踪等。比如最近我们经常要用到的新冠病毒核酸检测，就是在知道了最新新冠病毒变种基因序列的基础上，对比从人体中采样得到的序列，如果两者的序列一致性非常高，那么就说明样品中含有该病毒变种。

如何对基因进行测序？

碱基对的尺寸非常小，只有 3.4×10^{-10} 米，显然肉眼是看不到的，所以科学家要借助一种叫作"波谱"的科学手段来观察。在分子世界中，波谱就是科学家的眼睛。要理解什么是波谱，我们必须先来思考一下测量的逻辑：有一盆水，如果我们想知道水温，只要把一个水银温度计放置在水中，等温度计不再变化，就能直接读出温度来；如果只有一滴水，显然用这种方法是不合适的，因为温度计比这滴水还大，接触后会直接改变水温，导致无法测量。所以如果要测量一个物体，我们的探测方法带来的扰动不能太大。

基于这个原理，科学家们测量微观世界最常用的方法就是使用光。因为在所有可用于探测的微观粒子中光的能量最低，撞击分子后对分子本身扰动非常小；不同的分子会产生不同的信号，可以被探测器接收，然后在计算机的帮助下转化为科学家们可以理解的图像和语言，这就是波谱。对于基因测序来说，其中一个方法就是把 A、G、C、T 4 个碱基分子的信号转化为红、黄、蓝、绿四种颜色的光信号，每次一种颜色的光闪烁一下，被相机拍到，就得到一个序列的信息。例如，相机随着时间的顺序拍到了蓝、蓝、红、蓝、

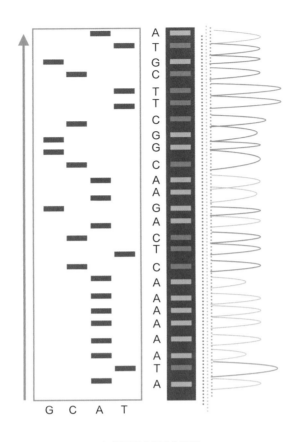

▲ 基因测序得到的光谱

绿 5 个闪烁，系统就会自动处理为 CCACT 这样的碱基序列，这就是最终我们要的基因序列信息。

商用基因测序仪的发展近况如何？

在 2001 年人类基因组计划刚刚完成的时候，每测出 100 万个碱基的序列花费大约是 1 万美元，到 2022 年这个费用已经降到了 1 美分以下。同时，适用于不同场景的基因测序仪也都应运而生，目前最小的便携式基因测序仪只有火柴盒大小，生物学家可以把测序仪带在身上，直接在深山老林的河流中取一滴水放入其中，插在笔记本电脑的接口之后，就能立刻测出水中微生物的基因序列，从而帮助他们发现新的物种。这都得益于数学家、物理学家、化学家、生物学家和工程师们的通力合作，通过基础学科和应用学科交叉创新取得这样的成果。

在价格降低的同时，基因测序的速度也取得了突飞猛进的发展。例如 2000 年初的时候测序仪每次差不多能读出 400 个碱基序列，而我们现在最先进的商用测序仪已经可以轻松做到每次实验读出 130 亿个碱基序列。也就是说，在短短 20 年内，商用测序仪的速度提升了几百万倍。即便如此，科学家们仍然不满足，因为他们的目标是花费十几块钱，就能在十几分钟内读出一个人完整的基因组序列。如果这个目标能够实现，在不久的将来，我们去医院看病挂号的时候，基因测序可能就是一个常规项目，能够赋予医生对疾病"未卜先知"的本领。

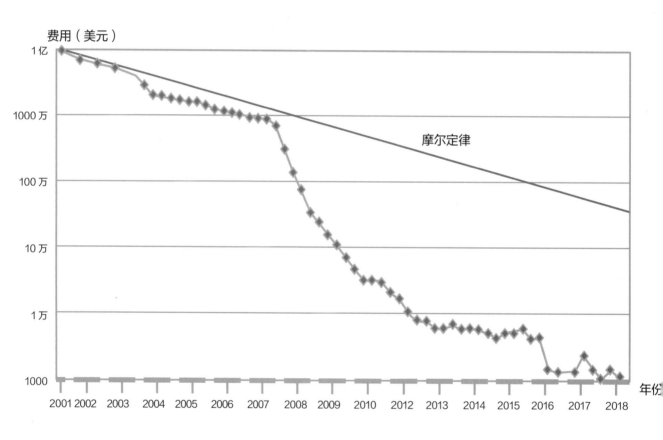

▲ 测量每个基因组的成本

我国在商用基因测序技术上取得了那些重要成就？

从商用基因测序仪问世以来，一些外国企业一直垄断着基因测序仪的研发和生产，并且布局众多专利，形成了严密的知识产权"护城河"。因此，中国公司在这个价值千亿元的基因测序市场中没有取得先机。但是，我国一些企业通过产学研合作，后来居上。

例如华大集团在 2013 年斥巨资收购了美国高科技公司完整基因（Complete Genomics），结合中国本土的市场和国情，经创新整合之后，华大智造已成为全球三家能自主研发并量产基因测序仪的企业。该测序仪不仅高速、高效，并且已经通过了临床的验证。

在微缩化和便携化的基因测序仪研发上，成立于 2016 年的齐碳科技采用纳米孔链测序法原理作为基因测序仪研发的技术路线，2020 年成功推出产品样机，且在蛋白工程、流体芯片、信号处理电器、软件算法等几个核心技术领域拥有完全自主知识产权。在不久的未来，我国自主研发的测序仪不仅会比肩美国同级产品，还将在部分关键指标上领先，使得测序仪真正实现了中国"智造"，打破国外垄断。

大事记

2016 — 2019 — 2020

5月27日

华大基因在湖北省武汉市发布了测序应用整体解决方案 BGISEQ-500n，这是全球高端测序技术领域首次大批量列装"中国造"

12月24日

华大智造 DNBSEQ-T7 基因测序仪启动商用，是当时全世界通量最高的基因测序仪

国内第一台瞄准广泛临床医疗应用的基因测序仪的工程样机发布

49

基因编辑的精准"剪刀"：新型基因编辑工具 CRISPR-Cas12b

2020 年诺贝尔化学奖授予两位女性科学家，她们发现了一种叫作"CRISPR-Cas9"的基因编辑技术。将近两年之后，中国科学院干细胞与再生医学创新研究院的李伟研究员领导的科研团队自主研发了一种名为"CRISPR-Cas12b"的基因编辑技术，该技术不仅更精准、更容易在生命体中递送基因治疗药物，还具有更宽广的活性温度和酸碱范围，这意味着 CRISPR-Cas12b 更加稳定、易于储存，也更适合体外检测。更重要的是，这项技术是我国拥有 CRISPR 系统发明专利的基因编辑工具，能够直接转化为社会生产力。那么 CRISPR 到底是什么意思？为什么能够成为"国之重器"呢？

什么是 CRISPR 基因编辑技术？

CRISPR 是一个生物学专业术语[1]的英文首字母简称，指的就是生物基因组中一段特殊的、重复出现的 DNA 序列。事实上，光 CRISPR 还不能称得上完整的基因编辑技术，除了 CRISPR 的 DNA 序列，还需要一个叫作"和 CRISPR 相关的 9 号蛋白质分子"，简称 Cas9。这两部分合在一起，才组成了 CRISPR-Cas9 基因编辑技术的硬件基础。

CRISPR 技术是如何被科学家们发明的？

与其说是科学家发明了 CRISPR 基因编辑技术，倒不如说是一个意外发现给科学家带来了灵感。早在 1987 年，生物学家们在大肠杆菌基因组中就发现了一种不寻常的

1　即规律间隔成簇短回文重复序列 (Clustered Regularly Interspaced Short Palindromic Repeats)。

重复 DNA 序列，随后将之定义为 CRISPR。后来在一系列其他细菌中也发现了类似的 CRISPR 重复序列模式。然而当时由于缺乏足够的 DNA 序列数据，很难猜测出这些不寻常的 DNA 序列的生物学功能，于是 CRISPR 的意义就被人们忽视了。直到 2007 年，微生物学家才逐渐明白，CRISPR 有可能是这些简单的单细胞微生物的"获得性免疫系统"。就在同一时间，两个课题组发现细菌病毒（也叫作"噬菌体"）不会在含有这种 CRISPR 序列的细菌中传播，他们独立提出了 CRISPR 系统可以保护细菌细胞免受这些外来病毒"劫持"自身的分子机器来复制病毒。实验证据非常有力：当人为把病毒的序列插入乳酸菌的 CRISPR 序列中时，该乳酸菌就对这种病毒表现出了抗性；把这个插入的序列移除之后，该乳酸菌可以再次被病毒感染致死。这是因为 Cas9 蛋白分子会把

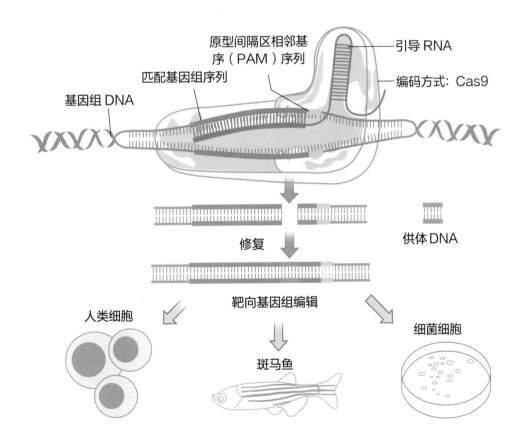

▲ 基因编辑技术的基本原理及应用举例

Cas9、Cas12a、Cas12b
三种核酸酶的位点图和蛋白结构

▲ 基因编辑技术 CRISPR-Cas12b

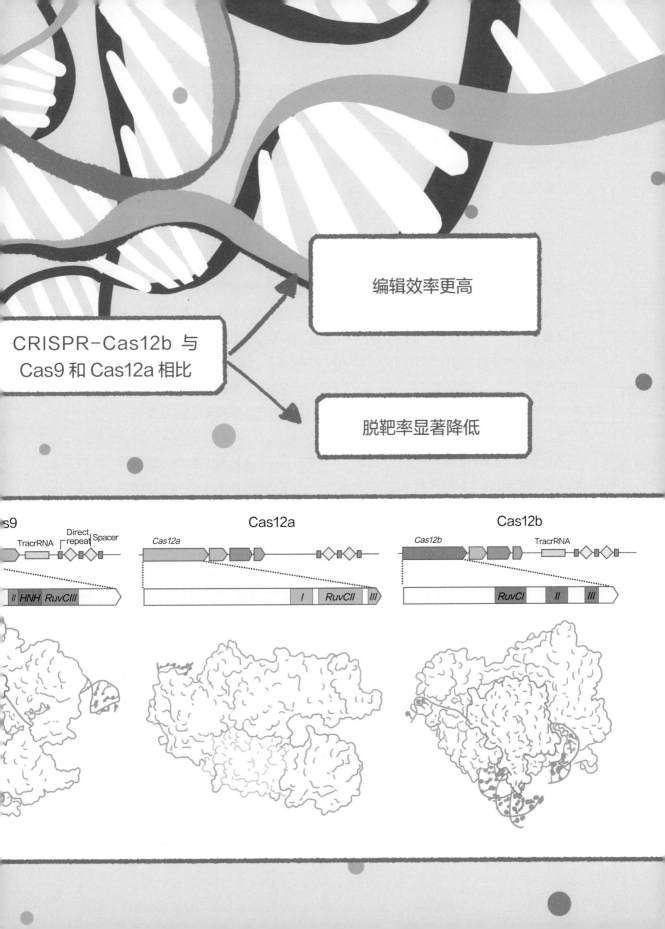

编辑效率更高

CRISPR-Cas12b 与 Cas9 和 Cas12a 相比

脱靶率显著降低

Cas9

TracrRNA　Direct repeat　Spacer

II　HNH　RuvCIII

Cas12a

Cas12a

I　RuvCII　III

Cas12b

Cas12b　TracrRNA

RuvCI　II　III

遇到的病毒基因序列和 CRISPR 中"记忆"的序列做对比，如果序列一致，Cas9 就会认为这个细胞已经被病毒感染，从而主动切碎这个细胞的 DNA，牺牲个体，以保护整个种群。不久之后，科学家们把化脓性链球菌的 CRISPR-Cas 系统用在人类神经和小鼠肾细胞中进行基因组编辑。至此，来自大自然馈赠的 CRISPR-Cas 系统就成了一个新的基因编辑技术。

如何使用 CRISPR 进行基因编辑？具体操作有哪些步骤？

在 CRISPR 体系中，这段特殊的基因序列就像收件地址的区号，而 Cas9 蛋白质分子可以看作带着"派送地址"（一段和 CRISPR 匹配的 RNA 序列）的"邮递员"。当"邮递员"（Cas9）找到 CRISPR 之后，就会变身"建筑工人"，切断 CRISPR 处的 DNA，然后科学家就可以在断口处进行 DNA 序列的编辑了，包括删除、修改和插入新的基因等各种操作。特别值得注意的是，CRISPR-Cas9 体系只负责找到要进行基因编辑的 DNA 地址并且切断 DNA，真正的编辑工作和 CRISPR 本身并没有关系，它是依赖细胞自身的分子机器进行的。

经过众多科学家和工程师的努力，现在任何一个有点儿基本细胞生物学知识的操作者都可以方便地使用 CRISPR 技术进行基因编辑了。这里以敲除酿酒酵母中的己糖激酶的基因为例，来介绍 CRISPR 基因编辑的几个步骤：

（1）**决定修改哪个基因（编辑包括删除、插入、激活或抑制等操作）**。我们可以使用互联网上专业的公开数据库检索和下载己糖激酶的 DNA 序列。

（2）**决定使用能够剪切 DNA 的蛋白分子的种类**。事实上，除了 Cas9，还有很多其他可以用于基因编辑的蛋白酶分子，前提是该分子具有导致 DNA 断裂所需的所有功能。

（3）**设计能够和 Cas9 结合并且能够精准识别己糖激酶基因序列的分子**。这称之为引导核酸（gRNA），可以理解为 CRISPR 系统的"手"和"眼睛"。目前全球有很多网站提供免费 gRNA 设计工具。要设计 gRNA，用户首先将感兴趣的目标基因（在本例中为己糖激酶 DNA 序列）上传，然后网站的搜索引擎可以通过大数据系统设计出最适合的 gRNA 的序列给你。

（4）**在网站基因组浏览器中组装能够表达 gRNA 的载体 DNA 序列（一般来说是一种环形 DNA，称为质粒）**。本例中对酿酒酵母进行基因改造，因此我们应选择针对酵母进行了优化的特定表达载体。

（5）**在工作台上合成能够产生 Cas9 和 gRNA 的质粒。**一般来说，定制化生产一个样品也就几百元人民币，大多数实验室是可以负担得起的。

（6）**最后一步是设计细胞。**其实这个过程比我们想象的要简单得多，就是把邮寄到实验室的质粒和酿酒酵母细胞共同培养，通过一些基本的细胞生物学操作，就可以筛选得到基因编辑后的酵母了！当然，我们还需要用科学的方法来验证，看看该酿酒酵母中的己糖激酶的基因是否真正被删除了。

CRISPR 有哪些应用前景？

诺贝尔奖得主詹妮弗·杜德纳（Jennifer Doudna）的报告中指出，CRISPR 技术目前已经用于生命科学领域的各个方面，例如可以让动物的器官更像人类的（在移植的时候减少排异反应），可以用于西红柿增产，可以消除某些蘑菇的基因使其在烧菜之前不会变黑，等等。除了杜德纳提到的这些应用，我们这里还列出了一些其他的重要应用：

病原体诊断。例如麻省理工学院的张锋教授发展了一种新的 CRISPR 系统，可以用 RNA（而非 DNA）为目标，用于检测病毒和细菌序列。该技术已被用于区分非洲的和美国的寨卡病毒株，甚至可以从多种细菌株中检测出与抗生素耐药性有关的基因。

癌症筛查。例如位于波士顿儿童癌症和血液疾病中心的科学家正在使用 CRISPR-Cas9 筛选与小鼠肿瘤形成有关的数千个基因，研究参与其中的有哪些基因，以及对付它们的药物是如何运作的。

合成生物学。例如加州大学伯克利分校利用糖等廉价起始材料生产高价值化学品和生物燃料。

疾病基因的校正。2017 年，美国使用 CRISPR 编辑人类基因组，纠正了一名 44 岁患者的亨特综合征。

用于改进动物育种的 CRISPR 基因组编辑。使农民能够比传统育种计划更快地培育出具有理想性状的牲畜。

根除疟疾的基因驱动。比尔和梅琳达·盖茨基金会一直致力于研究可以根除携带寄生虫的蚊子的基因驱动器，也就是用 CRISPR 编辑改变雌性蚊子的基因，让其把这种变异基因传给后代。

此外，美国基因工程学家乔治·丘奇（George Church）的目标是让已经绝种的长毛猛犸象起死回生。然而，其中的科学挑战和伦理学挑战一样重要。

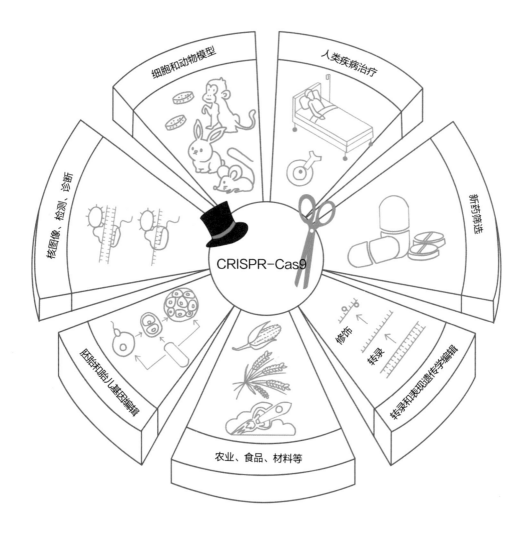

▲ CRISPR-Cas9 基因组工程的应用

我国在 CRISPR 基因编辑领域中有哪些突出贡献？

中国科学家于 2021 年利用基因编辑技术完成人体皮肤移植的临床试验，其中"基因编辑猪"的活皮肤被移植至 16 名烧伤患者身上。临床表明，这些患者的皮肤都恢复了正常血供，且完全贴壁，在不需要任何免疫抑制药物的情况下，该皮肤至少存活了 25 天，并且没有出现安全问题。近期，中国科学院干细胞与再生医学创新研究院的李伟团队基于一种更新的 CRISPR 技术开发了一种能够快速检测新冠病毒的试剂盒。这种技术与传统的检测方法相比，无须依赖复杂的仪器设备，更便捷、更简单、更快速，能够让老百姓自己使用，大大提高了检测速度。这种试剂未来有望做成验孕棒样的检测试纸，实现家用及时检测。

2002

詹森（Jansen）实验室命名一种新型 DNA 序列为 CRISPR，并发现了 4 个 cas 基因（cas1, cas2, cas3, cas4）

2007

CRISPR 能在细菌的免疫功能中起作用首次得到实验证实

2012

来自加州大学伯克利分校的结构生物学家詹妮弗·杜德纳和瑞典于默奥大学的埃马纽埃尔·卡彭蒂耶（Emmanuelle Charpentier）应用 CRISPR-Cas 作为基因编辑系统

2015

4 月

黄军就及其团队首次修饰人类胚胎 DNA，为治疗一种在中国南方儿童中常见的遗传病——地中海贫血症提供了可能

2018

11 月 27 日

李伟团队自主研发新型基因编辑工具 CRISPR-Cas12b，是我国拥有 CRISPR 系统发明专利的基因编辑工具

大事记

50

神奇的全能影像诊断设备：一体化全身正电子发射／磁共振成像设备

当医生无法凭症状和经验判断出患者身体出了什么问题的时候，就需要借助现代医学的科技手段——医学成像来确诊，可以说医疗成像设备就是医师精准诊断的另一双眼睛。中国在先进医疗器械领域发展整体比较晚，市场长期被国外垄断而被迫支付昂贵的"技术税"。但是最近几年，具有国内自主知识产权的医疗仪器设备层出不穷，尤其是在医学成像仪领域，中国科学家和工程师开发出了世界上最先进的"一体化全身正电子发射／磁共振成像装备"。该设备一经面世，就震惊了全球医疗界，连发达国家都来购买，可见其技术的难度之大。那么这个设备到底有什么神奇之处呢？

正电子是什么？如何在身体中成像？

要问什么是正电子，恐怕我们要先回答什么是负电子。负电子，就是我们熟悉的电子，是组成原子的一部分，带一个单位的负电荷，与可以平衡质子的正电荷，一起组成电中性的原子。我们人类的身体以及生活的世界都是由原子组成的，所以说负电子无处不在。而我们不熟悉的正电子可以认为是电子在"镜像世界中的孪生兄弟"，正电子不仅和电子电荷相反（带一个单位的正电荷），还有相反的手性（照镜子时左手变右手）和时间，称为电子的"反物质"。

在医学上，正电子主要是由化学合成分子中的放射性原子衰变产生的，例如含有放射性氟元素的葡萄糖分子（FDG）。化学家通过特殊的方法制备出 FDG，当病人吃下 FDG 分子之后，因其结构相似性，身体会误以为是葡萄糖，FDG 就会被运送到能量消耗较高的组织和器官中去，例如大脑。由于 FDG 毕竟不是葡萄糖分子，不能正常被身体代谢，就会在组织中富集起来。在这些区域，放射性的 FDG 分子会以一定速率衰变出正电子。由于身体中负电子无处不在，遇到刚刚产生的正电子之后，就会发生一个叫作"湮灭"的过程：电子的质量会根据爱因斯坦的质能守恒方程（$E = mc^2$）被转化成高能的伽马射线。由于伽马射线的穿透力非常强，可以透过身体组织，被探测器上的电子器件接收，通过计算机处理就可以分析出正电子放出的精确位置，从而实现组织学的成像过程。

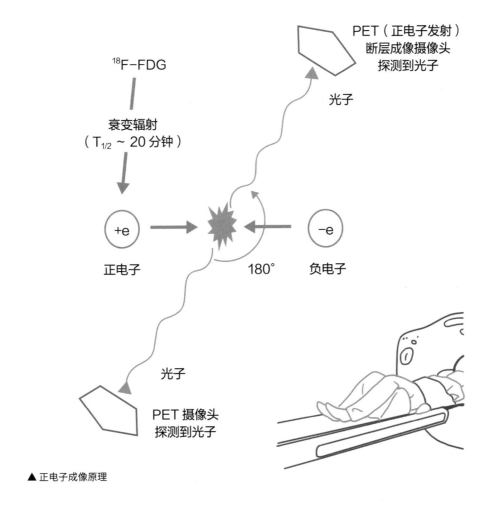

▲ 正电子成像原理

什么是磁共振？磁共振如何成像？

　　某些原子核（例如水中的氢原子核）具有磁性，就好比我们常用的指南针一样，在没有人触碰的时候，磁针总是指着南极的方向；当我们对指针施加外力，就可以改变指针的方向，这是因为外力为磁针提供了能量，用来克服地球磁场的作用力。同样的道理，

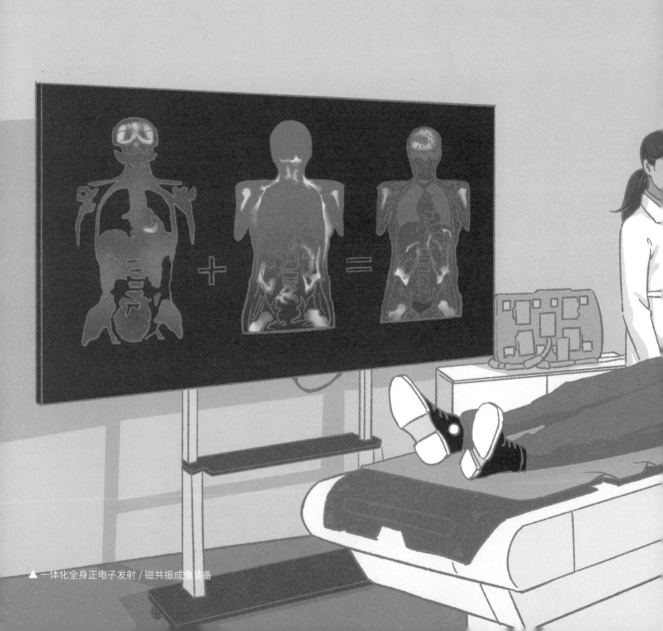

▲ 一体化全身正电子发射 / 磁共振成像装备

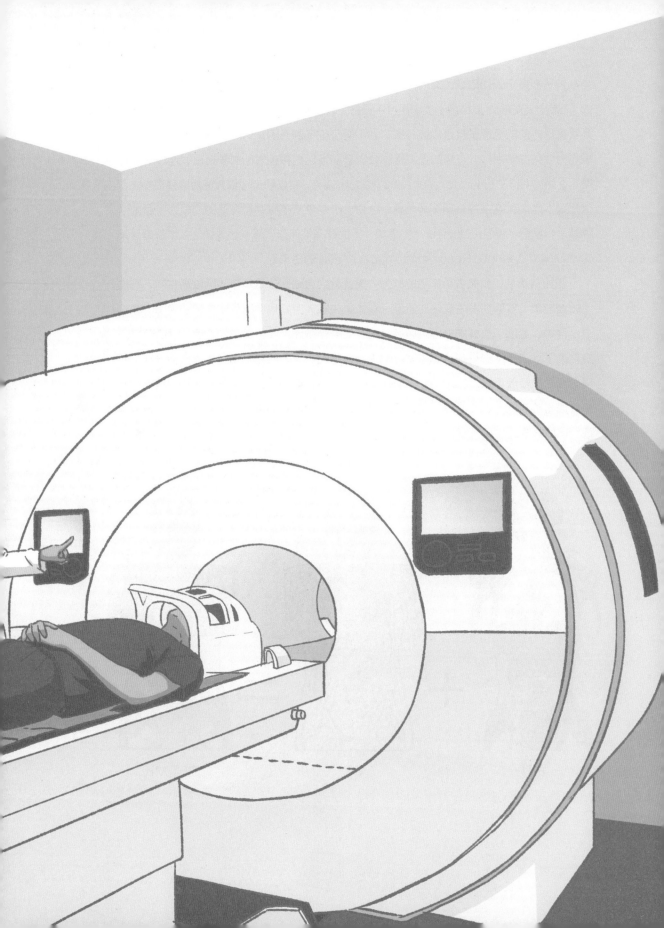

当水分子被置于外加磁场的时候，其中的氢原子核也会在磁场中取向；要改变这些微小的"磁针"的方向，显然用手拨动是行不通的。科学家发现，通过吸收特定频率的微波，顺着磁场方向的氢原子核可以被"拨"到不同于磁场的方向。这个吸收频率在物理学上被称为"共振频率"。有趣的是，美国公司最初推出这种技术的时候把它叫作"核磁共振"，简称 NMR（Nuclear Magnetic Resonance，科学研究中依然使用这种称呼），但是很多美国百姓在冷战期间闻"核"色变。于是生产核磁共振设备的公司为了避免这种禁忌，就把"核"（Nuclear）字去掉，不太严谨地叫作"磁共振成像"，也就是今天这个 MRI（Magnetic Resonance Imaging）简称的由来。

正如指南针如果撤去手施加的外力，指针就会自动回到低能量的顺磁场方向，吸收了微波能量、磁取向发生变化的氢原子核如果失去外力，也会回到顺磁场的状态。在这个过程中，氢原子核会向外辐射微波，这些信号被微波接收器检测到之后，就能变成图像信息了。由于水分子在身体不同部位中含量不同、所处的化学物理环境也不一样，所以氢原子核吸收微波后回到初始状态所需的时间也不同。根据这些差异，我们就能调节接收信号的时间，在不同组织器官之间最大化信号的强弱差异，再通过计算机处理，变成对比度鲜明的可视化图像了。

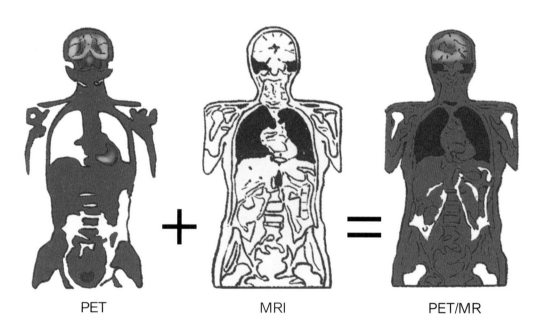

PET　　　　　　　+　　　　　　　MRI　　　　　　　=　　　　　　　PET/MR

▲ 一体化功能

我们为什么需要正电子磁共振一体化成像？

在很多患者的印象中，医疗的成像设备只有在筛查和诊断癌症的时候才会用到，其实这个理解是有偏差的。事实上，医疗成像设备不仅可以用于诊断，还能监测或治疗疾病。医疗成像的技术多种多样，例如用于检查胎儿发育的超声、用于检查龋齿的 X 光、用于手术导航的荧光、用于检查炎症的热成像、用于检查脑功能的核磁共振成像，以及常用于癌症筛查的正电子发射成像。每一种成像方法都有自己的优势和疾病诊疗范围，多种成像方法联合使用，可以取长补短，获得更佳的效果。

正电子发射断层成像（PET）主要用于寻找身体中异常代谢的区域，也就是"功能化"成像模块；核磁共振则主要用来区分身体中相同的分子在不同环境中的信号，形成空间上的明暗对比，用来实现解剖学成像模块。两者联合使用能够让医师精确辨认出出现功能异常的组织的"身体坐标"，进而缩短诊断确认和治疗方案的时间。

全身正电子发射 / 磁共振一体化的实现有哪些挑战？我国自主研发的一体化成像设备最近有哪些进展？

要实现商用的全身正电子发射 / 磁共振诊疗设备一体化，挑战主要来自三个方面。

首先是硬件上的。很多标准化的 PET（伽马射线）检测器在微弱的磁场下容易损坏，而 MRI 所需的磁场比地球磁场强至 10000 倍，所以发展出对磁场不敏感的 PET 检测器是实现 PET/MR 整合的硬件基础。另外，因为 MR 设备本身已经很大了，再加上 PET 模块就更不用说了，所以如何给仪器"瘦身"也是工程师们要解决的一个重要问题。

其次，检测时间上的挑战也不容忽视。检测原子核微弱的信号变化需要很长的时间，全身 MR 成像可能需要 40 分钟，做一次全身 PET 成像也需要 20 分钟左右，如果不能实现信号的同步探测，病人可能需要被置于密闭的仪器空间中长达一个小时。

最后是市场上的挑战，PET/MR 整合一体化的设备出现的时间较晚，还没有很多医师去研究这种整合模式在临床上比较有优势的应用，导致医院没有过高的兴趣去采购这种造价昂贵的设备。

最近，我国具有完全独立自主知识产权的一体化的 PET/MR 设备由上海联影医疗科技股份有限公司研发问世。该装备利用同一个机架、同一个扫描床和同一个扫描控制系统，在功能和临床应用上实现了两机归一。联影的 PET/MR 设备能实现最高 1.4 毫米空间分辨率，并且具备业界最大的 32 厘米轴向覆盖视野，可实现快速全身扫描（最短 15 分钟），成为世界医疗设备界的创新佳话。

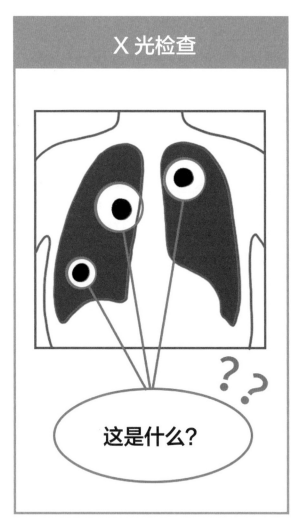

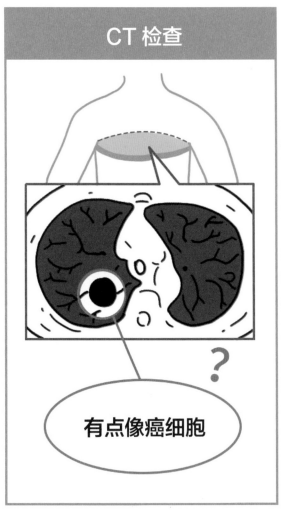

▲ PET 检查相较 X 光、CT 检查的优势

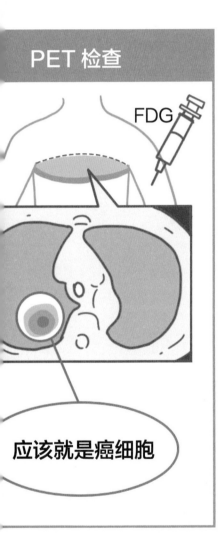

PET 检查

FDG

应该就是癌细胞

2014

复旦大学附属中山医院与上海联影医疗科技股份有限公司确定战略合作关系，引入其全线医学影像设备，建设了华东地区唯一的国产医疗设备临床应用示范基地及精准医学影像研究中心，共同探索"医、研、产"创新模式

2016

一体化 PET/MR 项目入选科技部首批"十三五"国家重点研发计划"数字诊疗装备研发专项"

2017

11 月

联影 PET/MR 入驻复旦大学附属中山医院核医学科进行临床验证，病例涵盖肿瘤、神经系统和心血管系统

2018

10 月 28 日

国产首台一体化全身正电子发射／磁共振成像设备（PET/MR）获国家药品监督管理局认证，正式推向市场

作者简介及对应文章列表

文章列表	作者姓名	作者简介
基础科学篇		
01. 测量"中国温度":极低温区基准级测温装置	林梅	《低温物理学报》编辑,科普创作内容主要围绕量子物理及相关领域,"墨子沙龙""知识分子""赛先生"等网络媒体撰稿人,曾荣获"知识分子"2016 年度优秀作者。获中国科学技术大学物理学博士学位
02. 新一代"人造太阳":全超导托卡马克核聚变实验装置	王腾	工学博士,中国科学院合肥物质科学研究院副研究员,研究方向为磁约束聚变装置大型超导磁体技术。担任等离子体物理研究所阳光科学社兼职科普讲解员,安徽省科普作家协会会员,全国优秀科普讲解人员,全国十佳科学实验展演人员
03. 超级显微镜:中国散裂中子源	林梅	见 01
04. 探索微观世界的眼睛:高能同步辐射光源	林梅	见 01
科学家故事:我国同步辐射光源的建设历程	林梅	见 01
05. 突破"水窗":上海软 X 射线自由电子激光装置	林梅	见 01
06. 照亮微观世界的闪光灯:大连极紫外相干光源	林梅	见 01
07. "火眼金睛"的暗物质粒子探测卫星:"悟空"号	袁强	中国科学院紫金山天文台研究员,博士生导师,从事暗物质粒子探测卫星的数据分析和科学研究工作。2010 年获中国科学院高能物理研究所博士学位;2017 年获得国家自然科学基金优秀青年基金资助;荣获江苏省和中国青年五四奖章集体荣誉称号
08. 开启"超高能伽马天文学"时代:高海拔宇宙线观测站	陈松战	中国科学院高能物理研究所研究员。国家优秀青年基金获得者,国家重点研发计划课题负责人,目前为 LHAASO 合作组物理协调人,主要负责 LHAASO 实验数据的物理分析工作。获中国科学院高能物理研究所理学博士学位

文章列表	作者姓名	作者简介
09. 世界上最深的实验室：锦屏地下实验室	肖翔	中山大学物理学院副教授，博士生导师，主要研究方向为暗物质和中微子的实验探测。目前参与的实验项目包括 PandaX 暗物质实验、JUNO 中微子实验、Relics 中微子实验等，同时进行液态惰性气体探测器和新型闪烁体探测器的技术研发和应用。2016 年获上海交通大学博士学位
10. 遨游太空，探索极端宇宙："慧眼"卫星	熊少林	中国科学院高能物理研究所研究员，"怀柔一号"引力波暴高能电磁对应体全天监测器（GECAM）卫星首席科学家。2010 年毕业于中国科学院高能物理研究所，获粒子物理与原子核物理专业（高能天体物理方向）博士学位；2018 年入选中国科学院 - 美国科学院第七八届空间科学青年领军人物；2019 年起担任"中国天文学会空间天文和高能天体物理专业委员会"副主任
	尹倩青	中国科学院高能物理研究所助理研究员，研究方向为粒子天体物理、空间天文。2017 年毕业于中国科学院高能物理研究所，获粒子物理与原子核物理专业（高能天体物理方向）博士学位
11. 迈出中国空间引力波探测的第一步："太极一号"卫星	王涛	中国国际工程咨询有限公司项目经理，正高级工程师，硕士学历。长期从事航天领域的工程咨询工作，主持完成数百项规划编制、政策课题研究、国家重大项目的咨询工作，多次获得咨询成果奖
12. 观测宇宙的超级利器："中国天眼	姜鹏	中国科学院国家天文台研究员，"中国天眼"FAST 总工程师。获国家人才项目、中国青年科技奖、贵州省科技进步一等奖、北京青年五四奖章、中国土木工程詹天佑奖、广西技术发明一等奖、全国专业技术人才先进集体等奖项和荣誉。获中国科学院力学研究所博士学位
科学家故事：我与"老南"	姜鹏	见 12
13. 预报地球系统的未来：地球系统数值模拟装置	张沛锦	荷兰低频阵列（LOFAR）太阳核心科学研究组成员，中国空间科学学会会员，中国科普作家协会会员，STELLAR 项目博士后。获中国科学技术大学地球与空间科学学院空间物理学博士学位
14. 空间环境的全面监测：子午工程	张沛锦	见 13

文章列表	作者姓名	作者简介
前沿科技篇		
15. 中国量子计算机再次突破："九章二号"和"祖冲之二号"	袁岚峰	中国科学技术大学合肥微尺度物质科学国家研究中心副研究员，中国科学技术大学科技传播系副主任，中国科学院科学传播研究中心副主任，"科技袁人"节目主讲人，"典赞·2018科普中国"十大科学传播人物。著有《量子信息简话》（中国科学技术大学出版社，2021）
16. 祖国的高光时刻："墨子号"量子卫星	袁岚峰	见15
17. 突破衍射极限：超分辨光刻装备	老石	曾任英特尔公司芯片工程师，现任中国科学院计算技术研究所副研究员，研究方向为FPGA与云数据中心硬件加速技术。两次获得HiPEAC论文奖，一次最佳论文提名。著有《详解FPGA：人工智能时代的驱动引擎》，该书获清华大学出版社2021年度畅销图书、CSDN2021年度十大IT图书等奖项。获英国帝国理工学院博士学位
18. 中国芯片设计能力的提升："天机芯"类脑芯片	老石	见17
19. 从航天大国到航天强国的升级之路："长征五号"系列运载火箭	东方玖	北京航空航天大学生物与医学工程学院博士研究生，星智科创成员，知乎航天话题优秀回答者，荣获知乎2020年"中国航天科普大使"称号
20. 五星红旗点亮星空：中国空间站	东方玖	见19
科学家故事：空间站总设计师是怎样炼成的	东方玖	见19
21. 收官"探月三步走"："嫦娥五号"探测器	东方玖	见19
22. 火星首次留下中国印记："天问一号"与"祝融号"	东方玖	见19
23. 勇往直"潜"："蛟龙号"载人潜水器	肖子健	中国科学院深海科学与工程研究所硕士研究生在读，海洋地质专业，研究方向为东南极大陆边缘的沉积演化
24. 深潜地球"第四极"："奋斗者号"全海深载人潜水器	肖子健	见23

文章列表	作者姓名	作者简介
25. 国际首创先进制造装备：智能铸锻铣短流程绿色复合制造机床	张海鸥	华中科技大学特聘教授，数字化制造装备与技术国家重点实验室教授、博士生导师，学术带头人。兼任中国机械工程学会特种加工分会常务理事、湖北省特种加工学会理事长
	徐长续	华中科技大学航空航天学院博士研究生，研究方向为基于微铸锻铣的陶瓷金属一体化制备研究、板材渐进成形
26. 推动天空开发和宇宙探索：JF-22超高速风洞	姜宗林	中国科学院力学研究所研究员，国际激波学会杰出会士，俄罗斯自然科学院院士，美国航空航天学会通信会士，国际激波学会副理事长，美国航空航天学会跨大气层高超飞行委员会委员。在爆轰统一框架理论、爆轰驱动高超声速激波风洞理论与技术、驻定斜爆轰冲压喷气发动机的理论与技术，频散控制条件和激波捕捉频散控制耗散格式方面取得了原创性成果。获得美国航空航天地面试验奖、国家技术发明奖、中国科学院杰出科技成就奖、中国力学科技进步一等奖
科学家故事：中国风洞的传承与发展	姜宗林	见 26
27. 减排大赛里的码表：全球二氧化碳监测科学实验卫星	张沛锦	见 13
28. 中国首颗地球物理场探测卫星：张衡一号	申旭辉	理学博士，国家自然灾害防治研究院二级研究员，博士研究生导师，"张衡一号"电磁监测卫星计划首席科学家、工程副总设计师兼国际科学家委员会主席。长期从事空间地球物理、灾害遥感及通导遥一体化技术集成研究，承担国家重大科技计划、国家科技支撑计划、国家重点研发计划、国家民用航天科研计划重点项目以及"973""863"和国际合作计划重点课题
29. 先进的对地观测遥感卫星：高分五号	张成业	中国遥感应用协会遥感自主工程软件专业委员会委员，中国矿业大学（北京）地球科学与测绘工程学院副教授，研究生导师。获国家地理信息科技进步奖一等奖、教育部科技进步奖二等奖、全国煤炭行业教学成果奖一等奖。主持和参与国家自然科学基金、高分重大专项、科技部国家科技平台项目、国际合作项目等各类科研项目十余项。获北京大学和美国普渡大学联合培养博士学位

文章列表	作者姓名	作者简介
经济助力篇		
30. 中国人自己的卫星导航系统：北斗	王涛	见 11
31. 中国大飞机：C919	詹东新	编辑、专栏作者，中国作家协会会员，上海市作家协会理事。先后创作出版科普文集《飞遍天下》《享受飞行》《飞行与健康》《和飞机有千万个约会》《人类的翅膀》；主编心理学专著《"管制"压力》；著有长篇小说《钱江潮》《圆》《马上起飞》《飞往中国》《晨昏线》及纪实文学《万里云天》等。公开发表或出版各类作品 250 余万字，多次获奖
32. 国产大型特种用途水陆两栖飞机："鲲龙" AG600	吴佩新	《航空知识》编辑，笔名"老虎"。大学主修经济学，喜欢历史和军事
33. 全球首座 10 万吨级深水半潜式生产储油平台：深海一号	肖子健	见 23
34. 助力我国可燃冰试采："蓝鲸 1 号" 半潜式钻井平台	肖子健	见 23
35. 创造世界纪录的海底钻机系统：海牛 Ⅱ号	肖子健	见 23
36. 创造 18 个世界第一：金沙江白鹤滩水电站	李明熹	中国电建集团华东勘测设计研究院白鹤滩综合部主任。水利水电专业本科，工商管理硕士，高级工程师、一级建造师，获项目管理专业人士资格认证（PMP）
37. 地下蛟龙中国造，盾构机强国终炼成：运河号	吴元平	中共党员、工程师，现任中交天和机械设备制造有限公司党委工作部/企业文化部部长，本科学历
	姚柳	中共党员、政工师，现任中交天和机械设备制造有限公司党委工作部/企业文化部副部长，本科学历
38. 新世界七大奇迹之一：港珠澳大桥通车	孟凡超	港珠澳大桥总设计师，全国工程勘察设计大师，中国交通建设集团副总工程师，著名桥梁专家，中国土木工程学会桥梁及结构工程分会副理事长，中国土木工程学会混凝土及预应力混凝土分会副理事长，国际桥梁协会委员，主持、组织了 20 多项国家级特大型桥梁及通道工程的勘察设计
	刘明虎	教授级高级工程师，中交公路规划设计院副总工程师，中国交建优秀技术专家，2019-2020 年度全国"十大桥梁人物"

文章列表	作者姓名	作者简介
39. 攀登冻土公路工程的"珠穆朗玛峰"：共玉高速公路	陈建兵	博士，教授级高工，中交第一公路勘察设计研究院副总工程师、寒区环境与工程研发中心主任、高寒高海拔地区道路工程安全与健康国家重点实验室常务副主任、多年冻土区公路建设与养护技术交通行业重点实验室执行主任、中国交建寒区旱区道路工程重点实验室执行主任。入选国家万人计划，"百千万人才工程国家级人选"，享受国务院特殊津贴；获得"国家有突出贡献中青年专家""全国向善向上好青年""交通运输部青年科技英才""中国公路青年科技奖""陕西省青年科技新星""陕西省科技创新领军人才"等荣誉称号。
	刘戈	工学博士，教授级高级工程师，现任中交第一公路勘察设计研究院寒区环境与工程研发中心副主任。被授予2013年"感动交通十大年度人物"多年冻土科研团队成员，2018年"陕西青年五四奖章"团队成员，2016年"全国工人先锋号"团队成员
40. "魔鬼码头"开港，世界第一大港震惊全球：上海洋山深水港	任明朝	北京大学文学硕士，高级政工师，记者，现任中国交通建设集团党委工作部新闻处副处长，获国资委评选的"十大新闻创客"荣誉称号
	尹训松	中国海洋大学本科毕业，工程师，现任中国交通建设集团党委工作部主管，获上海市优秀志愿者荣誉称号
41. 中国核电成为"大国名片"的标志：华龙一号	秦声	某咨询企业高级工程师，拥有注册咨询工程师（投资）执业资格，长期从事能源领域政策研究和咨询工作，累计完成40余项能源方面的咨询评估和3项国家级课题。获西安交通大学工学博士学位
42. 全球最大的非能动压水堆核电机组：国和一号	秦声	见41
43. 下一代核电之星：高温气冷堆	秦声	见41
科学家故事：第四代核电技术开发的灵魂人物	秦声	见41
44. 神奇的纳米限域催化：煤经合成气直接制高值化学品	唐诗雅	中石化安全工程研究院高级工程师。德国柏林工业大学化学系博士后，获中国科学技术大学化学系博士学位

文章列表	作者姓名	作者简介
健康保障篇		
45. 科技抗疫：我国自主研发的新冠病毒疫苗和特效药	成冰	某上市药企新药研发执行总监，研究方向为抗肿瘤新药。在《自然》等顶级期刊发表第一作者研究论文，是 20 多项新药发明专利的发明人。获英国利兹大学生物医学博士学位
46. 血液里的"黄金救命药"：重组人血清白蛋白	张国庆	中国科学技术大学博士生导师，合肥微尺度物质科学国家研究中心教授，从事有机分子材料激发态相关的光谱研究。美国哈佛大学化学与化学生物系博士后，获美国弗吉尼亚大学化学系理学博士学位
47. 实现水稻种植 60 天收获：无人植物工厂水稻育种加速器	张国庆	见 46
48. 筑造世界医疗强国的基础：基因测序仪	张国庆	见 46
49. 基因编辑的精准"剪刀"：新型基因编辑工具 CRISPR-Cas12b	张国庆	见 46
50. 神奇的全能影像诊断设备：一体化全身正电子发射 / 磁共振成像装备	张国庆	见 46